中国城市集中：
空间分异特征与
影响因素研究

沈　洁◎著

Urban Concentration in China:
The Study of
Spatial Differentiation Characteristics and
Influencing Factors

经济管理出版社
ECONOMY & MANAGEMENT PUBLISHING HOUSE

图书在版编目（CIP）数据

中国城市集中：空间分异特征与影响因素研究/沈洁著．—北京：经济管理出版社，2021.3

ISBN 978 - 7 - 5096 - 7846 - 6

Ⅰ.①中…　Ⅱ.①沈…　Ⅲ.①城市空间—研究—中国　Ⅳ.①TU984.2

中国版本图书馆 CIP 数据核字（2021）第 045703 号

组稿编辑：胡　茜
责任编辑：胡　茜
责任印制：黄章平
责任校对：陈　颖

出版发行：经济管理出版社
　　　　　（北京市海淀区北蜂窝 8 号中雅大厦 A 座 11 层　100038）
网　　　址：www. E - mp. com. cn
电　　　话：（010）51915602
印　　　刷：唐山玺诚印务有限公司
经　　　销：新华书店
开　　　本：720mm×1000mm/16
印　　　张：17.25
字　　　数：300 千字
版　　　次：2021 年 3 月第 1 版　　2021 年 3 月第 1 次印刷
书　　　号：ISBN 978 - 7 - 5096 - 7846 - 6
定　　　价：69.00 元

前　言

随着城镇化过程的快速推进，我国城市人口增长的地区差异越来越明显，加强城市等级体系的研究对于探索新时期城市发展的规律和制定合理的城市发展政策具有重要意义。城市人口在空间上如何分布，不仅是城市发展的重要特征，本身也直接影响着如资源配置效率、经济增长和协调发展等诸多问题。此外，探讨不同区域城市规模分布背后的形成机制，有助于深入了解城市体系及其资源分配方式，有助于城市规划措施的制定和实施。只有对影响城市集中度的主要因素具备明确的认知，政策制定者才能挑选出合适的工具，通过制度手段引导城市人口的流动和城市资源的合理配置。

本书共包含八章，其中前三章内容围绕"城市集中"这一关键词展开，考察其度量方法、现状特征、发展历程和演化趋势等。这一部分首先对已有理论基础和实证证据进行梳理与回顾，之后对比现有研究，提出基于灯光数据构建城市集中度指标的优势所在，在此基础上根据灯光数据计算得出我国 26 个区域对应的城市集中度，并对我国的城市人口区域分布特征进行对比分析。

第四章点出本书的研究意义所在，也就是为什么有必要研究城市集中。研究结果表明，我国不同区域的城市规模分布结构存在显著差异，城市发展同时受到市场和行政力量约束，目前处于集中与分散化并存的阶段。尽管我国城市规模分布基本符合"齐普夫法则"，但是存在超大城市和小城镇规模都偏小、中等规模城市体量略大的问题。通过检验发现，城市集中与城市化效益之间存在显著的"倒 U 形"相关关系，但是目前我国的大中城市规模尚未实现最优化，仍有增长空间。

第五章至第七章是本书研究的核心，也就是在明确研究意义的基础上，由区际差异、城市差距和城际联系三个层面分析影响城市集中的主要因素，指导政策和规划根据以上三个方面着手调节城市规模分布结构。

在区际差异的研究中，首先提出一个开放条件下的三部门模型，通过产业结构的调整、不同产业部门劳动生产率的变化和城镇化率的提高反映区域经济增长，同时考察引入贸易开放条件对城市规模分布和人口密度的影响。其次通过应用面板工具变量法、动态系统 GMM 估计和固定效应门槛回归，考察理论推导得出的几个假说是否成立。这一部分得出的结论认为，区域的对外开放程度、交通成本、经济发展和产业结构显著影响城市集中。

城市差距的探讨分为两个角度：一是从城市角度出发，考虑城市的不同特性对城市规模变化率的影响；二是从区域视角出发，研究区域内部城市之间差距的大小对城市人口集中程度的影响。两个部分同样通过引入城市系统空间均衡模型进行分析，不同之处在于前者选择空间杜宾模型，利用 2005～2013 年中国 275 个地级及以上城市数据进行实证分析，研究城市特征对城市规模变化率的影响；后者利用省级层面的面板数据采用三阶段最小二乘法对联立方程组进行估计。实证结果表明，城市人口的集中分布程度与城市名义收入差距、城市生活质量差距之间存在显著的正向关系，并且这种作用是双向的，城市集中度的提高会导致城市间收入水平和生活质量差距的进一步拉大。

城际联系部分的内容包括作用机制分析、城际联系测度和实证研究结果。理论部分重点介绍了中心流理论，在此基础上提出城际关系的两种类型：地理上邻近的城市等级关系和跨区域的城市网络联系。紧接着基于服务业上市公司数据，选择企业网络模型，以城市群作为主要研究样本测度城际联系，并划分为城市群内外两种类型。实证部分采用地理加权模型与长面板回归策略相结合的方式，得出结论认为，城际联系对城市集中的作用存在较大的个体差异。相反地，城市群内部联系强度的增加有助于带动城市人口的分散分布。

最后，根据以上研究，本书提出如下四点政策建议：第一，权衡本地人口结构，制定区域发展目标；第二，结合区域特征优势，协调城市规模分布；第三，考察城际差异所在，确保区域高效运转；第四，鼓励加强城际交流，平衡中心外围关系。

目　录

第一章 引言

城市是集聚经济在空间中的具体表现，是推动区域经济增长的核心动力所在。随着区域与城市经济学理论的不断完善，学术界对于城市的认知也在不断加深，其中，关于城镇化（或称城市化）与城市规模的探讨始终热度不减。然而，对于与上述两个概念密切相关的城市集中问题，也就是一定区域范围内所包含的不同等级城市的规模分布问题，相关文献积累仍然不足。

一个国家的城市化本质上包含两方面的内容：一是城镇人口占总人口的比例（城镇化率），二是城镇人口在不同规模城市中的分布情况（城市集中或城市规模分布）（Henderson and Wang，2007）。城镇化率方面已经积累了不少理论与经验研究，并基本得出一致的结论，即农村人口向城镇的有序转移能够显著推动生产率的增长和人均收入水平的提高。相较之下，城市集中的相关研究则寥寥无几，除 Henderson（2000，2003，2005，2007）发表的一系列论文较有影响力外，其余成果相对零散、不成体系，更未能形成成熟的研究框架和具备广泛适用性的研究结论。

鉴于此，本书选择城市集中作为研究核心，基于中国三大地区、省级、城市群和地级市等多个空间尺度数据，对不同区域范围内城市规模分布的异质性及其影响因素进行理论分析与实证检验，力图填补现有研究中尚未涉及或未能充分论证的假说与观点，以期吸引更多相关领域学者、工作人员关注城市集中问题，并为进一步开展研究奠定基础。

第一节 概念、背景和意义

城市集中问题的研究虽然得到的关注不算多，但具备相当的研究价值和实际意义。在我国的城镇化进程中，一方面存在人口、土地、经济步伐不一致，导致城镇化进程错位的问题；另一方面也逐渐反映出城市等级规模的布局问题，即"农村人口进城，进到哪个城？大城市、中等城市还是小城镇？"这个问题处理不好，就容易造成个别城市集聚人口规模过大，甚至出现膨胀病症状，与此同时另一些小城市发展不足，面临萎缩凋敝的情况。城镇化率的提高固然重要，但如果放任城镇人口的空间分布失衡，必然会反过来对城镇化进程的推进造成阻碍，进而不利于城市生产效率的提升。本书在这一部分首先简要介绍选题背景，归纳我国城市化道路的基本情况和特点，其次具体阐述城市集中问题的研究价值所在。

一、概念辨析

"城市集中"直译自英文 Urban Concentration，通过中国知网直接搜索"城市集中"得到的结果很少，说明"城市集中"一词在国内相关研究中的应用还不是很普遍。但是在国外文献中，城市集中的意义非常明确，与城市化一样是城市与区域经济学研究中的重要问题。Nitsch（2006）在其研究中写道："城市集中是指在一国中，城市人口大规模地、不成比例地集中在一两个大都市区（Metro-politan Areas）或特大城市，造成城市规模结构扭曲的现象。"Bertinelli 和 Strobl（2007）认为，城市集中反映了不同城市间人口的分布情况，其对应的衡量指标为城市集中度（Degree of Urban Concentration）。Wan、Yang 和 Zhang（2017）的研究中则给出了更为明确的界定标准：城市集中指的是常住人口达百万以上的大城市规模总和占经济体全部城市人口规模的比重。国内学者中，周文（2016）将城市集中定义为"城市人口在不同城市之间的分配"，认为城市集中度同时反映了一个国家或地区城市资源集中在几个大城市的程度。

以上定义虽不能说完全相同，但表达的内涵其实是一致的，本书在归纳总结前人研究的基础上将城市集中定义为"一定区域范围内，大量城市人口集中分布于少数城市的现象"，对应的城市集中度衡量了城市人口在不同城市中的分布结构。

需要与城市集中明确区别开来的概念主要有两个，我们首先考虑"城市化"（Urbanization），在我国又称为城镇化。其实城市化的定义非常简单明了，就是"一定区域范围内城市人口占全部人口总量的比重"，对应的衡量指标为城市化率。在明确城市集中含义的基础之上，城市化与城市集中的区别也就显而易见了：城市化水平决定了城市人口的规模总量，而城市集中反映的是城市人口的分布结构。此外，城市化关注的重点在于城乡人口转移，城市集中的直接考察对象只限于城市常住人口，与务农人口联系不大。

另一个含义大相径庭的概念是城市群（Urban Agglomeration），由于英文中Concentration 与 Agglomeration 的词意相近，因此在实际应用过程中容易造成混淆，但其实这两个概念之间存在本质区别。李佳洺等（2014）认为，城市群是参与全球竞争和国际分工的基本地域单元，既是人口居住的密集区，也是支撑一个国家（地区）经济发展、参与国际竞争的核心区。需要注意该定义中强调的"基本地域单元"一词。也就是说，地理区位上的接近性是形成城市群的前提条件，城市群的核心是城市的集中。由此可知，城市群与城市集中最显著的差别在于，城市群要求城市在地理上集中，同时城市之间构建联系，而城市集中只强调城市人口在少数城市的集聚，与城市之间的地理位置、联系密切程度无关。

除需要明确区分的概念之外，与城市集中密切相关的概念也有两个，分别是城市规模分布（City Size Distribution）和城市等级体系（Urban Hierachy），由这两个概念衍生而来的表述还包括"城市规模分布体系""城市规模分布结构""城市人口规模分布""城市规模等级体系""城市人口规模体系"等，其内涵都是相似的，只是表述方式有所不同。

周文（2016）同样对城市规模分布下了一个定义：每个国家和地区都拥有不同数量的城市，每个城市又拥有不同规模的人口，通常将一国或地区内不同规模城市的数量分布称为城市规模分布。如果说城市集中反映的是一种人口倾向于集聚的现象，是带有一定指向性的概念，那么城市规模分布的定义就是相对中性的，是对特定时点现状的描述。也正因如此，城市规模分布的相关研究中考察较多的是法则、建模和经验研究，如对于"齐普夫法则"的检验（高鸿鹰、武康平，2007；邓智团、樊豪斌，2016）。尽管如此，上述两个概念的本质其实都是城市人口的分布结构，表达的是相同的意思，因此在全书中也经常互相替代使用。

城市等级体系既是理论，也是现象。城市等级的划分实际上是人为的，城市规模的变动本身并不存在明显的分界点，但是划分等级有助于更好地理解城市体系的形成机制。早在 20 世纪初，Christaller（1933）提出的中心地理论就对不同的市场规模划分了等级，其后该理论也被反复应用于城市等级体系的相关研究中。城市等级体系与城市集中的关联之处在于：城市集中度的变化影响城市之间的等级差异，城市集中现象越突出，城市等级差异越大；城市集中度越低，不同城市之间人口规模分布越均衡，城市等级差异越不明显。当城市集中度趋近于

0，也就是城市规模趋于平均分布时，城市等级体系也就不复存在了。当然，这种情况在世界范围内也不曾出现过，同一区域范围内不同城市规模之间的等级差异始终存在，只是差值大小，也就是集中度有所区别罢了。

二、选题背景

随着工业革命的推进，城市已然成为先进生产力的载体。无论是探讨经济增长，还是研究协调发展，城市化始终是经济学家绕不开的话题。然而，我们对于"城市化"的理解是否已经足够全面？"城市化"的简明定义是否能够完整地反映城市发展的结构和内容？答案未必是肯定的。通常，我们采用城市人口占总人口的比重衡量城市化水平的高低，但这一比值显然无法反映城市人口是集中在少数大城市中，还是相对均匀地分散在诸多中小城市。因此，城市化率实质上只是测度城市化进程的总量指标，而本书重点研究的城市集中度问题，则是体现城市化水平的结构指标，也是涉及城市资源配置和规模分布的重要命题，正在得到越来越多的关注和研究。事实上，城市化水平与城市集中度是两个需要仔细加以区分的概念，但简单来说，城市化水平体现的是农村人口向城市的转移，同时包含了生产、生活方式的转变；而城市集中度反映城市人口的分布情况，城市集中度越高，表明城市人口在少数大城市集聚的倾向越强。

改革开放以来，伴随城市化水平的不断提高，中国的城市空间结构也发生了显著的变化。刘修岩和刘茜（2015）认为，虽然中国城市间的经济活动集聚程度显著提高，但人口集聚程度的提高却很有限，区域的城市集中度甚至出现了下降的趋势。此外，中国各地区间的城市集中度存在显著差异：西部地区的城市集中度显著高于中部和东部地区，而且东部地区的城市集中度在1996~2012年基本保持稳定，西部地区的变动则较为剧烈。基于对上述事实的观察，本书想要探讨的问题是，在城市化水平稳步提升的大背景下，有哪些关键因素导致了我国城市集中度的区域差异？城镇体系规模分布现状的形成机制是什么？倾向性政策在此过程中是否发挥应有的作用，未来应该如何改善城市规模分布格局？这些问题既是区域与城市经济学者关注的热点所在，也是本书希望通过理论建模、逻辑推导和实证分析来梳理、检验，甚至预测的内容。

过去30年间，中国的经济增长速度引世界注目，与之密不可分的是城市数量与规模的迅速扩张。发达国家的历史经验告诉我们，选择城市化道路无疑是保证快速、稳健增长的必要条件（Spence, Annez and Buckley, 2016）。与此同时，发达国家的城市化进程中出现了显著的城市集中现象，即人口大规模流入少数大城市，但这一现象在工业化后期开始出现逆转趋势。中国的城市化道路与其他经济体有着极大的相似之处，但同时也具备一些"中国特色"。正如沈体雁和劳昕（2012）在其研究中指出的，"中国的城市规模分布不仅受到市场驱动力的影响，更主要的是受到政府政策（如改革开放政策、户口政策及计划生育政策等）的影响"。因此在处理中国问题时往往可以借鉴最新的研究成果，但同时有必要根据中国的实际情况做出适当调整。

中国城市化带有浓重的计划经济遗留色彩，因此在许多方面与其他国家存在差异。首先，虽然中国城市的总体数量十分可观，但与许多发展中国家在其工业腾飞阶段的城市化进程相比（韩国、巴西、印度尼西亚等在高度发展阶段的城市人口增长速度为5%~6%），中国的城市人口增长速度颇为缓慢，为3%~4%，远远落后于国内生产总值（GDP）的增长率（Au and Henderson，2006）。其次，户口登记制度和其他相关政策严重阻碍了劳动力在城乡之间、城市之间自由流动，也限制了市场经济发挥作用，农民工"半城市化"的生存状态也成了中国特有的现象之一。再次，城市规模分布存在"两头大，中间小"的空间失衡问题，即过度膨胀的特大城市和难以形成规模经济的小城镇居多，具有独特比较优势的中等规模城市较少。最后，纵向自上而下的政治制度体系容易将更多的优质要素和资源投向大城市，形成"首位偏袒"现象（Henderson，2002），同时横向地方政府间的竞争容易提高市场准入门槛，造成要素流通受阻。

三、选题意义

随着城镇化过程的快速推进，我国城市人口增长的地区差异越来越明显，国家城市等级体系也必将发生剧烈的变动（张京祥，2007；顾朝林，1999；周一星、于海波，2004），加强城市等级体系的研究对于探索新时期城市发展的规律和制定合理的城市发展政策具有重要意义。从逻辑上讲，对城市等级体系的研究包括宏观尺度上对城市体系规模结构的研究和微观尺度上对城市间规模增长差异性的研究两部分内容。越来越多的文献指出，城市人口在空间上如何分布，不仅是城市发展的重要特征，本身也直接影响着如资源配置效率、经济增长和协调发展等诸多经济问题（Henderson，2003；谢小平、王贤彬，2012；赵颖，2013；唐为，2016）。

一个城市体系中不同规模等级的城市都有其存在的必要，也是经济规律作用下发展的必然趋势。不少经济学家认为（Duranton，2007），长期来看城市规模等级之间遵循着既定的"法则"，偏离这一运行轨道，城市人口过度集中或过度分散都不利于国家或地区经济、社会、环境的正常运转。

　　然而需要注意的是，我国的城市发展过程中已经出现了不少问题和矛盾。首先，尽管大多数研究认为我国超大城市数量和规模都偏小（Au and Henderson，2006），应该走优先发展大城市的道路，但事实上在以首都北京为代表的不少城市已经出现了人口负荷量超过基础设施、公共服务、自然环境承载能力造成的规模不经济效应，这是第一重矛盾。其次，与大城市病相对应地，胡小武（2016）提出"小城市病"问题，认为小城市因人口规模、就业结构、文化氛围、发展动力等局限，造成了社会生活方式的庸俗化、经济发展能力弱化、人才荒漠化等问题，最终导致越来越多的小城市进入了资源枯竭、人口流失、产业衰退、就业艰难等发展陷阱之中，这是第二重矛盾。最后，就制度层面而言，我国城市发展战略和规模控制措施往往无法达成预期的效果，政策导向与实际情况之间存在较大偏差，这是第三重矛盾。

　　总体来看，城市集中度过高一方面有可能造成小城市资源的浪费，导致空城化和市容萧条的局面，同时不利于产业结构的丰富和经济增长；另一方面无助于缓解大城市的压力，还会加剧"由于城市人口、工业以及交通运输等行业和社会资源过度集中而引起的社会问题，由于资源供不应求和使用不利而造成大范围的交通问题、环境问题、资源利用问题以及人与人之间社会关系紊乱等问题"（戴庆锋，2013）。

　　相反地，城市人口分布过于分散、城市规模相对接近的弊端同样显著。主要原因是产业间无法形成集聚效应，城市人口规模的不足直接影响劳动力的质量和人力资本的积累，进而阻碍知识溢出和技术进步的过程，拉低城市整体生产效率的提升。Henderson（1974）构建的城市体系模型中指出，由于不同产业产生的规模经济程度不同，因此需要的最优劳动力数量和服务的最优市场规模也存在差异；城市中如果存在专业化生产，城市间存在贸易，那么势必会形成错落有致的不同等级规模，相对均衡的城市体系意味着城市缺乏特色且无法发挥比较优势，正是学术界颇为诟病的"千城一面"问题。此外，根据王佳和陈浩（2016）的研究，当人口密度尚未达到一定门槛值时，城市基础设施存在浪费现象，实际上不利于城市发展。

　　综上所述，对一个国家城市人口规模分布规律的探究，可以找到该国城市人口规模适度分布与最佳分布，再通过与实际城市人口规模分布的比照，能提出城市人口规模分布的优化方向（尹文耀，1988）。同时，在明确现有规模分布调整方向的基础上，通过与现行城市发展战略的比照，能够对政策措施的合理性做出基本的评判。众所周知，包括中国在内的不少经济体都试图通过制度手段分散城市人口或控制大城市规模，那么这种分散措施是否必要？如果以经济效益为前提，应该优先发展中小城镇还是大城市？本书的研究试图通过定性和定量相结合的分析方法——解答上述问题。

此外，在对城市规模分布的优化方向有所把握的基础上，探讨不同区域城市规模分布背后的形成机制，有助于深入了解城市体系及其资源分配方式，有助于城市规划措施的制定和实施（Fang，Li and Song，2016）。换句话说，只有对影响城市集中度的主要因素具备明确的认知，政策制定者才能挑选出合适的工具，通过制度手段引导城市人口的流动和城市资源的合理配置。新经济地理学派代表学者克鲁格曼（Krugman，1995）认为，城市规模在城市体系内的合理比例与距离可以回避竞争和完善城市体系功能，利于城市共同成长。随着城市化水平提高到一定程度，通过人口由农村向城市转移带动经济发展的空间已经十分有限，在此背景下，对城市集中度进行挖掘，在既定的城市化水平下利用城市资源的重新配置和城市规模分布的调整来促进经济发展，具有突出的实践意义和价值（周文，2016）。

第二节 思路、方法与内容

本书的研究思路遵循"是什么""为什么""怎么做"的基本逻辑思维模式。其中"是什么"围绕"城市集中"这一关键词本身展开，考察其度量方法、现状特征、发展历程和演化趋势等；"为什么"点出本书的研究意义所在，也就是为什么有必要研究城市集中，是因为城市人口的分布结构影响着区域整体的城市化效率和经济发展状况；"怎么做"是本书研究的核心，也就是在明确城市集中重要性的基础上，指出影响城市集中的三大因素——区际差异、城市差距和城际联系，指导政策和规划由以上三个方面着手调节城市规模分布结构，实现区域整体与城市本身和谐、高效的增长，城市居民幸福、稳定的生活。

一、研究思路

本书的整体研究思路导图如图 1-1 所示，分为开头、主体、结尾三个部分。开头非常好理解，包括引言和现有研究基础的回顾，相当于是全书研究的核心问题的一个简要开场白，与此同时开头部分也提供了一些有助于理解后续研究的知识和资料。主体即上文提到的"是什么""为什么""怎么做"三块内容，对应本书第三至七章，需要注意的是，第三章中的我国城市规模分布现状，与第四章中的发展历程、演化趋势共同描绘了城市集中的"过去、现在、未来"。最后的结尾部分是对全书的总结与展望。

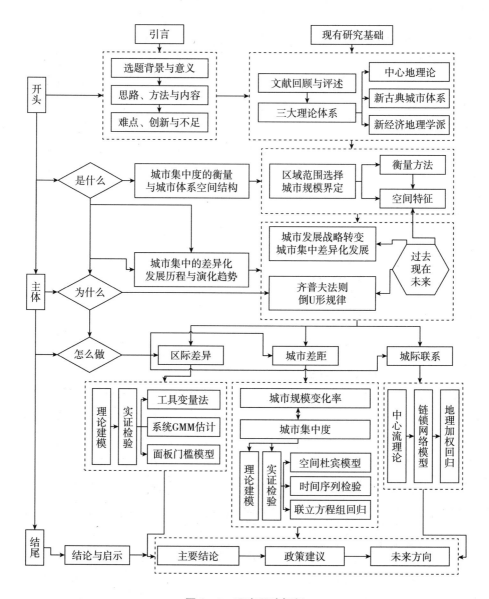

图 1-1　研究思路框架

二、研究方法

本书采用定性分析与定量分析相结合、理论建模与实证检验并重的研究方法，每一章节中涉及的具体方法反映在图1－2中。

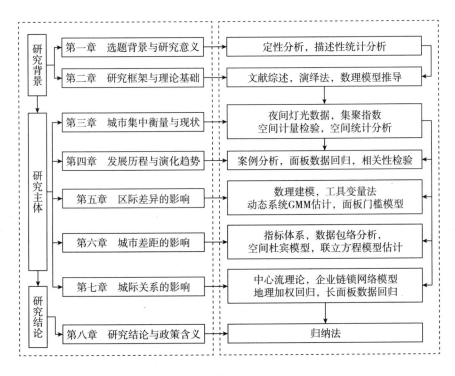

图1－2　研究框架

三、内容安排

根据本书的研究思路框架，基本可以看出各章节的内容安排。开篇包括两章内容，第一章论述选题背景、研究思路和主要研究内容，同时强调文章的创新点和存在的不足。第二章是对现有研究和理论基础的回顾。主体研究均建立在克里斯塔勒和廖什的中心地理论、亨氏新古典城市体系理论以及新经济地理学提出的一般均衡模型基础之上，同时也会涉及其他一些较为新颖的研究成果。

第三至七章构成本书的研究主体，其中第三章主要考察城市集中的度量问题，引出基于灯光数据构建城市集中指标的可能，之后应用灯光数据结合空间统计方法分析我国的城市规模分布现状。第四章是在现状基础上对城市化发展历程和演化趋势的研究，这一章同时解决了两个与城市集中相关的关键问题：城市规模分布是否符合"齐普夫法则"；城市集中与经济发展之间是否存在"倒 U 形"关系。至此我们明确了城市集中是什么，以及为什么要研究城市集中两个要点。

接下来本书从区际差异、城市差距和城际关系三个角度入手深入分析造成区域间城市人口集中程度差异化的原因所在，这三章的研究结果为如何调控城市体系规模分布结构提供理论和实证依据。第五章首先提出一个开放条件下的三部门模型，通过产业结构的调整、不同产业部门劳动生产率的变化和城镇化率的提高反映区域经济增长，同时考察引入贸易开放条件对城市规模分布和人口密度的影响。随后结合面板工具变量法、动态系统 GMM 估计和固定效应门槛回归，考察理论推导得出的几个假说是否成立。第六章重点分析城市集中度的不同是否取决于城市间收入水平和生活质量的落差，针对这一问题可以分两个角度进行考察：一是从城市角度出发，考虑城市差距对城市规模变化率的影响；二是从区域视角出发，研究区域内部城市之间差距的大小对城市人口集中程度的影响。两部分内容采用的都是理论分析结合实证研究的基本结构，前者应用到空间杜宾模型，后者则通过时间序列检验和联立方程模型检验理论假说的有效性。第七章关注城市之间的互动效应对城市集中度的影响，通过引入中心流理论与中心地理论相结合，提出基于服务业上市公司数据构建城市链锁网络模型的量化分析方法，在此基础上结合地理加权回归和长面板数据回归方法，考察不同类型的城际联系（城市群内部联系和跨区域联系）如何作用于区域内部的城市人口分布结构。

最后，第八章是对全书研究成果的总结，以及在此基础上为政策制定者提供改进意见和建议。

第三节　难点、创新之处与不足

出于兴趣和对自身已有研究基础的把握选择了城市集中作为毕业论文的主攻方向，不曾想在写作过程中遇到诸多困难，好在足够幸运大部分问题都得以及时解决。写作过程中时时迸发的灵感是催人奋进的不竭动力，当然本书目前仍存在各种不足，但也正是这些"不完美"才使这份研究更加有意义。

一、研究的难点所在

总结起来，本书的难点包括以下几个方面：

（1）研究框架的构建难度。相比城镇化积累的大量成果，城市集中的相关研究实属寥寥无几。在查阅整理了诸多文献资料之后，笔者发现关于城市集中的研究凌乱且不成体系，因此在第一步构建研究框架的过程中就遇到了阻碍。如何将不同的研究视角串联在一起，尤其是城市集中的影响因素方面，能否将所有因素纳入同一个研究框架下，想要解决这一问题确实不是很容易。好在有"前人栽树"，通过大量阅读相关领域博士论文，我们找到了一个可能的切入点。鉴于城市集中同时涉及城市和区域两个空间维度，分开来探讨不同维度下的影响因素作用机制似乎可行。在此基础上，本书后续又加入了城际联系的影响作为并列章节，就此基本形成了最初的研究框架。

（2）数据资料的收集难度。本书的一个创新点即在于使用灯光数据处理城市规模相关指标，但是灯光数据的处理和校准过程需要耗费大量精力，相信本书形成的量化结果能够对相关领域学术研究工作的开展起到不小的帮助。除灯光数据以外，本书第七章采用的企业链锁网络模型所需数据同样无法直接由数据库或统计机构获得，只能由研究人员自行搜集，这一阶段耗费了不少人力、财力。与现有研究相比，本书收集和使用的数据在范围上显著扩大，在期限上显著拉长，具备一定的实践意义。

（3）理论模型的演绎难度。尽管本书中涉及的理论模型大多建立在西方学者的研究基础之上，但是考虑到这些模型的研究目的与本书不尽相同，使用环境和条件也存在差异，我们在引用模型解释变量关系之前都会进行相应的调整或修改。以第五章中构建的开放条件下的三部门模型为例，原有的两个基础模型中，其中一个只考虑到封闭条件下的三部门城市发展，另一个则只研究了开放条件下的两部门模型，两种情况都不能够直接套用到我国的城市体系发展过程中去。因此，我们通过结合两个模型的关键假设，重新构建一个数理模型框架并推导得出基本假说，既保留了原有模型中的基本思路，又使其更加符合本书的研究语境和我国的实际情况。

（4）实证方法的应用难度。如图 1-2 所示，本书的实证研究中应用包括空间统计方法、面板工具变量法、动态系统 GMM 估计、面板门槛模型、空间杜宾模型、数据包括分析、联立方程组模型、企业链锁网络模型和地理加权回归等一系列研究方法。为了保证研究结果的准确性，本书的每一部分实证研究通常都会采用一种以上的回归方法对样本进行检验，同时通过改变研究年限、变更研究范围、替换代理变量等诸多方式确保研究结果足够稳健。

二、可能的创新之处

研究设计在理论和技术层面都力求在现有研究基础上发掘新内容、分享新方法、提出新观点。

第一，理论模型多建立在近年来国外经济学者的研究成果上，研究的时效性很强并且视角新颖，同时，我们有选择地在现有理论模型上进行扩展或修改，使之更加符合中国经济的运行逻辑。例如，Hsieh 和 Moretti（2015）在 Rosen - Roback 模型基础上构建的研究框架分析了"工资溢价"、城市便利性和住房对于城市规模的影响，考虑到我国目前大城市与中小城镇名义工资的巨大差异，以及户籍制度和购房政策对要素流动的限制，引入这一理论框架解决中国的实际问题是十分有意义的。

第二，实证分析方法科学、合理且更为丰富，从而保证了研究的稳健性。如第五章中通过结合动态系统 GMM 估计方法和面板门槛模型对变量之间的非线性相关关系进行探索。另外，第六章中应用数据包括分析（DEA）构建了城市生活质量的指标评价体系，在此基础上使用联立方程模型考察城市集中与城际差距的互动关系。此外，本书多次运用空间统计方法和空间计量分析，充分考虑了不同维度下城市人口分布的空间相关性和空间异质性，得出了一系列有趣的结论，以上研究无疑都有助于我们更好地把握城市化发展现状、协调城市规模分布结构。

第三，数据和研究范围有所创新，就数据而言，采用灯光数据（杨孟禹、张可云，2016）作为城市规模的主要衡量标准，突破了现有的人口、土地和经济数据局限，而且保证了在中国户籍制度可能扭曲人口统计分析的情况下，能够更好地反映真实的城市化进展。就研究范围而言，城市集中度多见于跨国研究中，但少有人关注到类似于中国这样地域辽阔的国家内部区域之间仍有可能存在显著差异。可以说，研究的设计和操作都尽量寻求在理论创新、方法创新、数据创新三方面有所建树，为中国的城市化研究体系做出一点贡献。

三、有待解决的问题

内容方面，本书可以在以下几点着手改进：一方面，城市集中与经济发展的相关关系研究还可以拓展和深入。这部分内容其实是现有文献关注的一个焦点，而且大部分研究得出了较为一致的结论，认为城市规模分布结构与城镇化、经济增长之间存在显著的相关关系。因此在本书中城市集中对经济发展的影响并没有作为一个重点出现，只是在第四章"倒 U 形"关系的讨论中提到。另一方面，政策措施能否有效作用于城市集中程度尚不可知。根据本书的研究，区际差异、城市差距和城际联系因素都会影响城市规模分布结构，甚至自然环境和区位条件在城市扩张过程中扮演着不可或缺的重要角色，那么政府能否通过对这些因素施加影响来达到调节城市集中度的目的，本书没有正面给出答案，但不得不承认这是未来的一个潜在研究方向。

另外，在技术方面，本书使用的数理模型还不够完善，可以进一步推导演绎；数据的收集过程中难免存在遗漏和出错的现象，可能对研究结果的精度造成一定影响；个别实证结果与预期不符且难以解释，对于这种情况应该考虑研究方法是否使用以及操作过程是否合规，在实证方法不存在问题的基础上，重新思考理论模型和传导机制的有效性。

第二章 现有研究基础

古语有云，"温故而知新"。充分了解现有研究基础是开展更深入研究的必要前提，本章分为文献回顾与评述、研究框架的理论支撑两个部分。文献综述工作的重要性不言自明，其主要目的在于发掘现有研究的不足，指明未来的研究方向；理论支撑的回顾遵循由远及近的原则，简要介绍三大城市规模分布理论体系。本书后续章节中涉及的理论模型几乎都建立在这些框架之上，因此在展开深入分析之前梳理现有研究的思路和线索显得十分有意义。

第一节 文献回顾与评述

尽管针对城市集中的研究数量并不是很多，国内外学者得出的研究结论也存在争议，但是关于该问题的探讨由来已久，并且积累了不少值得参考借鉴的成果。本章分为国外和国内研究进展两个部分，分别按照城市集中的衡量指标及其内在规律、城市集中与经济发展的关系、影响城市集中的主要因素三个方面展开，尽可能全面、完整、客观地回顾该领域已经达成的共识，存在争议的假说和有待深入考察的问题。

一、国外研究进展

关于城市集中问题的研究最早可以追溯到 1913 年，德国学者 Auerbach（1913）在其研究过程中发现不少发达国家的城市规模分布都遵循某种特定的规律。此后 Singer（1936）在其发表的文章中指出，帕累托分布能够较好地拟合城市体系规模等级，并且提出帕累托系数可用作衡量城市集中的指标。时至今日，城市规模分布是否吻合帕累托定律仍是学术界关注和探讨的一个焦点问题，其中大部分研究结论都支持该假说成立，但帕累托系数的取值往往因计算方法和研究对象范围的变动而存在不一致性（Rosen and Resnick，1980；Soo，2005；Terra，2009；Giesen and Südekum，2010，2012）。尽管探讨城市规模分布遵循的规律并非本书关注的重点，但正如 Ramos 和 Sanz－Gracia（2015）在研究中指出的，该话题在以下三个方面对于城市和区域经济研究具有重要意义：其一，了解这一规律有助于分析城市体系形成机制；其二，城市规模分布的特定形式对现实世界中城市居民的社会经济生活存在不容忽视的影响；其三，从政策制定者角度讲，正确认识城市发展一般规律十分必要，应该说是制定政策及保障政策有效性的先决条件。

不少学者的研究结果都显示，城市集中度随着经济发展遵循先上升后下降的"倒 U 形"模式（Alonso，1964；Wheaton and Shishido，1981；Junius，1999；Matos and Baeninger，2001）。Gaviria 和 Stein（2000）指出，在特大城市扩张速度开始放缓后，大中型城市开始迅速成长。统计资料显示，在发展中国家，人口规模超过 500 万的特大城市扩张速度仅为人口规模 50 万以下的中型城市的一半（World Bank，2000），城市规模同样存在趋同趋势。其背后的基本作用机理在于，城市发展初期，大规模的人口流入产生的"集聚经济"效应能够带动地方经济迅速增长，从而吸引更多的先进劳动力、资本和技术，但城市规模扩大到一定程度时，"集聚不经济"效应开始显现，主要表现在通勤时间的增加（交通拥堵）、生活成本的上升和环境的恶化（Sato and Yamamoto，2005）。因此，快速成长的国家在城市化进程中需要同时处理好两个问题：一是在规模不足的地区培育增长点，即促进集聚经济和规模效应的产生；二是管理由于城市规模过大而产生的负外部性——拥挤、区域差异以及要素价格的上升（Spence，Annez and Buckley，2016）。但是，并非所有研究结论都指向城市规模的趋同化发展，Andersen，Møller－Jensen 和 Engelstoft（2012）的研究发现，过去 25 年间丹麦发达地区的城市人口规模仍在持续增长，并且发达地区与落后地区之间的城市化水平落差呈扩大状态，因此需要采取措施提高劳动力流动性。Glaeser 和 Gottlieb（2006），以及 Magrini 和 Cheshire（2006）关于美国及欧洲大城市复苏问题的探讨也得到了类似的结论，上述城市规模分布的差异化发展过程以及背后的原因，正是本书关注的核心问题。

那么，为什么会出现类似丹麦的情况？在大城市住房昂贵、高生活成本与工作压力大、交通拥堵、环境恶化、快节奏等背景下，劳动力为何仍然选择集聚于少数大城市而非相对均匀地分散在小城市？主流经济学文献将其归结于以下几点原因：第一，城市规模的工资溢价。实证检验发现，劳动力集聚在都市区确实会提高工资（Rosenthal and Strange，2008）。这种工资溢价导致的收入差距会促使劳动力集聚在大城市（Ortega and Peri，2012；Baum - Snow and Pavan，2012）。第二，城市劳动力池与就业机会。大城市中的企业数量相对较多，也可以增加劳动力职位匹配和被猎头获知机会（Strange et al.，2006），进而降低失业风险（Almazan et al.，2007；Overman and Puga，2010）。第三，劳动力技能提升。大城市中劳动力可以基于更多的正式或非正式沟通渠道进行沟通和学习，通过"干中学"和知识溢出提高技能（赵伟、李芬，2007；Overman and Puga，2010；Fu and Gabriel，2012），而且 Rosenthal 和 Strange（2004）的研究发现，大城市通过选择效应和竞争效应促使人们更努力地工作。第四，交通网络便利与基础设施齐全。大城市的交通便利、生活设施齐全，有更多电影院、文化馆、健身房等场所，可以增加消费者的舒适性（Glaeser et al.，2009；Albouy，2008；Boustan，2013）。但改善区际交通条件对于空间不平衡的影响尚不明确，大城市的规模可能会由于扩散效应的作用而缩小，也可能会通过回流效应进一步加强大城市的首位性。新经济地理理论的一个预测就是较低的运输成本首先会增加区域集聚，更低的运输成本才会减少区域集聚（Combes，Mayer and Thisse，2008）。此外，包括地理区位（Fujita and Mori，1996）、贸易开放度（Ades and Glaeser，1995；Krugman and Elizondo，1996）、行政体系和相关制度（Moomaw and Shatter，1996；Henderson and Becker，2000）等因素都可能影响城市集中度。Duranton 和 Puga（2013）将诸多因素如交通设施、住房供给、便利程度、集聚经济和人力资本综合到了同一理论框架下，并且认为产业结构的变动也会对城市体量造成影响。

在诸多影响因素中，我们关注的一个重点在于制度因素如何对空间不平等造成影响，具体包括政府机构的区域差异，以及政治和财政权力在联邦、州和地方政府间的分配方式不同。新经济地理理论认为，政府干预的潜在作用明显，对一个给定区域的产业补贴造成的轻微扰动可能会戏剧性地增加空间不平等（Krugman，1991a，1991b）。Ades 和 Glaeser（1995）构建的理论模型证明，城市化集中水平显著地受到政策工具与制度体系影响，从而为我们进一步探讨政策选择空间奠定了基础。Acemoglu、Johnson 和 Robinson（2005）的实证研究结果显示，制度因素在美国南部和北部的发散和后来的收敛中扮演着重要的角色。韩国在1970 年以后成功地分散了首都聚集的人口比重，Henderson、Lee 和 Lee（2001），以及 Henderson（2002）总结认为经济自由化和交通基础设施的完善发挥了关键作用。但目前的困境在于，韩国通过行政手段成功地缓解了空间失衡问题的案例在世界范围内十分罕见并且难以复制，更近期的研究（Barone，David and de Blasio，2016）证实旨在减少欧盟不平等的政策几乎无效，区域不平衡程度甚至有所扩大。不过需要注意的是，不同分析框架下得出的结论可能存在矛盾，因而在当政者试图分散大城市的生产活动时，务必要结合实际情况谨慎行动（Overman and Venables，2005）。并且，尽管经济发展和增长过程存在共性，但不同国家都有不同的地理、制度和政治条件，这最终可能决定了用来解决区域间城市规模分布不均衡相关问题的政策有效性。

城市集中是否促进经济增长同样是一个令人十分感兴趣的话题，早期 Wheaton 和 Shishido（1981）运用 Hirfindel 指数证实城市集中度与经济发展之间呈"倒 U 形"关系，其后城市规模过大或过小都会影响城市作为一个整体的高效运行的观点得到普遍认同（Futagami and Ohkusa，2003）。尽管大部分学者都认为首位度过高会对经济发展造成不利影响，但是如何确定城市最优规模一直以来都是备受争议的话题（Anas，2003；Capello and Camagni，2000）。正如 Henderson（2003）的研究结论所言，城市规模是否偏离最优值会直接影响其经济增长，甚至波及国民总产出水平。Brülhart 和 Sbergami（2009）使用 105 个国家 1960~2000 年的数据，进行计量分析也得到了相同的结论。上述研究成果基本符合威廉姆森假说的预测，即空间集聚在发展早期对经济增长有促进作用，但是当经济到达了某一收入水平后，促进作用会消失，甚至转变为负向影响（Williamson，1965）。至于人口集聚作用于经济增长的具体机制，已有大量理论和实证研究表明，集聚通过技术创新（Baldwin and Martin，2003）、资本流动（Martin and Ottaviano，1999）、溢出效应（Black and Henderson，1999；Fujita and Thisse，2002）等因素对经济增长产生深刻影响。与此同时，政府治理因素在集聚经济的作用过程中扮演着重要角色（Acemoglu et al.，2004；Mtjiyawa et al.，2012）。

二、国内研究进展

城市规模空间分布不均衡的情况在世界范围内十分普遍，尤其在包括中国在内的发展中国家，这一现象似乎尤为明显。资料显示，截至 2012 年，长三角、珠三角和京津冀三大城市群以占 2.8% 的国土面积集聚了 18% 的人口和 36% 的国内生产总值（王垚等，2015）。改革开放以来，我国人口集聚程度不断加剧，超大城市对人口的吸引力不断强化。以北京为例，1978 年北京市常住外来人口

21.8万人，占全市常住人口的2.5%；1990年常住外来人口增至53.8万人，占常住人口总量的5%；到2000年，常住外来人口总量迅速攀升至256.1万人，占全市常住人口的18.78%（杨卡，2014）。与北京类似，上海、广州都显现出了不容忽视的流动人口集聚能力（见表2-1），这也是造成超大城市"膨胀病"初见端倪的直接原因所在。

表2-1　北京、上海、广州全市人口密度变化情况

单位：人/平方千米

年份	1953	1964	1982	1990	2000	2010	近20年增长
北京市	169	463	563	659	827	1195	81.27%
上海市	979	1706	1870	2104	2588	3632	72.53%
广州市	383	522	699	847	1337	1744	101.60%

资料来源：杨卡. 中国超大城市人口集聚态势及其机制研究——以北京、上海为例［J］. 现代经济探讨, 2014（3）：74-78.

针对中国的城市发展空间失衡问题，国内外也积累了不少研究成果，但令人感兴趣的是，不同学者针对相同问题得出的结论却大相径庭。归纳起来，城市规模分布的演化无非有三种模式：第一种为收敛增长，即新城市不断涌现，相对小规模的城市不断追赶上较大规模城市，从而随着时间的推移，一个城市系统的规模分布更趋均衡（王放，2000；Anderson and Ge，2005；吕健，2011；马卫等，2015）。第二种为发散增长，即城市化过程中相对大的城市规模膨胀快于小城市，这样，城市系统内的城市规模分布变得更趋不平衡（Song and Zhang，2011；余吉祥、周光霞、段玉彬，2013；徐伟平、夏思维，2016）。第三种则为平行增长，即城市系统中各种规模的城市的相对分布保持稳定（江曼琦、王振坡、王丽艳，2006）。以上三种结论均有实证证据支持，可能造成这种矛盾和差异的原因包括：城市规模的衡量口径差异，如采用常住人口与户籍人口数据分析得到的结果显然不同；研究时间、研究范围的波动；城市化水平度量方式和收敛性检验方法的不同等。因此，我国总体和不同区域的城市规模分布是否合理，是否存在"倒U形"演进趋势，以及具体处于哪一阶段等问题尚无定论。值得一提的是，随着空间计量工具和模型被普遍应用于检验城市规模收敛或发散的研究中，越来越多的学者认为相邻或相似城市间存在显著的空间溢出效应，Dobkins和Ioannides（2004）的研究也发现，新的城市如果邻近其他城市，则发展较快，且相邻城市的增长率是相互紧密依存的。

城市人口在空间上的不均衡分布往往是城市发展、经济活动、社会阶层、文化传统等综合因素共同作用的结果。首先，自然地理环境是城市人口分布格局的基础，传统的区位论和城市经济学理论解释了自然条件和交通便利性在经济集聚和城市形成过程中的作用（范剑勇，2006；路江涌、陶志刚，2006；陆铭、向宽虎、陈钊，2011）。类似地，Christensen 和 McCord（2016）选择从土地适宜耕种程度、与港口间的距离、地形条件（平坦或起伏程度）三个外生因素入手分析中国城市化失衡发展现状，得出的结论认为这些区位因素能够解释将近一半的城市化差异所在。其次，社会经济发展因素是城市人口分布格局的推动力，其中最为前沿、最具代表性的包括新经济地理学派的系列研究成果。安虎森（2009）等的研究强调起步优势、运输成本、本地市场规模对城市形成与发展的重要作用。微观层面，多数学者的研究结论认为期望收入、房价、就业机会、生活质量、教育和医疗等社会保障资源是促进城市规模非均衡分布的主要原因（童玉芬、马艳林，2016）。踪家峰和周亮（2015）通过构建一个三部门 Rosen - Roback 空间均衡模型，探讨了中国城市集聚对劳动力尤其是高水平劳动力的吸引力，具体体现在"工资溢价"上。姚东（2013）基于空间面板数据测算了我国六大区域的城市化水平，并利用空间对数模型的夏普里值分解方法对区域城市化发展的影响因素进行排序，认为房价、人均收入和人才竞争力是拉大城市化差异的关键因素。

　　行政力量及相关政策对城市人口空间分布起着重要导向作用，那么制度因素究竟是加剧还是缓解了城市化空间失衡的问题？不同学者得出的结论似乎存在较大差异，其中，针对中国户籍制度展开的研究成果最为丰富。Au 和 Henderson（2006a，2006b）的研究评估了中国户籍制度对经济增长的影响，认为限制城乡之间、城市之间劳动力流动阻碍了各部门生产效率的提高，限制了集聚经济发挥作用，导致中国大部分城市规模未能达到最优水平（Under - urbanization），并提出城市规模与人均产出之间亦存在"倒 U 形"关系的观点，更近期的研究论证结果与之相似（Bosker et al.，2012；浦湛，2014；梁琦、陈强远、王如玉，2013）。林理升和王晔倩（2006）针对制造业分布的研究指出，人为地限制劳动力流动可能会阻碍产业集聚的进一步深化和地区分工的趋势，从而导致更加失衡的地区发展局面。也就是说，大部分学者认为当前我国大城市集聚程度不足，放开户籍限制可能将在短期内加剧城市规模分布不均衡的情况，但长期来看劳动力流动性的提高有利于优化资源配置（Vendryes，2011），并最终实现城市集中度趋向合理化。此外，城市行政层级也是影响城市规模非均衡分布的主要因素之一。王垚等（2015）以中国 1985～2010 年地级市样本构建的有序响应模型检验结果表明，行政等级优势对于城市发展具有重要作用。"首位偏袒"的作用机制在于不同等级的城市存在资源分配的差异，直辖市、省会城市享有更优质的资源和更广泛的权利（蔡昉、都阳，2003；王垚、年猛，2014）。

最后，陈钊等（2009）指出，分析城市化潜力时不应只着眼于总体城市化水平的提高，而应该更加重视城市区域布局的不断调整以及城市内部集聚效应的加强。除了城乡人口流转对经济增长的影响外，我们同样关注人口向少数大城市集聚产生的经济效益。朱昊、赖小琼（2013）采用动态面板 GMM 估计方法，从城市化率与城市集中度的综合视角出发探讨了中国城市化对经济增长的推动作用，分析发现人口的空间集聚更能解释经济增长。目前，人口的空间集聚有益于经济增长的观点得到了国内大部分相关领域学者的支持（陈睿，2007；张浩然、衣保中，2011），但与此同时也有部分研究成果表明城市集中度的提高在超出一定规模和范围后，其经济效益有待考证，可能出现负相关的趋势（王小鲁、夏小林，1999；马树才、宋丽敏，2003；周国富、黄敏毓，2007；张应武，2009；肖文、王平，2011；孙浦阳、武力超、张伯伟，2011）。蔡寅寅、孙斌栋（2013）对 34 个特大城市的实证研究结果更是发现人口分散对经济增长具有显著的促进作用，也就意味着集聚可能对经济增长产生了负作用；作者同时提出，人口分散与经济增长之间同样存在"倒 U 形"相关关系。典型的例外来自李佳洺等（2014）和余静文、王春超（2011）的研究，前者的研究结果认为人口集聚与经济增长之间并没有表现出明显的规律性特征；而后者则提出不同城市群的形成对经济增长的影响具有异质性，城市集中度与经济增长之间的关系不能一概而论。

三、文献总结与评述

通过上述文献回顾，不难发现国内外关于城市集中的研究并不充分，尚有较大的研究潜力和空间。比较明确的一点是，城市集中会对经济增长产生显著影响，这也是我们探讨城市集中问题的意义和基础所在。但就城市集中问题本身而言，无论是衡量方法、演化趋势，还是影响因素和政策作用方面的探讨都尚处于起步阶段，并且存在广泛争议。尤其是考虑到中国在地理区位、政治背景、经济体制、发展阶段等诸多方面与其他经济体存在显著差异，国外的研究成果更不可能直接套用于我国的发展思路之上。具体而言，本书在现有研究成果的基础之上，拟于以下几个方面开展进一步理论探讨和实证研究：

第一，城市集中度的衡量方法应当调整。目前的研究通常直接采用 HH 指数、帕累托系数或城市首位度衡量人口在大城市的集聚程度。但这种方式直接应用于中国区域的研究会出现两方面问题：其一为城市范围的界定问题；其二为人口规模的测度问题。正如前文中提到的，不少学者通过实证分析的方法对中国城市集中的演化趋势做出预测，然而研究结果却大相径庭。存在此种争议的主要原因之一即城市集中度的衡量方法不统一，另外研究方法存在差异也可能会对结果造成影响。本书试图通过城市灯光数据更准确地模拟城市规模，同时结合 Uchida 和 Nelson（2009）提出的集聚指数综合评估城市规模不均衡分布情况，从而最大限度地克服由于指标选择问题造成的研究结果误差。

第二，城市集中度的区域差异产生机制尚不明确。考虑到城市集中对经济增长的重要作用，已有不少文献探讨分析了可能影响城市集中水平和城市规模分布的主要因素。但目前存在的主要问题是，这些理论和实证研究往往都忽视了影响因素的空间特征。换句话说，城市集中度体现为一定区域范围内（既可以是国家，也可以是国家内部的区域）城市人口的分布情况，那么影响城市人口流动的关键因素相应地可以划分为三类：区际差异、区域内城际差异，以及城际互动关系。据笔者所知，尚未有相关领域研究照此思路开展系统性研究。根据以往的经验分析结论，长期来看，我国的城市集中度不升反降，但总体而言呈现"沿海集中"趋势；此外，不同区域间城市集中度差异较大，表现为中西部地区城市集中现象更为突出，通常"首府集中"现象较为明显。这两种不同的集中现象并存，反映了区际差异、城际差异和城际互动共同作用的结果，将诸多影响因素纳入统一研究框架下讨论，区别不同空间层级的影响因素发挥作用的程度大小，并相应地针对中央政府和地方政府调控政策给出意见和建议，是本书研究的一大亮点所在。

第三，政策工具对城市集中度的影响有待研究。通过回顾相关文献可以看出，经济学家普遍认同政府行为和政策工具会对城市化进程和区域经济发展产生影响。但是这种影响的作用机理是否具有普适性，成功案例能否简单复制？针对特定区域和城市制定的倾向性政策会如何影响城市集中，进而导致经济增长波动？这些问题目前并没有明确的答案，而且中国的制度环境还会与其他经济体存在较大差异，无法一概而论。即便是相对发达的经济体之间，相似的区域平衡政策也未必能够达成同等效果。正如 Overman 和 Venables（2005）所言，当政者在试图分散大城市的生产活动时，务必要结合实际情况谨慎行动。本书重点考察典型的政策工具如何通过作用于区际差异、城际差距和城际联系影响城市集中水平，是在本书构建的研究框架下对现有研究的扩展和延伸。

第二节　研究框架的理论支撑

沈体雁和劳昕（2012）、梁涵等（2012）先后于 2012 年发表两篇综述性研究，分别对城市等级体系理论的演化过程以及国外城市规模分布的研究进展进行了较为全面的回顾与展望。其中，沈体雁和劳昕（2012）的分析视角由"齐普夫定律"展开，主要总结了与该定律相关的城市规模分布理论探讨，具体可分为两个流派：一是基于随机增长的数理模型解释，二是基于经济理论的解释。本书重点关注经济学视角下不同区域间城市集中分布情况的差异，因此不在此处过多涉及随机理论的相关研究，后续的分析也将基本构建于经济学理论框架之上。就经济学解释而言，与城市集中密切相关的包括克里斯塔勒、廖什中心地理论，新古典城市体系理论，新经济地理城市理论三种。需要强调的是，三种理论体系并非相互对立或排斥，而是一脉相承、不断发展的，克里斯塔勒和廖什最早发展的中心地理论，很大程度上为新古典城市体系理论的构建和新经济地理学派核心思想的完善奠定了基础。

一、克里斯塔勒、廖什中心地理论

克里斯塔勒（Christaller，1933）提出的中心地理论建立在地域面积和交通体系的同质性假设之上，这一假定也意味着生产要素随处拥有，居民以及相应的需求在空间中均匀分布（陈秀山、张可云，2003）。在此前提下，针对单一厂商的生产和供给，克里斯塔勒首先提出两个边界的概念——内边界和外边界，前者取决于厂商在不亏损的情况下需要供应的消费者数量；后者则是指愿意支付运输成本购买产品的消费者总量。因为消费者在地域面积上均匀分布，因此消费者数量与市场区面积成正比，当厂商服务的市场区恰好等于内边界时，净利润为 0，当厂商服务的市场区大于内边界时，存在超额利润，但市场区最多只能与外边界重合，因为处于更远距离的消费者不愿意付出更高成本购买该商品。当存在超额利润时，更多的厂商会加入，导致竞争的加剧和每个厂商拥有的市场范围缩小，最终达到均衡时即形成类似于六角形的市场边界（见图 2 - 1）。

以上是单一商品的情况，当引入一系列产品和服务时，不同商品的特点决定了其市场区内外边界的范围大小存在显著差异：高等级的商品需要更大的消费者群体和市场范围才能保证不亏损，低等级的商品则只要小规模的消费者和市场区即可存活。根据商品类型的不同，厂商数量和选择的区位也相应变化，整个系统中最为中心的区位容纳了各个等级商品的生产厂商，由中心区位向外推移的过程中，其余区位供应的商品种类逐渐减少，市场区不断缩小，直至达到供应最低等级商品所需的最小范围为止。类似中心地理论中等级分布的案例在现实生活中十分常见，如位于市中心的高级商场售卖奢侈品到食物等全品类商品，而社区或家门口的便利店一般只提供生活必需品。

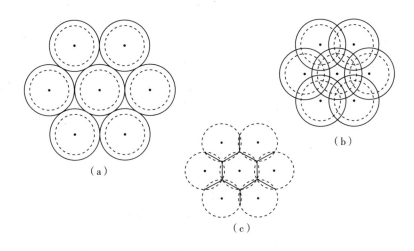

图 2 - 1　六角形市场区的形成

资料来源：陈秀山，张可云. 区域经济理论［M］. 北京：商务印书馆，2003.

　　克里斯塔勒中心地理论的一个关键点在于，认为每个区位都只提供与其等级相对应的产品和服务，高等级的区位同时向在其市场区范围内的低等级区位提供产品和服务，并且这种流动方式只能是单向的。各等级区位对应的市场区范围之间存在一个固定比值 K，在特定规模的区域系统中 K 值保持稳定。图 2 - 2 为一个典型的克里斯塔勒中心地体系，包括三个等级，其中以 A 点为中心的最大六边形为中心地体系中的最高级别区位，提供全品类商品；六边形顶点处形成 6 个次级中心地（B 点），提供部分商品；次级中心地的六角形市场边界顶点为下一等级中心地所在（C 点），提供种类更少、服务更小规模消费者的商品。每一等级市场区面积之比都等于 3，因此 K = 3，克里斯塔勒在这一体系基础上还进一步提出了交通原则和管理原则，对应的 K 值分别为 4 和 7。

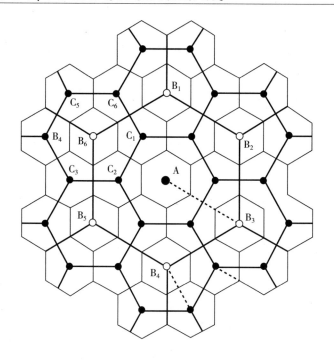

图 2 - 2　一个典型的克里斯塔勒中心地体系

资料来源：Mulligan G F, Partridge M D, Carruthers J I. Central place theory and its reemergence in regional science［J］. The Annals of Regional Science, 2012, 48（2）: 405 - 431.

相比于克里斯塔勒中心地理论，廖什（Losch，1940）构建的市场区模型体系更加复杂，同时一定程度上增加了反映需求和生产条件的微观基础，尽管同样得出结构精美的六边形蜂巢状市场区，但其理论推导过程遵循的是自下而上的规则。换句话说，克里斯塔勒的理论更多的是建立在对现有现象的观察和归纳总结层面，廖什则试图探讨其形成机制、解释现象背后的成因。与克里斯塔勒理论的显著不同之处包括：第一，纳入差异化和专业化生产过程，即同一等级区位生产的产品类别可以不同，因而低等级区位也可以向高等级城市提供产品和服务，而非刻板的单向流动方式。第二，既然存在专业化生产的可能，那么城市具体发展的产业和承担的功能就应当有所区别，反映在现实中，即不同城市的支柱产业可能存在较大差异。第三，划分"城市富有部门"和"城市贫穷部门"，划分界限为有无交通干线。第四，廖什的模型中通过加总家庭需求得出市场区范围内的总需求，采用规范的微观经济理论计算厂商利润和最优产出水平，两者相权衡确定市场区范围，这一点是克里斯塔勒理论中欠缺的。

不过，正如 Fujita 等（1999）、Hsu（2012）的研究中指出的，克里斯塔勒和廖什提出的中心地理论存在诸多不完善之处，如太过机械化、微观逻辑不完整等，但不能否认的是，该理论中蕴含的独特构想为后续研究提供了平台和基础。时至今日，仍有不少研究结果证实中心地理论能够较好地拟合和预测城市规模分布规律（Tabuchi and Thisse，2011；Mulligan，Partridge and Carruthers，2012；Hsu，Holmes and Morgan，2014），通过放松假设条件、拓宽研究对象等方式丰富理论内涵的文献更是不胜枚举（Beckmann and McPherson，1970；Parr，2002；Taylor，Hoyler and Verbruggen，2010）。

二、新古典城市体系理论

正如 Fujita 等（1999）所言，亨德森（Henderson，1974，2014）构建城市体系理论的思路十分简洁清晰：制造业生产过程中存在"外部经济"，因此集聚在城市中，但是集聚带来的城市规模扩张会造成诸如通勤成本上升等"不经济"效应，两种效应的权衡决定了城市规模与代表居民效用水平之间存在"倒U形"关系。Krugman（1999）将亨氏城市体系理论称为"新古典"的，因为其沿用了新古典经济理论中的完全竞争假设，认为集聚效应只存在于企业外部的产业层面。亨氏理论体系的两个突出特点在于：其一，"外部经济"带来的正向集聚效应只存在于特定产业，而且不同产业之间"外部经济"的作用程度也不尽相同，通勤成本和地租提高等负效应则完全取决于城市规模，因此城市体系中往往包含不同类型和规模的城市。其二，根据假设，城市居民的效用函数在期初随城市规模上升递增，在超过一定门槛值后由于"不经济"效应的增强出现下降趋势，那么在效用最大化时对应的城市规模即为最优值，但是模型中城市规模无法自发向最优值靠拢，因此亨德森假设存在一个具有前瞻性的"城市开发机构"确保城市规模稳定在最优水平。下面简单回顾模型框架和分析思路：

模型首先假设只存在单一类型的城市，特定城市中可贸易商品 X_1 的行业生产函数为：

$$X_1^{1-\rho_1} = L_1^{\alpha_1} K_1^{\beta_1} N_1^{\delta_1} \tag{2-1}$$

其中，$\alpha_1 + \beta_1 + \delta_1 = 1$，$0 < \rho_1 < 1$

式中，L_1、N_1、K_1 分别对应生产 X_1 所需的土地、劳动和资本投入[①]，参数 ρ_1 代表产业规模报酬递增的程度，注意这种规模经济只存在于产业或城市层面，

---

① 实际上，此处 X_1 即指代该城市生产的全部商品，不同商品之间生产函数相似，仅规模报酬递增的程度不同，因此在基础模型框架中可以标准化为单一商品。

对于单一厂商来说生产的规模报酬不变。因此，单一厂商最优化时的边际产出水平不同于全社会的边际产出，这也是为什么该城市系统无法自动趋向于资源最优化配置结构的原因所在。

假设在城市中生产的另一个产品 X_3 是住房服务，无法出口或与其他城市进行贸易，其对应的生产函数为：

$$X_3 = N_3^{\delta_3} K_3^{\beta_3} L_3^{\alpha_3} \tag{2-2}$$

其中，$\alpha_3 + \beta_3 + \delta_3 = 1$

最后一种商品为土地 L，同时也是其余两种商品所需的投入，对应生产函数为：

$$L^{1-z} = (L_1 + L_3)^{1-z} = N_0, \; z < 0 \tag{2-3}$$

式中，参数 z 值表示规模报酬递减的程度，其绝对值与城市规模正相关。也就是说，生产一单位商用或住宅用地需要投入一定数量的土地和劳动力，而土地价格和劳动力的通勤成本都随着城市容纳人口数量的增加而提高，这种设定明确了限制城市规模无限扩张的负效应来源。最后，投入品总量满足：

$$N_0 + N_1 + N_2 = N, \; K_1 + K_3 = K, \; L_1 + L_3 = L \tag{2-4}$$

在需求层面，假设该城市居民不仅消费本地商品 X_1 和 X_3，还要购买另一个城市生产的产品 X_2，价格为 q_2，居民效用函数可写作：

$$U = x_1^a x_2^b x_3^c \tag{2-5}$$

城市总收入假设为 $Y = yN$，那么城市层面的需求函数和间接效用函数分别为：

$$X_1^C = aY/q_1, \; X_2^C = bY/q_2, \; X_1^C = cY/q_3 \tag{2-6}$$

$$U = a^a b^b c^c y q_1^{-a} q_2^{-b} q_3^{-c} \tag{2-7}$$

根据城市供给、需求函数和要素价格，给定城市资本存量、劳动力规模，可以求得上述模型的解。不过亨德森将城市居民区分为两种类型——劳动者和资本所有者，分别考虑资本所有者同样是劳动者，以及资本所有者不劳动两种情况下得出的均衡解。假设 K 代表资本所有者，K/N 即城市总人口中资本所有者所占比重，K/N 不变。根据亨德森的推导可以得出，两类居民效用对城市规模求导有：

$$\frac{\partial U_K}{\partial N} = U_K N^{m-1} \varphi \Big[\log t - \frac{1}{m} + \frac{(1-c)(\alpha_1 - \rho_1) + c\alpha_3(1-\rho_1)}{m(\alpha_1 - c\alpha_1 - c\alpha_1(\rho_1 - 1))} N^{-m} - \log N \Big] \tag{2-8}$$

$$\varphi = \left(\frac{m(\alpha_1 - c\alpha_1 - c\alpha_3(\rho_1 - 1))}{\rho_1 - 1} \right) \tag{2-9}$$

$$\frac{\partial U_N}{\partial N} = \frac{U_N}{U_K} \frac{\partial U_K}{\partial N} \tag{2-10}$$

如果将城市居民效用最大化作为判定城市最优规模的标准，那么效用和规模之间的关系可以反映在图 2-3 中，前者为资本所有者同时也是劳动力的情况（假设 A），后者是资本所有者不从事生产的情况（假设 B）。

图 2-3 中，在假设 A 条件下，当城市规模达到最优规模的 2 倍 $2N$（U_N^*，U_K^*）时，应该分为两个城市；当这两个城市的规模都增加到 $2N$（U_N^*，U_K^*）时，第三个城市就应该出现了；依此类推，当系统中已有的 n 个城市规模达到 $[(n+1)/n]N$（U_N^*，U_K^*）时，形成第 $n+1$ 个城市。

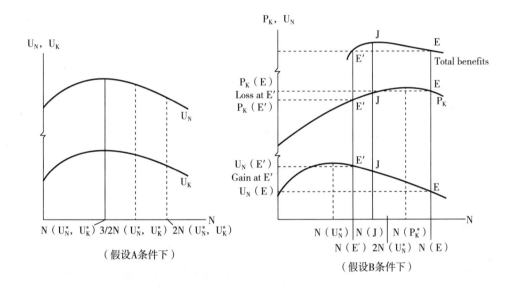

图 2-3 最优城市规模

资料来源：Henderson J V. The sizes and types of cities [J]. The American Economic Review, 1974: 640-656.

假设条件 B 对应的城市规模分布情况相对更复杂一些，资本所有者不参与到生产过程中，因此他们往往不会居住在土地成本较高的城市区域，相应地，两种类型的居民效用函数存在区别。由图 2-3 可知，劳动者效用最大化时对应的最优城市规模明显小于资本所有者效用最大化时的城市最优规模，这是因为资本所有者受到城市规模不经济的影响较小。这种现象同样可以与现实情况相联系，不少学者持有的观点认为，逐利是资本的天性，通过向大城市集聚，资本能够获得较为廉价的原材料和中间品，寻找到最为合适的熟练工人，并享受知识溢出带来的好处；相比之下，居住在大城市中的劳动者很难享受到规模经济的好处，但却要照单全收拥挤造成的各项成本，如通勤距离的拉长、房产价格的飙升、环境污染的加剧和基础设施的紧缺。

最后，如果放松城市类型相同的假定，那么不同类型城市会在集聚经济驱使下形成专业化生产模式，此时由于不同产业间参数 α_i 和 ρ_i 存在差异，最优城市人口规模也会相应发生变化。尽管在均衡条件下，不同城市间劳动力效用水平保持一致，但相应地，工资率和房产价格等都会不尽相同。至此，亨氏城市体系理论不但分析了城市的形成过程，还对城市规模之间的差异做出了解释。

三、新经济地理城市理论

以克鲁格曼、藤田昌久等学者为代表的新经济地理学派，采用垄断竞争假设替代传统经济地理理论中的完全竞争假设，同时通过引入规模报酬递增、冰山运输成本等因素，结合一般均衡分析方法，开启了地理经济学研究的新纪元。在新经济地理学和城市经济学理论中，集聚经济（Agglomeration Economies）和贸易成本是影响生产活动和人口在空间上非均匀分布的根本因素（Krugman，1991；Duranton and Puga，2004），集聚经济的强弱体现了城市的发展活力，贸易成本的变化一方面反映城市体系基础设施建设的完善程度，另一方面取决于区域一体化水平，两者的相互作用决定了未来城市人口的增长情况。

城市可以视作人口和经济活动集聚的特定空间范围，新经济地理城市理论为城市的形成和演化提供了基本解释，具体涉及三个层面——区域非均衡、城市系统和单个城市（李金滟、宋德勇，2008）。就区域角度而言，新经济地理理论考察区域中城市的发展以及相关联的要素流动、产业结构调整等过程与区域非均衡发展之间的联系；从城市系统来看，城市之间的联系以及数量、规模和等级体系的形成机制和验货过程是研究的重点；从单个城市层面来说，新经济地理学家致力于还原和解释城市产生的动态过程，探讨集聚经济产生的向心力与拥挤效应造成的离心力之间的权衡对城市规模和经济效益的影响。本书重点关注城市集中的空间异质性问题，实际上与上述三个层面都有密不可分的联系。

新经济地理学派中，早期关于城市集中问题的理论研究包括 Krugman（1999）和 Fujita 等（1999）的成果，前者的研究是在 Henderson（1974，2014）发展的新古典城市系统理论基础上改进而来，并且解决了亨氏理论体系中遗留的几个问题，如集聚经济的内在来源、城市开发者假设，以及被忽视的空间距离等；后者则与克里斯塔勒和廖什的中心地理论一脉相承，通过人口持续增长这一外生动力机制演绎了城市等级体系类似于中心地的演化图景，结论认为城市的等级决定于其拥有产业的数量。由此或许可以认为，尽管新经济学地理学派在经济分析技术方面大幅推动了城市和区域经济理论体系的进步，但是其核心思想的来源与古典和新古典城市理论之间并无二致。下面简单回顾上述两个基本模型。

（1）克鲁格曼城市集中模型。克鲁格曼构建的城市集中模型中包含 0、1、2 三个地区，其中 1、2 分别代表城市所在地，地区 0 代表除此之外的其他区域，劳动力可以在 1、2 之间自由流动，但总量是固定的，城市规模的相对大小即取决于均衡状态下每个城市劳动力的数量。此外，模型还假设生产活动只发生在城市中心，而劳动力作为唯一的投入分布在 1、2 两点连接成的直线上，因此通勤距离与该城市劳动力数量 L_j 成比例，则住在最远处的工人的通勤距离为：

$$d_j = L_j/2 \tag{2-11}$$

与 Alonso – Muth – Mills 模型（Alonso，1964；Muth，1969；Mills，1967，1972）相似，距离市中心越远的区位土地价格越低，但通勤成本越高；反之亦反。如果将城市工人的工资水平视作一个固定值 w_j，那么由于存在这种距离与地租之间的权衡，在任何居住点上劳动力的净工资水平都相同，并且与城市规模负相关，设为（$1 - \gamma L_j$）w_j，因此地租和空间距离构成城市工人流动的离心力。此时，城市的总支出水平为：

$$Z_j = L_j(1 - 0.5\gamma L_j) \tag{2-12}$$

即城市中全部劳动力的通勤支出加总值，相应地城市总收入为：

$$Y_j = w_j Z_j \tag{2-13}$$

假定代表工人的效用函数为不变替代弹性（Constant Elasticity of Substitution，CES 函数）形式：

$$U = \left(\sum_i C_i^{\frac{\sigma-1}{\sigma}} \right)^{\frac{\sigma}{\sigma-1}} \tag{2-14}$$

在城市 j 生产商品 i 需要支出成本：

$$Z_{ij} = \alpha + \beta Q_{ij} \tag{2-15}$$

克鲁格曼通过引入垄断竞争机制来解释企业生产过程中产生的规模经济，根据迪克西特—斯蒂格利茨模型（Dixit – Stiglitz Model，D – S 模型），垄断竞争条件下规模经济表现为商品的多样化，商品 i 的定价策略为：

$$P_j = \frac{\sigma}{\sigma - 1}\beta w_j \tag{2-16}$$

垄断竞争条件下，尽管商品之间存在微小差异，但厂商进入和退出不存在门槛，因此均衡时经济利润等于 0，即每种商品的产出都满足：

$$Q = (\alpha/\beta)(\sigma - 1) \tag{2-17}$$

据此可以得出，城市 j 能够生产的产品种类与城市劳动投入之间存在正相关关系：

$$n_j = Z_j / \alpha\sigma \qquad (2-18)$$

为进一步简化模型，这里假设商品价格等于劳动力工资水平，即 $P_j = w_j$，同时假设商品种类等于生产投入，即假设参数 $\alpha\sigma = 1$，从而 $n_j = Z_j$。

到目前为止，模型解释垄断竞争条件下城市人口规模越大，能够提供的商品种类越丰富，新经济地理理论将其视为规模经济的来源。但是，只有在城市之间存在较高的贸易成本时，对于多样化的可接近性才会是有利的，这一点构成了城市集聚人口的向心力来源。为体现贸易成本与空间距离之间的相关性，克鲁格曼将"冰山"形式的运输成本（Samuelson，1952）纳入模型中，即运送 1 单位的商品，只有 $\tau(\tau < 1)$ 部分能到达目的地，其余 $(1-\tau)$ 部分在运输途中损失掉了。换句话说，每种商品的到岸价格就是离岸价格的 τ 倍。给定上述运输成本和效用函数，可得城市 j 生产的产品种类占比为：

$$\lambda_j = \frac{n_j}{\sum_k n_k} = \frac{Z_j}{\sum_k Z_k} \qquad (2-19)$$

假设区位 0 的工资水平为单位值，那么其余两个城市的价格指数分别为：

$$T_1 = K \left[\lambda_0 \rho^{1-\sigma} + \lambda_1 w_1^{1-\sigma} + \lambda_2 (w_2 \tau)^{1-\sigma} \right]^{\frac{1}{1-\sigma}} \qquad (2-20)$$

$$T_1 = K \left[\lambda_0 \rho^{1-\sigma} + \lambda_1 (w_1 \tau)^{1-\sigma} + \lambda_2 w_2^{1-\sigma} \right]^{\frac{1}{1-\sigma}} \qquad (2-21)$$

其中，$K = (n_0 + n_1 + n_2)^{\frac{1}{1-\sigma}}$

将 Z_0 视作给定，假设城市之间的人口分布结构已知，即可得到 Z_1 和 Z_2 的值，对应计算得出城市 j 提供的工资水平 w_j。由于劳动力自由流动，因此均衡时两个城市的实际净工资应该相等，即：

$$\omega_j = w_j (1 - \gamma L_j) / T_j \qquad (2-22)$$

通过城市人口规模对时间变量求导可得到动态相关关系：

$$\frac{dL_1}{dt} = -\frac{dL_2}{dt} = \delta(\omega_1 - \omega_2) \qquad (2-23)$$

当城市 1 提供的实际净工资较高时，城市 1 的人口规模倾向于不断增加，也就是说工资水平的差异是驱动城市人口分布结构变化的最直接因素。不过，按照该模型的设计，如果城市 1 中的工人工资水平高于城市 2，那么最终所有劳动者都将聚集到城市 1，城市 2 也就不复存在了。当然，这种情况在现实中是较为罕见的，原因是克鲁格曼构建的城市集中模型抽象掉了许多其他变量，在放松诸如城市线性分布、两区制等假设后的拓展模型将在本书后续章节中给出。

（2）藤田昌久城市等级理论。藤田昌久等（Fujita et al.，1999）设计的城市等级理论，其实质是对克里斯塔勒和廖什提出的中心地理论中不同产业规模经济来源问题的解释，也就是通过将原有的外生假定因素内生化、模型化，利用演绎的方式重新肯定中心地理论对于认识城市等级体系具备的重要意义。其基本假定与 Krugman（1991）、Fujita 和 Krugman（1995）、Fujita 和 Mori（1997）等十分相近，与上述克鲁格曼城市集中模型的几点区别在于：该模型假设总人口数在不断增长，而非固定不变；模型中包括农业部门（A - sector）和制造业部门（M - industries），其中制造业又划分为 H 种不同产业；由于农业部门的生产需要土地，因此农地数量的增加会造成后期形成的城市之间相对分散，制造业的生产则全集中在固定点，即城市。除此之外，藤田昌久模型的一大改进在于，其假设初期只有一个城市从事制造生产，但并不人为限定后期新增长城市的数量和位置，而是通过微观层面生产者的利润函数和消费者的效用函数演绎得到整个城市体系的最终均衡，这一点也反映了新经济地理学者对"臻于完美"、尽量减少外生假定的经济学模型的诉求。

假设制造业部门劳动力数量等于 N，可消费产品包括（$H+1$）种，农业部门提供一种无差异化的产品——粮食，制造业部门则负责生产 H 种不同类型的商品，消费者效用函数采用 Cobb - Douglas 函数形式：

$$U = A^{\mu^A} \prod_{h=1}^{H} (C^h)^{\mu^h} \tag{2-24}$$

其中，$\mu^A + \sum_h \mu^h = 1$

式中，A 代表对粮食的消费，C^h 代表对第 h 种工业品的消费，μ^A、μ^h 分别代表对农产品、第 h 种工业品消费的占比。如果 h 产业供应总量为 n^h 的非完全可替代产品，那么上式中 C^h 可写为：

$$C^h = \left[\int_0^{n^h} (m^h(i))^{\rho^h} di \right]^{1/\rho^h}, 0 < \rho^h < 1 \tag{2-25}$$

上述消费函数中，$m^h(i)$ 表示对于 h 产业中 i 商品的消费。换句话说，商品多样化的程度能够影响消费量，进而决定消费者满意程度。ρ^h 是指消费者对 h 产业中商品的差异化程度的要求，该指数接近 1，即表明此类商品近似于可相互替代；该指数接近 0，则说明差异化的产品更受青睐。为简化公式，设 $\sigma^h \equiv 1/(1 - \rho^h)$，表示 h 产业中不同商品的替代弹性，根据下文的推导可以发现，不同产业之间商品替代弹性 σ^h 的差异实质上已经决定了其集聚经济的大小，以及所处城市的级别。

给定收入水平 Y、农产品价格 p^A、h 产业第 i 种商品价格 $p^h(i)$，有以下预算约束方程：

$$p^A A + \sum_h \int_0^{n^h} p^h(i) m^h(i) di = Y \qquad (2-26)$$

结合效用函数得到最优化时的需求函数：

$$A = \mu^A Y / p^A \qquad (2-27)$$

$$m^h(i) = \mu^h Y (p^h(i))^{-\sigma^h} (G^h)^{\sigma^h - 1} \qquad (2-28)$$

其中，G^h 指 h 产业的商品价格指数，上述最优消费量代回效用函数中可得间接效用函数：

$$U = \left\{ \prod_h (\mu^h)^{\mu^h} \right\} (\mu^A)^{\mu^A} Y \left\{ \prod_h (G^h)^{-\mu^h} \right\} (p^A)^{-\mu^A} \qquad (2-29)$$

由该式可以明确的一点是，在价格指数、不同商品消费占比不变的情况下，收入越高，效用越高；因为制造业劳动力可自由流动，为追求效用最大化，劳动力必然会流入提供更高工资的区位或城市，这一点与克鲁格曼城市集中模型得出的结论相同。

在生产者层面，农产品的生产规模报酬不变，但工业品的生产中存在规模报酬递增的情况，因此生产 h 产业第 i 种商品所需投入的劳动数量为：

$$\ell^h(i) = F^h + c^h q^h(i) \qquad (2-30)$$

等式右侧第一项为固定投入，第二项为边际投入。标准化产出水平 $q^h(i)$ 和 n^h 后可得：

$$c^h = \rho^h, \quad F^h = \mu^h / \sigma^h \qquad (2-31)$$

考虑冰山运输成本的情况下，假设在 r 区位生产的产品离岸价格为 $p^h(r)$，那么运输到区位 s 的到岸价格即为 $p^h(r, s) = p^h(r) e^{\tau^h |s-r|}$。在区位 r 处生产的 h 产业总产出为：

$$q^h(r, p^h(r)) = (p^h(r))^{-\sigma^h} \varphi^h(r) \qquad (2-32)$$

单个企业将 $\varphi^h(r)$ 视作给定，根据假定，垄断竞争条件下企业经济利润为 0，可以推出边际成本等于边际收益，即 $p^h(r) = w(r)$，等式右侧为工人名义工资。由此可得企业利润函数，结合式（2-32）整理后有：

$$\pi^h(r) = w(r) [q^h(r, w(r)) - \mu^h] / \sigma^h \qquad (2-33)$$

均衡时经济利润为 0，故 $q^{h*} = \ell^{h*} = \mu^h$。将 $Y = w^h(r)$ 代入上文中效用最大化函数，略去常数项后得到工人实际工资为：

$$\omega^h(r) = w^h(r) \left\{ \prod_h (G^h(r))^{-\mu^h} \right\} (p^A(r))^{-\mu^A} \qquad (2-34)$$

由于工人可自行选择工作地点，均衡时各城市各产业间提供的实际工资应该相等，从而消费者都享有同等的效用水平，即 $\omega_k^h = \omega^*$。然而需要注意的是，在城市系统达到稳定之前，不同城市间的实际工资水平是存在差异的，藤田昌久等将区位 r 处实际工资水平与稳定工资水平的差距称作"市场潜力"。

$$\Omega^h(r) = \frac{\left[\omega^h(r)\right]^{\sigma^h}}{\left[\omega^*\right]^{\sigma^h}} \qquad (2-35)$$

至此，城市等级体系的基本模型框架构建完毕，但是由于制造业生产函数的规模报酬递增条件，仅依靠一般均衡模型无法得出唯一的解析解，藤田昌久等在后续研究中加入了动态自适应过程，并采用参数模拟的方式研究诸如人口增长、农业发展、市场潜力等因素的变动对城市等级体系的影响。研究最终得出结论认为，随着人口的增加，不同产业由于产品替代弹性不同，能够供应产品的市场"边界"也存在差异，当农地范围扩张到一定程度，导致边缘农业人口无法获得某类工业品时，该产业内部企业就会迁移到新的城市中进行生产。并且，通常情况下厂商会选址在已经初具规模的城市而不是一个全新的区位，以直接占据该城市制造业工人和周边农民形成的完整市场，类似这样的小城市逐渐成长为中等城市、中等城市扩张成大城市的动态演变机制能够较好地反映现实中一国或区域中城市等级体系的分布和演化情况。

第三节　本章小结

本章首先整理回顾了与城市集中问题密切相关的文献和资料，分为国外和国内两部分内容。梳理相关文献后发现，国内外学者感兴趣的研究方向较为相似，基本都围绕着城市集中的衡量方式与现状、城市规模分布遵循的基本规律、城市集中对经济发展的影响，以及影响城市规模扩张速度和城市规模分布结构的主要因素四个方面展开。因此，文献回顾部分的思路也按照以上逻辑展开。但是经过梳理可以发现，关于城市集中的研究并不充分，围绕这一话题尚存诸多内容有待深入挖掘和考察。此外，就城市集中问题本身而言，无论是衡量方法、演化趋势，还是影响因素和政策作用方面的探讨都停留在起步阶段，并且现有研究之间未能达成一致见解。由此，本书提出以下改进方向：①城市集中度的衡量方法应当调整；②城市集中度的区域差异产生机制尚不明确；③政策工具对城市集中度的影响有待研究。

在文献整理和评述的基础上，本章第二部分着重介绍三大城市规模分布理论框架，分别为克里斯塔勒、廖什中心地理论，新古典城市体系理论，和新经济地理城市理论。首先，中心地理论是最早涉及市场区规模分布问题的理论框架，其中心思想是不同市场区提供的产品和服务种类存在差异，因此其覆盖的消费者规模也逐渐呈现出等比递减的趋势，该模型其后经常被应用于城市规模分布结构的研究中，也有不少学者通过放松假设条件、拓宽研究对象等方式不断丰富理论内涵。其次，亨德森构建的城市体系反映了新古典经济学框架下的基本假设：集聚带来的"外部经济"与拥挤造成的"外部不经济"之间的权衡得出最优城市规模，而不同城市之间之所以存在规模差异是因为其主导产业的规模经济程度不同。最后，新经济地理学派的研究思路事实上是对克里斯塔勒、廖什中心地理论和亨德森城市体系理论的传承和发展，不同之处在于引入了规模报酬递增、冰山运输成本等因素和一般均衡分析方法。本书分别简要介绍了克鲁格曼和藤田昌久早期提出的经典城市集中理论框架，为后续理论研究的开展奠定了基础。

第三章 城市集中度的衡量与城市体系空间结构

城市集中度是一个较为新颖的概念，其内核是城市规模分布，本质是通过构建指标来反映以城市人口为代表的城市化要素的空间结构和集聚程度。本书的研究重点在于探讨城市规模分布的形成机制，考察影响城市集中度的主要因素，为更好地促进和协调城市体系的发展奠定理论和实证基础，因此准确地评估不同区域范围中的城市集中情况显得尤为重要。现有研究中涉及城市集中度的相关指标较多，但是得出的结论可谓众说纷纭、莫衷一是，其原因无外乎两个方面：一是区域范围的选择和城市规模的确定存在差异；二是衡量指标的构建方式有所不同。

针对以上两个问题，本章首先明确界定全书中可能涉及的区域范围，划分为全国、东中西三大区、城市群和省级四个层次，以便于观察总体特征和捕捉区际差异；其次通过对比现有统计资料中提供的城市人口规模数据，探讨统计口径变化和历史数据缺失情况对城市集中度研究的负面影响，提出应用灯光数据衡量城市规模的可能性；最后，回顾现有研究中应用最广泛、最前沿的指标，结合不同指标的优势，基于DMSP/OLS夜间稳定灯光数据构建并计算城市集中度指数。此外，同样基于灯光数据，本章最后一部分选择核密度估计、标准差椭圆、探索性空间数据分析等空间统计方法，对全国城市体系和三大城市群的空间结构、空间相关性及其变动特征进行分析。

第一节 区域范围的选择与城市规模的确定

本书试图探讨城市集中，就必然会涉及两个基本范畴的界定：区域和城市。

一般来说，区域的概念可以分为三个层面理解：一国内的经济区域；超越国家界线由几个国家构成的世界经济区域；几个国家部分地区共同构成的经济区域（陈秀山、张可云，2003）。本书重点研究中国的城市体系结构和城市规模分布，也就是第一个层面的区域内容。区域的范围可大可小，主要取决于研究问题的类型，本书研究的区域范围大到全国，小到省级单位，就是最好的例子。区域的界定相对较为容易，但需要注意的是一个区域中通常包含多个城市①，单独的城市难以构成区域，更不适合与包含多个城市的区域并列研究。因此，在本书的研究中将我国的四个直辖市与其他邻近省份做合并处理，以避免区域等级差异对研究结果可靠性的影响。相较于区域而言，确定城市的边界和规模似乎更难。我国的城市作为行政单元，与其他国家定义的城市存在显著差别。事实上，"市管县"体制下的城市既包含了城市经济活动，也包括了农业生产和生活份额，所以全市口径的数据并不适用于本书的研究。基于上述原因，本书后续的主体研究将基于市辖区数据展开，而近年来夜间灯光数据在经济学领域的广泛应用弥补了城市市辖区常住人口数据缺失的问题，为打破行政区划壁垒、重新定义城市区范围并估算城市实际规模提供了可能。

一、区域范围的划分与选择

按照覆盖范围由大到小的顺序安排，本书研究的区域范围包括全国、东中西部地区、城市群和省级区域。出于数据可得性和口径一致性考虑，全国（及以下）区域范畴中不包含香港特别行政区、澳门特别行政区和台湾省，部分研究内容中可能根据数据可得性筛选一部分区域，具体原则将在正文中相应位置标注。根据《中共中央、国务院关于促进中部地区崛起的若干意见》《国务院发布关于西部大开发若干政策措施的实施意见》，将全国分为东部、中部、西部和东北四大区域，其中东部地区包括北京、天津、河北、上海、江苏、浙江、福建、山东、广东、海南10个省（市）；中部地区包括山西、安徽、江西、河南、湖北、湖南6个省；西部地区包括重庆、四川、贵州、云南、西藏、陕西、甘肃、青海、宁夏、新疆、内蒙古、广西12个省（市、自治区）；东北地区包括黑龙江、吉林和辽宁3个省。但是，考虑到东北三省的发展程度不尽相同，同时为了区域对比的方便，将东北地区中的辽宁省划入东部地区，而黑龙江省和吉林省划入中部地区，其他省级行政区所属地区不作改动，依此标准界定我国的东部、中部、西部三大区域。

---

① 当然，根据研究需要不同，也存在不包含城市的区域，但是这种情况不在本书的讨论范围之内。

当前，城市群（Urban Agglomeration）也已经是相关领域学者关注的热点问题，关于城市群的概念、界定以及空间结构等方面的国内外研究层出不穷。本书结合王丽等（2013）基于区域作用视角识别的十一大城市群，以及截至2017年3月底国务院批复的6个国家级城市群，确定将发育较为成熟的长江中游城市群、哈长城市群、成渝城市群、长江三角洲城市群、中原城市群、北部湾城市群、珠江三角洲城市群、京津冀城市群、辽中南城市群、山东半岛城市群、海峡西岸城市群和关中城市群纳入分析范围，每个城市群包括的城市列于表3-1中。

表3-1　中国主要城市群及构成

城市群	包括的城市
长江中游城市群（26）	武汉、黄石、鄂州、黄冈、孝感、咸宁、襄阳、宜昌、荆州、荆门、长沙、株洲、湘潭、岳阳、益阳、常德、衡阳、娄底、郴州、南昌、九江、景德镇、新余、宜春、萍乡、吉安（另有省直管市：仙桃、潜江、天门）
哈长城市群（11）	哈尔滨、大庆、齐齐哈尔、绥化、牡丹江、长春、吉林、四平、辽源、松原、延边
成渝城市群（16）	成都、重庆、自贡、泸州、德阳、绵阳、遂宁、内江、乐山、南充、眉山、宜宾、广安、达州、雅安、资阳
长江三角洲城市群（26）	上海、南京、无锡、常州、苏州、南通、盐城、扬州、镇江、泰州、杭州、宁波、嘉兴、湖州、绍兴、金华、舟山、台州、合肥、芜湖、马鞍山、铜陵、安庆、滁州、池州、宣城
中原城市群（28）	郑州、洛阳、开封、南阳、安阳、商丘、新乡、平顶山、许昌、焦作、周口、信阳、驻马店、鹤壁、濮阳、漯河、三门峡、济源、长治、晋城、运城、聊城、菏泽、宿州、淮北、阜阳、蚌埠、亳州
北部湾城市群（10）	南宁、北海、钦州、防城港、玉林、崇左、湛江、茂名、阳江、海口（另有县级单位：儋州、东方、澄迈、临高、昌江）
珠江三角洲城市群（14）	广州、深圳、佛山、东莞、中山、珠海、江门、肇庆、惠州、清远、云浮、韶关、河源、汕尾
京津冀城市群（13）	北京、天津、石家庄、唐山、保定、秦皇岛、廊坊、沧州、承德、张家口、邢台、邯郸、衡水
辽中南城市群（9）	沈阳、大连、鞍山、抚顺、本溪、丹东、辽阳、营口、盘锦
山东半岛城市群（8）	济南、青岛、烟台、淄博、潍坊、东营、威海、日照
海峡西岸城市群（20）	福州、厦门、泉州、莆田、漳州、三明、南平、宁德、龙岩、温州、丽水、衢州、上饶、鹰潭、抚州、赣州、汕头、潮州、揭阳、梅州
关中城市群（7）	西安、咸阳、宝鸡、渭南、铜川、商洛、天水

资料来源：笔者整理。

不少学者认为，按照行政区划界定城市群的空间范围并不准确，这一说法有一定道理（王丽、邓羽、牛文元，2013），但是考虑到本书的分析内容不仅止步于城市群内部城镇体系的空间分布和演化情况，更要联系其他经济社会因素研究城市规模分布形成过程遵循的规律和影响机制。为方便收集数据，沿用行政区域界线作为城市群范围的划分标准更为恰当。

城市集中度研究的是某一区域内城市规模的层次分布，然而我国部分省级行政区的城市数量偏少，如北京、天津、上海、重庆作为直辖市虽然在行政层级上与省、自治区相当，但实际上应该被视作单独的城市，因此将直辖市与省、自治区并列考察则难以反映其行政区范围内城市从大到小的序列与其规模的关系。因此，在参考顾朝林等（顾朝林，1999；代合治，2001；吕作奎、王铮，2008）学者研究成果的基础上，结合省区间自然的以及历史的联系，将我国大陆31个省级行政区合并为26个，具体合并方法如下：将北京和天津并入河北省合称为京津冀地区，将上海市并入江苏省合称为沪苏区，将重庆市并入四川省合称为成渝区，将青海省与西藏自治区合在一起称为青藏区，其他省、自治区各自成为一个省区保持不变。考虑到政体不同，将台湾、香港和澳门排除在研究范畴外。如无特殊说明，下文中基于省级行政区划分的区域均按照上述方法作合并处理。

二、城市规模的确定与依据

尽管本书的研究重点落在区域范围内的城市集中度问题，但是其中城市区的界定和城市规模的度量直接影响城市集中度的计算结果。鉴于本书考察的是城市化的人口、用地以及资源在不同层级城市中的分布情况，因此有必要尽量将农村各项要素排除在统计数据之外。《中国城市统计年鉴》和《中国城市建设统计年鉴》[①] 囊括了我国城市发展的各项综合数据，是开展城市研究过程中最为权威的数据和资料来源。前者自1985年开始编纂，囊括了1978年以来的城市经济和社会发展的各方面情况，后者起步较晚，自2006年开始发布，数据构成较为简单，包括综合数据和专业数据两个方面[②]。两者侧重点有所不同，就城市规模的度量而言两份资料都很重要，可结合使用。

《中国城市统计年鉴》（2006）附录2"如何使用城市统计资料"中指出，

---

① 曾用名《中国城乡建设统计年鉴》，2015年更名。
② 其中，综合数据包括城市市政公共设施水平、城市人口和建设用地、城市维护建设财政性资金收支、城市市政公用设施建设固定资产投资四部分内容；专项数据则涉及城市供水、供热、交通、绿化、市容市貌等不同层面。

"为了便于各种不同的用户需要，现行的城市统计，设定了两个统计范围：一个是市辖区（包括城区和郊区）；另一个是全市（包括市辖区、下辖的县和县级市）"。另外，附录中指出之所以提供"市辖区"资料，"一是因为辖县的功能不是城市功能的主体，城市的各项功能又主要集中体现在市辖区。市辖区的情况基本上反映了（狭义上的）城市各个主要方面；另外，该资料便于剔除非城市的因素，比较正确地反映城市的作用和发展特点。二是为了便于比较分析。由于地级市所管辖县（市）的数量不等，且不时发生变动，或有县级市从上一级地级市中分离，升格为地级市等。'市辖区'则相对稳定，便于城市自身的历史资料对比和国内外城市间的横向对比"。据此，可以判断在衡量城市相关要素时采用市辖区数据而非全市数据应该是比较妥当的处理方法。

但是需要注意的是，即便是使用市辖区数据有时也无法避免统计口径调整对研究结果的影响。例如，《中国城市统计年鉴》（1998）编辑说明中特别强调"1997年我国开始实行地级及地级以上城市、县级市分开统计的办法，县级市只有部分指标和城市统计指标体系相一致，故只有部分指标为全部城市资料，其余为地级及地级以上城市资料"，可能对城市数据的连续性造成影响。周文（2016）对此做出了进一步解释，即《中国城市统计年鉴》中1997年之前的市辖区是指全部四个级别城市的城区与郊区，但1997年（含）之后的市辖区是指地级及地级以上城市的城区和郊区。统计口径的变化直接导致了1997年前后我国城市首位度陡增，具体体现在图3-1中。

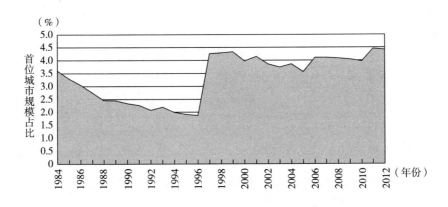

图3-1 1984~2012年我国首位城市比率变化趋势

注：图中数据根据城市市辖区年末总人口计算。

资料来源：周文. 城市集中度对经济发展的影响研究［M］. 北京：中国人民大学出版社，2016.

根据图 3-1 可知，统计口径的改变对于依赖城市规模数据计算的城市集中度系数而言影响非同小可。新中国成立以来，城市层级的统计数据时有调整，加之行政区划界线和管理层级的变化，准确地衡量城市规模并非易事。综合而言，探讨城市相关问题的研究中多采用以下几种城市统计数据：城市非农人口（李少星，2009）、市辖区年末总人口（周文，2011）、城市非农就业人口（朱顺娟、郑伯红，2014）、城市建成区面积（吕薇、刁承泰，2013）、根据灯光数据阈值确定的城市人口或用地数据等（Yi et al.，2014；李鹏、洪浩霖，2015），其中除灯光数据具备较强的稳定性和连续性以外，其余数据在较长时间段内均经历过不同程度的口径调整。图 3-2 至图 3-4 给出了按照城市户籍非农人口、城市市辖区年末总人口（户籍）、城市非农就业人员数三种数据类型衡量的四个直辖市城市规模，与《中国统计年鉴》（2016）中给出的各市城镇总人口数的对比分析。2005 年起《中国统计年鉴》中的各地区数据为常住人口口径，因而可以较为准确地反映城市人口规模，可以看出，不同数据间无论是在绝对量还是增长趋势方面都与实际情况存在较大出入。据此，探索借助灯光数据等其他方式反映城市规模的研究思路日益受到重视。

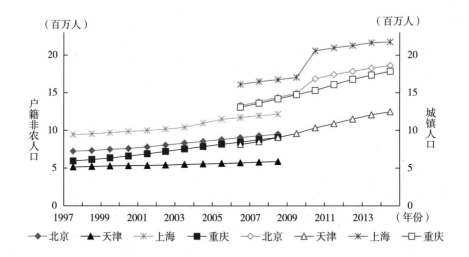

图 3-2 户籍非农人口与常住城镇人口的差异（1997~2014 年）

注：图中非农人口为户籍人口口径，城镇人口为常住人口口径。

资料来源：非农人口数据来源于《中国城市统计年鉴》（1998~2009 年），2009 年及以后年份的非农人口数据缺失；城镇人口数来源于《中国统计年鉴》（2006~2015 年）分地区人口城乡构成，经笔者整理制作。

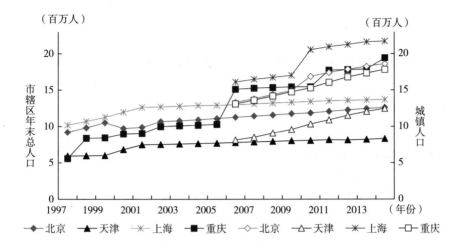

图 3-3 市辖区年末总人口与常住城镇人口的差异 (1997~2014 年)

注：图中市辖区年末总人口为户籍人口口径，城镇人口为常住人口口径。

资料来源：市辖区年末总人口数据来源于《中国城市统计年鉴》(1998~2015 年)；城镇人口数来源于《中国统计年鉴》(2006~2015 年) 分地区人口城乡构成，经笔者整理制作。

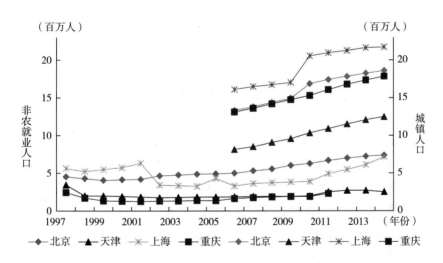

图 3-4 非农就业人口与常住城镇人口的差异 (1997~2014 年)

注：图中非农就业人口为第二产业和第三产业就业人员的加总，城镇人口为常住人口口径。

资料来源：第二、第三产业就业人员数据来源于《中国城市统计年鉴》(1998~2015 年)，重庆市自 2011 年起数据缺失；城镇人口数来源于《中国统计年鉴》(2006~2015 年) 分地区人口城乡构成，经笔者整理制作。

第二节　城市集中度的衡量方法

　　城市集中问题长期以来都是学界关注的重点，其讨论热度甚至超过了城市化水平本身（Clark，1967；Harris，1970）。不过，衡量城市集中的指标选择很大程度上决定了研究的准确性和可比性。较早期的研究中多采用单一指标反映城市规模分布，如 Wheaton 和 Shishido（1981）研究了 38 个不同发展水平国家的城市集中情况，采用了两种测量方法——Hirschmann – Herfindahl 指数（以下简称 HH 指数）和城市首位度（Urban Primacy），得出的结论为大都会城市聚集了人口总数的 70%。除此之外，最为常用的衡量方式还包括帕累托系数（Richardson，1973；Rosen and Resnick，1980），该指标主要体现不同级别城市之间的规模差异。国内外研究中采用单一指标，或多个单一指标相结合的情况最为普遍，因而也积累了丰富的成果。但是单一指标的计算过程中也存在着城市范围界定不统一、衡量城市规模的变量不一致、城市人口统计口径不尽相同等诸多问题，因此近年来也有不少学者致力于构建新的综合指标，如 Uchida 和 Nelson（2009）提出的集聚指数（Agglomeration Index），综合了人口密度、中心区人口规模和通勤时间三个指标，是多元化评价体系的典型代表。集聚指数的主要优势在于突破了城市行政区界的限制，通过考察人口的实际分布和时空压缩效应考察城市的真实规模，但是该指数的应用明显受到相关数据可得性的约束，并且城市中心区人口规模和人口密度的计算同样涉及城市范围的选择，因此也未必是最优选择。综合上述指标存在的不足，本书基于 DMSP/OLS 灯光影像数据构建了新的城市集中度指标，一方面弥补了现有统计资料在准确性、连续性方面的不足；另一方面打破了行政藩篱对城市范围的界定，可以说是在采纳已有研究指标基础上，兼具客观性和可操作性的最优选择。

一、单一指标法

　　衡量城市集中度时应用最为广泛的是单一指标，其优点在于简单、直观、易于计算，在中国知网数据库查找城市集中度和城市规模分布的相关研究，使用频率最高的即单一指标的衡量方法。目前，国内外相关研究中普遍采用以下几种单一指标反映城市规模分布情况：城市集中的帕累托系数（Pareto coefficient，也称城市规模分布的帕累托系数）、城市集中的 HH 指数、首位城市比率或首位度。除此之外，城市数量占比/城市规模占比、洛伦兹曲线和空间基尼系数也经常用于讨论城市规模分布问题，因此这一部分主要针对上述五个指标的定义、内涵、优势、缺陷和实际应用展开分析。

（1）城市集中的帕累托指数。早在 20 世纪初，Auerbach（1913）就发现：城市规模和人口集聚的演变过程通常遵循着一定的基本规律，在某一区域内，特定城市的人口规模与该城市在城市体系中所处等级的乘积近似等于一个常数，从而城市规模分布可用帕累托分布函数来拟合，其公式为：

$$R = AS^{-q} \tag{3-1}$$

或对等式两边取对数写作：

$$\ln R = \ln A - q \ln S \tag{3-2}$$

其中，S 表示特定城市人口规模，R 为人口规模超过 S 的城市数量，A 为常数，q 被称为城市规模分布的帕累托系数。q 值越大，城市规模分布相对越均衡。城市规模分布的帕累托定律被提出之后，在空间经济学领域引起了广泛的兴趣，并被认为是城市经济学中最显著的一条规律（Krugman，1996；Fujita et al.，1999）。Zipf（Kingsley，1949）在此基础上进一步指出，城市人口不但服从帕累托分布，并且帕累托系数值趋近 1。他认为，城市规模满足以下公式：

$$R(size > S) = \frac{A}{S} \tag{3-3}$$

即当帕累托系数等于 1 时，城市规模与其等级成比例，首位城市规模往往是次级城市规模的 1 倍，依此类推，而常数 A 则代表体系中规模最大城市的人口数量。上述规律又被称为齐普夫法则（Zipf's law），或"位序—规模"法则，齐普夫法则和帕累托定律统称为幂律分布规律，针对该定律开展的相关理论与实证研究成果颇为丰富（Gabaix，1999；Soo，2005；Duranton，2006；Giesen and Südekum，2010），涉及跨国、国家、区域等多个层级，此处不予赘述，但无疑这些成果的积累对于我国面临的城市化策略和方向选择具备指导意义（余宇莹、余宇新，2012；沈体雁、劳昕，2012；劳昕、沈体雁、孔赟珑，2015）。

q 值的大小即反映了城市人口的集中程度。如果城市数量既定，q 值越小，人口越集中在少数几个大城市，城市集中现象越明显；反之则说明城市规模分布相对均匀。Rosen 和 Resnick（1980）根据 44 个国家 1970 年的人口数据，计算了城市集中的帕累托系数，得出结论认为，大部分国家中城市集中的帕累托系数结果大于 1，也就是城市规模分布较为均匀。其中，摩洛哥的城市集中度最高（$q = 0.809$），澳大利亚的城市集中度最低（$q = 1.963$），帕累托系数 q 的平均值为 1.136，标准差等于 0.196。

城市集中的帕累托系数在实践中应用较多，因而积累了较为广泛的研究成果，便于国家与国家之间，或者同一国家不同时期之间进行比较研究。但是该指标的不足之处在于其假设帕累托分布法则适用于任何研究对象，这一点是否成立学术界尚无定论。此外，该指标要求通过一定的回归方法对系数值进行估计，而非直接在数据基础上计算得出。换句话说，城市集中的帕累托系数作为回归估计值的意义可能更胜于作为衡量指标的意义。此外，在实际研究中，部分学者运用对数形式的方程进行回归，也有学者直接采用一般函数形式的线性方程，这种回归模型设定的随意性在一定程度上可能造成系数估计结果的误差，进而对后续研究的准确性产生不利影响。

（2）城市集中的 HH 指数。城市集中的 HH 指数以 Herfindahl 和 Hirschmann 的名字命名（Rhoades，1993），起源于经济学中对产业集中情况的研究，其原本含义为特定产业中各企业的市场份额平方项的加总。HH 指数的取值范围为 0 ~ 1，当指数值接近 1 时，说明产业集中程度较高，或者说该产业倾向于垄断而非完全竞争。城市经济学家借用这一概念研究一国或地区中各城市人口规模的分布情况，也就是本书试图探讨的城市集中现象，具体可用公式表示为：

$$HH = \sum_{i=1}^{n} (P_i/P)^2 \tag{3-4}$$

其中，P_i 表示 i 城市的人口规模，P 为一国或地区中城市总人口，n 为城市数量。城市集中的 HH 指数得分越接近 1，说明城市人口越集中在少数大城市；相反地，HH 指数值越接近 0，说明城市规模差距不大，城市集中程度较低。

城市集中的 HH 指数具有明确的优势，它考虑到了一国或地区中所有城市的规模分布，同时也能够反映城市间的空间竞争程度。相较于城市集中的帕累托系数，该指标不需要通过回归方法进行估计，计算较为简便。但是由于 HH 指数最早起源于产业研究，因而在区域和城市经济领域的应用不及帕累托系数普遍，经验数据也相对偏少，不利于横向和纵向的比较分析。

（3）城市首位度。城市集中度的第三个衡量指标——首位度多应用于发展中国家的城市化问题探讨。首位城市比率有着多种不同的定义，例如：

$$PR = P_1/(P_1 + P_2) \tag{3-5}$$

其中，P_1 为一国或地区中最大城市的人口规模，P_2 为同一区域范围内第二大城市的人口规模，这一比例主要体现首位城市与次级城市之间的规模分布关系，与前文中提到的齐普夫法则存在密切联系，如：

$$PR = P_1 / \sum_{i=1}^{n} P_i \qquad\qquad (3-6)$$

其中，P_1 的含义同前，P_i 指按照规模排序后第 i 位城市容纳的人口数量，n 为一国或地区中城市的数目，因此 $\sum_{i=1}^{n} P_i$ 就表示一国或地区中的总人口。相关文献中，Rosen 和 Resnick（1980）采用 PR_5 和 PR_{50}，也就是首位城市人口规模分别占前 5 位的城市和前 50 位的城市人口总和的比例，作为衡量城市集中度的指标，与帕累托系数估计结果进行比较。Henderson（2000）则利用一国中最大城市的人口占该国全部城市人口总量的比例，作为城市集中度的衡量指标研究其与经济增长之间的关系。

城市首位度作为单一衡量指标的最大优势是获取方便，计算简单，但与此同时其显著缺陷在于忽略了除首位城市之外的其他城市的分布情况，因此指标中包含的信息不够全面，只是对城市集中度的一个粗略估计。综上所述，上述三个常用指标各有千秋，在实际研究中经常结合使用，但同时它们之间存在较强的相关性和可替代性，不适合同时纳入回归方程中进行分析。

（4）洛伦兹曲线和城市基尼系数。洛伦兹曲线（Lorenz Curve）于 1905 年由美国统计学家洛伦兹（Lorenz，1905）提出，用于比较和分析一个国家在不同时期或者不同国家在同一时期的财富不平等，该曲线作为一个总结收入和财富分配信息的便利的图形方法得到广泛应用（苗洪亮，2014）。如图 3-5 所示，底部的横轴表示按照收入排序后的人口累积比重，纵轴则表示相应的收入累积百分比。洛伦兹曲线一经提出后，其应用范围逐渐得到拓展，如今不少城市经济学家也通过绘制城市洛伦兹曲线来表达人口在城市间的分布及其变动特征。具体的做法是将横轴的人口数量百分比替换为城市数量百分比，对应的收入累积比重替换为城市人口规模累积比重。

基尼系数是 1943 年美国经济学家阿尔伯特·赫希曼（Hirschman，1943；Hirschman，1964）基于洛伦兹曲线所定义的考察居民内部收入分配公平程度和差异状况的综合指标。基尼系数是比例数值，介于 0 和 1。如果把个人或家庭换作城市，收入水平换为城市人口规模，便可计算一个国家或区域内城市规模的分散程度（又称为空间基尼系数，Spatial Gini Coefficient）。

1995 年，著名城市研究学者科威（Cowell，1995）通过大量实证研究表明，衡量收入不平等的基尼系数是城市规模的帕累托指数、城市首位度之后的另一个很重要的衡量城市规模分布较为有效的方法。Fujita 和 Krugman（2004）基于联合国《世界人口展望》发布的全球城市人口数据，计算了各国城市分布的空间基尼系数，发现中国的数值明显低于其他主要国家和世界平均水平，这意味着我国的城市分布更为扁平化。

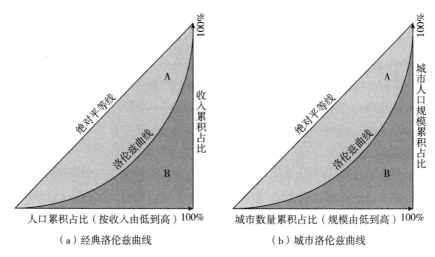

（a）经典洛伦兹曲线　　　　　（b）城市洛伦兹曲线

图 3-5　洛伦兹曲线

资料来源：根据 Lorenz M O. Methods of measuring the concentration of wealth ［J］. Publications of the American Statistical Association，1905，9（70）：209-219. 笔者处理制作。

　　基尼系数的通行算法是假设洛伦兹曲线图中实际收入分配曲线和收入分配绝对平等曲线之间的面积为 A，实际收入分配曲线右下方的面积为 B，并以 A 除以（A + B）的商表示不平等程度。不过基尼系数的具体计算方法是富于变化的，国内也有不少学者对基尼系数的具体计算方法进行了改进，此处简单介绍加拿大学者马歇尔（Marshall，1989）计算基尼系数的具体过程：假设一个区域中共有 n 个城市，设 S 是这 n 个城市的人口总和或整个城市体系的总人口，P_i 对应城市 i 的人口规模，P_j 对应城市 j 的人口规模，且 $i \neq j$。那么反映区域中城市人口集中程度的基尼指数可用下式来表示：

$$G = \sum_i \sum_j \left[|P_i - P_j| / 2S(n-1) \right] \tag{3-7}$$

　　基尼指数的取值范围在 0~1。基尼指数越接近 0 表明城市规模越分散，越接近 1 表明城市规模越集中。基尼系数与帕累托指数和城市首位度的不同之处在于：虽然城市规模的帕累托指数能够在一定程度上反映出区域的城市规模分布集中或分散的程度，但是它强调的是规模与其相对应的位序之间的关系；城市首位度主要集中在前几位高位序城市之间的规模比较，并不能反映出区域内部城市规模的整体分布状况；而基尼系数着重于区域范围内城市规模之间的差距，这点可以从其计算公式看出。由于城市基尼指数是由常数式基尼模型来拟合求解的，因此较好地弥补了位序—规模法则在城市规模差距较大时回归拟合有所欠缺的不足（叶玉瑶、张虹鸥，2008）。总而言之，几个指标的侧重点不尽相同，孰优孰劣应该结合不同的研究目的予以判断。

二、综合指标法

尽管采用单一指标衡量城市集中的方式备受学界青睐，也积累了不少具有研究价值的成果，但通读这些文献后容易发现，不同学者对于同一时期内相同区域范围的研究结论却不尽相同，有些甚至相去甚远。以针对我国的研究为例，朱顺娟、郑伯红（2014）根据 1989 年、2000 年和 2010 年的城市规模分布基尼系数计算得出结论，认为中国城市规模分布呈现出分散化的趋势；而吕薇、刁承泰（2013）选择相似时间点（2000 年、2005 年和 2010 年）的城市建成区面积来表征城市规模，结果表明城市规模分布正向集中型发展。进一步分区域的考察结果也并不一致，高鸿鹰、武康平（2007）划分三大区域计算的帕累托指数结果显示，东部地区的大城市在经济飞速发展过程中表现出更为明显的经济集聚功能，城市人口规模分布更加不均匀；但刘修岩和刘茜（2015）的研究显示，20 世纪80 年代以来，中国的整体城市空间结构趋于分散化，其中西部地区的城市集中度显著高于中部和东部地区。

上述研究结论中矛盾产生的原因之一应该归结于实证分析中使用的数据，一方面，我国长期以来并未进行与国际接轨的城市人口统计，现有的城市数据由于牵涉到户籍制度（如存在城乡户籍、本地和外地户籍的差别等）以及城市边界问题（我国定义的城市内部实质上既包含城镇也包含农村），造成衡量城市人口的指标存在争议，使用不同的人口指标得到的城市分布体系的特征也大相径庭。另一方面，我国城市的数量也在不断发生变化，如 20 世纪八九十年代广泛实施的地改市和撤县设市政策，大大增加了已有的城市数量（唐为，2016）。然而，许多文献由于数据可得性等原因，往往选择地级及以上城市作为研究对象，而选择性地忽视了中小规模的县级市和小城镇，这实质上是人为地截取了"断尾"数据进行研究，可能造成估计结果存在偏误（邓智团、樊豪斌，2016）。

显然，城市区的界定争议并非只出现在中国，早在 1970 年 Arriaga 就提出城市的定义和城市人口的衡量是城市化相关研究的关键（Arriaga，1970）。Henderson（2005）、Satterthwaite（2007）都曾指出城市区范围的界定和人口统计标准的一致性在相关实证研究中的重要性。以墨西哥城的人口规模为例，其范围可在

"中心城区"的170万人到"墨西哥大都市区"的1940万人之间波动，两者相差11.41倍（Uchida and Nelson，2009）。基于以上原因，Uchida和Nelson（2010）综合人口密度、中心城市人口规模、距离市中心通勤时间三个因素，构造了能够反映城市集中度的综合指标"集聚指数"（Agglomeration Index），该指标巧妙地避开了关于城市边界的探讨，而是通过具备普适性的三个指标来反映城市规模分布特征，较适合用于跨国数据之间的横向对比研究。

图3-6直观地展现了构成集聚指标的三个因素，其中，城市核心区较大的人口规模能够保证集聚经济发挥作用，同时周边腹地只有在达到一定的人口密度后，才具备较高的市场潜力，最后毗邻城市核心区的地理位置和较低的交通成本（通过通勤时间反映）有助于技术、资本等要素向周边地区辐射和扩散。以上三点全部满足某一既定标准时，才能称为城市区，否则不能划入城区范畴。

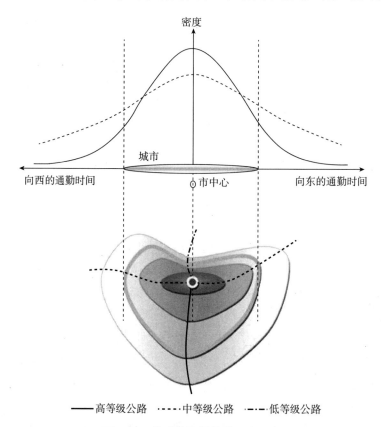

图3-6 构成集聚指数的三个因素

资料来源：Uchida H，Nelson A. Agglomeration index：Towards a new measure of urban concentration ［J］. World Institute for Development Economics Research，United Nations University，Helsinki，2010.

综合而言，集聚指标构建的基础并非常用的城市行政边界，更不是我国目前普遍采用的户籍制度划分方法，而是由城市形成背后的根源——集聚经济出发重新定义了城市和城市规模分布。具体的计算过程分为以下几步：

（1）需要明确三要素的门槛值，也就是城市中心区最低人口规模、周边腹地人口密度下限，以及距离中心区的最长通勤时间。

（2）确定城市中心区位置，Uchida 和 Nelson（2010）利用 GRUMP 人居数据库实现城市中心区的定位。

（3）基于城市中心区位置，按照三要素门槛值划定城市边界，但这一步骤的难点在于交通距离和通勤时间的计算，不仅要考虑城市交通基础设施建设情况，还要将城市海拔、坡度等自然条件因素纳入分析范畴。

（4）根据 GRUMP 人居数据库和 Landscan 人口分布数据库得到分辨率约为 1km×1km 的栅格单元上对应的人口规模和人口密度数据。

（5）加总城市边界范围内的每个栅格单元得到城市人口总量值，该值与区域范围内城市总人口之比即为集聚指数。换句话说，集聚指数沿用了首位度的计算方式，但改进了对于城市区范围和相应人口规模的界定方法。

根据上述方法，Uchida 和 Nelson（2010）基于"每平方公里 150 人""到市中心时间不超过 60 分钟""城市中心区常住人口规模高于 5 万人"三个门槛条件，计算了 2000 年世界几大区域的城市化率，并与联合国发布的全球城市化发展报告（World Urbanization Prospects）中提供的数据进行对比，结果如图 3 - 7 所示。其中，区域划分方式根据世界银行的标准确定，具体包括撒哈拉以南非洲（SSA）、中东和北非（MENA）、南亚洲（SAS）、东亚和太平洋地区（EAP）、欧洲和中亚（ECA）、拉丁美洲和加勒比地区（LAC）。高收入国家不列入上述区域中，而是分为经合组织国家（OECD）和非经合组织国家（OHIE）两个部分。

由图 3 - 7 可见，根据集聚指数计算得出的城市化率与联合国统计结果存在出入，其中尤以南非洲、中东和北非、拉丁美洲和加勒比地区的差异最为明显，而收入较高的国家两种统计方式得出的结果几乎完全一致，说明国家发展程度与统计数据的精确与否存在相关关系。值得一提的是，根据 Uchida 和 Nelson（2010）的研究结果，中国 2000 年实际城镇化率为 36.2%，联合国发布的数据则为 35.8%，两者之间差异不大，说明我国的统计数据可靠性相对较高，城市区的界定方式也较为合理。

追根溯源，城市的本质是一种要素和人口的集中分布。以此为基础构建的集聚指数，是一种可用于衡量城市化率和城市集中度的全新综合指标，其优势在于

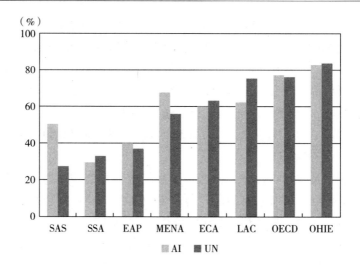

图3-7 集聚指数与联合国发布城市化率对比（2000年）

注：图例中 AI 指集聚指数，UN 指联合国发布的全球城市化发展报告中各区城市化率。

资料来源：Uchida H, Nelson A. Agglomeration index: Towards a new measure of urban concentration [J]. World Institute for Development Economics Research, United Nations University, Helsinki, 2010.

创新性地突破了城市行政边界的束缚，通过城市中心区规模、人口密度和可达性三个要素来重新界定城市区范围，可谓一种跳出既有思路、回溯现象之源的可取方式。但目前来看，该指标的普及和应用受到诸多限制，如 GRUMP 和 Landscan 数据库尚未完全对公众开放使用，以及交通数据显著的滞后性，无一不对研究构成障碍。不过，集聚指数的提出仍为开展相关研究提供了新的视角和思路，随着卫星影像和遥感技术的进步，扫描和集成数据将逐步代替统计和普查数据，区域、城市相关领域学者的研究也将建立于实际的经济活动分布之上，而非受限于行政区划界线的约束（Rozenfeld et al., 2011）。

三、灯光数据的应用

正如上文中提及的，不少学者已经关注到了城市人口分布结构和城市集中问题的重要性，但始终在城市规模的衡量方面未能达成一致，并且由此造成了研究结果的争议。应用最为广泛的包括城市人口规模和城市用地规模两大标准，但两种方式都存在一些问题：就城市人口规模而言，2009年之前的各市常住人口数据缺失，因此大部分相关研究出于数据连续性的考虑通常采用户籍非农人口来代替这一指标（Du, 2000；庞海峰、樊烨、丁睿, 2006；李少星, 2009），但随着对外开放和市场化改革的推进，20 世纪 90 年代开始，户籍非农人口与城市常住人口之间的差距已经不容忽视，继续沿用该指标可能并不妥当，容易对研究结果的准确性造成影响；就城市用地规模而言，以谈明洪、吕昌河（2003）为代表的不少学者选择根据统计年鉴中的城市建成区面积来表征用地情况，进而反映城市规模，但随着我国行政区划的不断调整，城市建成区面积的统计口径也在不断发生变化，这无疑为正确认识和理解区域城市规模分布长时间序列时空动态带来了一定的困难（杨洋、李雅静、何春阳等，2016）。

（一）灯光数据的提取和应用

遥感和 GIS 技术的不断发展，为获取具有连续性和可比性的城市规模信息创造了条件，遥感数据在经济领域的应用开始逐渐得到普及和推广，已有诸多学者通过利用夜间灯光影像数据作为人类活动的代理变量来研究经济增长和城市发展等问题（Chen and Nordhaus，2011；Yi，Tani，Li，et al.，2014）。那么利用遥感数据开展城市规模分布研究自然也已经具备可行性。

近年来，DMSP/OLS 夜间灯光影像数据基于不受行政区划限制，具备一定的连续性，以及能够反映多维度城市化特征等独特优势，已经越来越多地被应用于国内外研究中（杨眉、王世新、周艺等，2011）。Henderson 等（2012）指出，当人口与 GDP 数据在某个区域或细分尺度上不可获得或是可信度不太高时，灯光数据可作为 GDP 和人口密度等变量的良好替代指标。Mellander 等（2015）的研究证明，夜间灯光数据更适合作为人口或建成区密集程度的代替指标，但在衡量经济总量或收入水平时存在出入。

在我国，DMSP/OLS 夜间灯光总量与城市化水平（陈晋、卓莉、史培军等，2003）、GDP 密度（杨妮、吴良林、邓树林等，2014）、人口分布（Lo，2002；程砾瑜，2008）等的相关性已经得到证明，其作为城镇规模的度量是可行和可信的。现有研究中，针对全国范围（吴健生、刘浩、彭建等，2014）、单一城市群（王慧娟、兰宗敏、金浩等，2017；王春杨、吴国誉、张超，2015）、单个省份（王钊、杨山、刘帅宾，2015）的城市体系规模分布和空间结构的研究较多，也有学者基于区域尺度比较不同城市群之间城市规模分布时空动态（杨洋、李雅静、何春阳等，2016）。在此基础上，本书试图通过多尺度、大范围、长时段的系统分析来完整地回顾不同层级城市体系的发展历程、分布现状以及演化趋势。

本书使用的全球夜间灯光数据是由美国空军天气代办处（US Air Force Weather Agency）收集 DMSP 数据、美国国家海洋和大气管理局（national oceanic and atmospheric administration，NOAA）地球物理数据中心（NOAA's National Geophysical Data Center）在对多年 DMSP/OLS 数据资料进行处理的基础上合成得到的分辨率为 30 秒弧度的每年至少一期的卫星存档数据（杨洋、李雅静、何春阳等，2016）[①]。该数据集中的稳定灯光数据像元灰度值是在去除云层、火光等偶然因素的影响后获得的城市、乡村及其他稳定灯光所在地发出的年平均灯光强度值，在全球范围内每 30s×30s 的栅格单元上取值 1~63 的灯光强度，背景值为 0（Elvidge，Ziskin，Baugh，et al. 2009；Henderson，2012）。该数据报告了各卫星观测到的全球不同地区在晚间八点半到十点的灯光亮度，按照年度划分，操作方法严谨，结果具有较高的可信度和客观性。此外，针对同一年份不同卫星观测到的结果不完全一致的问题，根据 Liu 等（2012）的方法进行内部校准、同年度合并处理，以尽可能降低测量误差。行政边界数据根据中国国家基础地理信息中心提供的 1:400 万行政区划矢量地图确定，并采用 ArcGIS 软件裁剪并进行投影转换后估算实际面积。

（二）灯光数据与人口分布的关系

尽管已有不少证据显示灯光数据较好地反映了城市人口分布情况（Lo，2002；程砾瑜，2008），但是不同学者采用的检验方式较为多样化，得出的结论在细节方面也不尽相同（曹丽琴、李平湘、张良培等，2009；李鹏、洪浩霖，2015），并且就判断城市区的灯光亮度阈值而言目前也尚未能够达成一致。基于上述原因，同时考虑到本书的后续研究几乎都要建立在灯光数据构造的城市集中度指标基础之上，事先对灯光数据与城市人口分布的关系做一定量研究显得十分必要。由于考察城市集中需要以一定的区域范围作为基础，本书首先在全国层面和省级层面对数据按照如下步骤进行处理：

（1）首先将灯光影像地图载入全国行政区划地图，并按照国界线裁剪。

（2）裁剪后进行全国灯光影响地图的投影变换，得到像元大小约为 1 平方千米[②]的投影坐标地图。

（3）接下来即可以栅格像元为单位进行像元统计分析（Cell Statistics），如考察某一现象随时间的变化，也就是为纵向比较奠定基础。需要注意的是，像元统计输入数据集必须来源于同一个地理区域，并且采用相同的坐标系统。

（4）根据分类图的属性表可查看不同灰度值对应数量并计算亮度面积，图 3-8 分别给出了 1995 年、2000 年、2005 年和 2010 年的全国不同等级灯光灰度

---

① 美国 NOAA 网站提供的数据下载地址：https://www.ngdc.noaa.gov/eog/dmsp/downloadV4 composites.html.

② 每个像元的实际大小为 1009.58 平方米×1009.58 平方米。

值概率分布情况。

（5）省级灯光数据的提取过程与全国相似，但需要首先按照省级图斑裁剪灯光数据后，再转换为投影坐标，因为不同省份的纬度存在差异，先投影后裁切容易产生误差，按照这种方式裁切计算的结果相对更精确，如广东省的单位像元投影面积为 824.7 平方米 ×824.7 平方米，而西藏自治区的单位像元投影面积为 1224.8 平方米 ×1224.8 平方米。

根据图 3-8 可以较为明显地看出，全国灯光亮度范围和水平的变化，总体上低亮度区域占比明显较高（体现为概率分布的峰值出现在图表左侧），但是随时间推移高亮区域占比在不断增加。

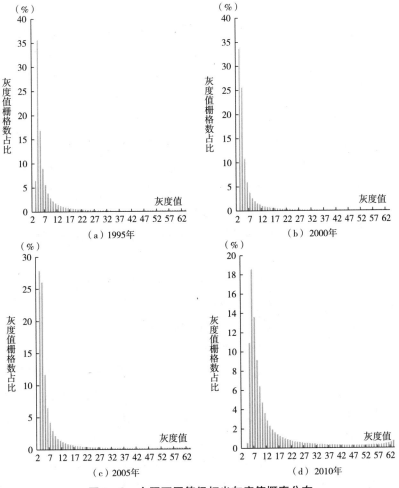

图 3-8 全国不同等级灯光灰度值概率分布

注：图中不包含灰度值为 0 的区域，即背景色栅格数。

1995～2005年，占比最多的栅格灰度值在2～5，但到2010年概率峰值向右推移至7左右。这一现象一方面体现了我国总体经济水平和用电量的提高，另一方面也可能与人口的集中分布有关。另外，通过对比灰度值在7～27范围内的栅格数量占比发现，相较于1995～2000年，2005～2010年中等程度亮区和高亮区的比重显著上升。并且，2010年高亮区数量明显增加，峰值概率有所下降（低于20%），说明在全国灯光亮度迅速增强的基础上不同水平亮区存在均衡化分布的趋势。当然，通过概率分布图得出相关结论尚早，接下来本书将进一步利用ArcGIS中提供的3D分析工具和空间分析工具对城市人口数与灯光数据之间的确切关系做量化分析。

参考Lo（2002）的做法，在ArcGIS软件提供的3D分析（3D Analyst）模块中，可将灯光灰度值视作海拔高程数据，可将原有的二维栅格地图转化成不规则三角面（Triangular Irregular Network，TIN）构成的三维地图。TIN数据模型把地表近似地模拟成一组互不重叠的三角面，三角面的每一个节点都由坐标x、y和高程值表示，每个三角面在TIN中都有一定的倾斜角度，在较平坦的地区三角面的数量较少，在陡峭的山区三角面较密且倾斜度更大（黄俊华、刘家兴、曾宇怀，2010）。经过TIN功能转化后可得到两种类型数据——表面积与体积，加上原有的灯光灰度值数据，三者都能够反映灯光亮度，因此在后文的计算过程中将分别采用这数据对普查资料中的人口规模进行回归，选择拟合程度较高的作为后续研究的基础。此外，将二维灯光数据地图转换成三维地图的好处还在于，能够较为直观地判断灯光亮区的集聚情况，由此直接推断较大规模城市和城市群的分布。

图3-9和图3-10分别展示了直接根据NOAA提供的灯光数据投影裁剪后得到的北京市地图、将灯光灰度值视作海拔高程数据进行转换后得到的北京市TIN数据三维地图，以及《北京城市总体规划（2004年-2000年）》中关于北京的市域城镇体系规划图和市域用地规划图。

由图3-9可见，2004年北京市域范围内的灯光投影亮度，以及转化成三维地图之后的TIN数据海拔高度，都与城市总体规划图中的城镇体系建设和用地规划基本一致。其中，西南部山区不适宜居住，相应地灯光强度也较弱，北部大部地区灯光亮度为0；城市中心区灯光亮度最强，表现为三维地图中的红色凸起部分。此外通过三维地图可以看出，北京城中心的灯光高亮区范围比规划图中要大不少。换句话说，在2004年规划发布初期，北京市中心的人口和经济活动集中程度可能就已经处于过度集聚的边缘了。后期的发展证明北京市的人口流入速度远超规划预期，城市规划有失远见也是造成北京当前较为严重的城市病问题的一大原因。

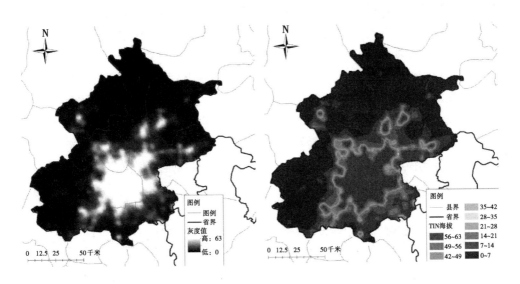

图3－9　北京市灯光数据地图（2004年）

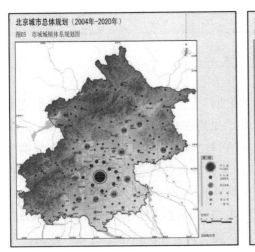

图3－10　北京城市总体规划

资料来源：《北京城市总体规划》（2004～2020）。

最后，如图3－10所示，《北京城市总体规划（2004年－2000年）》中标注了 11 个重点新城，但是根据三维地图来看，11 个新城中除延庆外其余 10 个与北京中心城的距离都不是很远，其中通州、顺义、昌平、门头沟、房山、大兴于规划发布当年已经与旧城相连，尽管在规划中也涉及了采用绿色植被隔离新旧城的预防措施，但似乎并没有起到太大效果。这样的新城分布方式无疑只能加重北京的人口负担，不断地将"大饼"向周边地区摊开。

为了检验灯光数据反映人口分布的可行性，本书首先提取 1995～2013 年内全国灯光灰度值总量、TIN 功能转化而来的全国灯光亮度表面积，以及全国灯光亮度体积，并分别利用以上三组时间序列数据与全国年末总人口做 Pearson 相关关系检验，同时考虑到人口集聚程度越高、经济越发达的地区可能灯光亮度更高，进一步选择城镇人口①、建成区面积和城市建设用地面积重复上述检验，检验结果如表 3－2 所示。

表 3－2　全国灯光亮度与人口规模、城市建设的相关性检验（1995～2013 年）

	年末总人口 （万人）	城镇人口 （万人）	建成区面积 （平方千米）	城市建设用地面积 （平方千米）
灯光灰度值	0.895***	0.932***	0.958***	0.952***
灯光亮度表面积	0.924***	0.936***	0.930***	0.922***
灯光亮度体积	0.899***	0.935***	0.960***	0.956***

注：***代表在 1% 的显著性水平下显著。

资料来源：《中国统计年鉴》（1996～2014）。

根据表 3－2 的结果可以明显看出，城市灯光亮度值与人口分布和城市建设情况存在显著的相关关系，所有检验系数结果均在 0.895 以上，且满足 1% 的显著性水平。首先，三种灯光数据与年末总人口之间的相关关系最低，r 值分别为 0.895、0.924、0.899，说明相较于人口总量，灯光数据更适于拟合城镇人口的分布情况。产生这一结果的原因也是显而易见的，农业的特殊性决定了农业人口的分布相对较为分散，居民生活用电产生的灯光相比城市可能较为微弱；此外，由于第二、第三产业大多集中于城市区域，其中部分经济活动如餐饮、住宿、商贸等在夜间反而更为频繁，造成城市范围内夜间灯光亮度远高于农村地区。其次，根据灯光亮度得到的三类数据中，灯光亮度表面积的拟合程度略逊色于另外两种，但是更适合用于估计全国年末总人口（r＝0.924）。最后，灯光亮度体积、

---

① 《中国统计年鉴》中提供的全国城镇人口总量自 1982 年起为常住人口口径统计数。

灯光灰度值与不同参数之间的相关性检验结果极为相似，但灯光亮度体积似乎略胜一筹，但差距十分微弱。根据以上结果可以得出的简单结论是，灯光数据更适合于模拟我国的城镇人口分布和城市建设情况，其中灯光灰度值和亮度体积的拟合效果最好，这一结果一方面证实了灯光数据十分适用于本书的研究，另一方面也与 Lo（2002）的研究结论保持一致。

不过，考虑到不同省份之间可能存在的差异性，本书在现有基础上细分到东、中、西三个大区和省级层面，提取 1992～2013 年各省的灯光灰度值数据，利用面板数据重新检验变量间的相关系数。考虑到四大直辖市的非农人口和城镇人口差距可能相对较大（因为吸纳了大量流动非户籍），首先简单检验北京、天津、上海、重庆四市在研究时段内灯光灰度值与城镇人口、非农人口之间的相关性（见表 3 - 3）。检验结果同样显示，城镇人口的拟合程度更高（满足 1% 的显著性水平，r 值高于 0.9），与非农人口的相关系数则较低（上海、重庆的 r 值分别为 0.818 和 0.810，其中重庆的结果仅在 5% 的显著性水平下显著）。此外，城市建设情况与灯光值显著相关，但拟合程度不及城镇人口规模。

表 3 - 3　直辖市灯光灰度值与城市人口、建设情况的相关性检验（1995～2013 年）

	常住人口 （万人）	城镇人口 （万人）	非农人口 （万人）	建成区面积 （平方千米）	城市建设用地面积 （平方千米）
北京	0.959 ***	0.956 ***	0.934 ***	0.899 ***	0.832 ***
天津	0.959 ***	0.975 ***	0.955 ***	0.962 ***	0.901 ***
上海	0.872 ***	0.918 **	0.818 ***	0.881 ***	0.903 ***
重庆	0.862 ***	0.960 ***	0.810 **	0.603 **	0.935 ***

注：**、***分别代表在 5%、1% 的显著性水平下显著。

在此基础上，表 3 - 4 给出了基于分省面板数据各变量的描述性统计分析，除灯光灰度值外，其余相关数据来源于中国经济社会发展统计数据库。由于在研究年份中出现过统计口径的调整，城镇人口和非农人口的数据均不同程度地存在缺失，因此在地区层级的分析中同时引入城镇人口和非农人口两种口径的数据进行相关性检验，以确保灯光数据的有效性。此外，省级层面的建成区面积和城市建设用地面积也存在不连续性，造成统计表中各变量最小值等于 0，这一结果也从侧面体现了灯光数据在连续性和多尺度研究方面的突出优势。

根据描述性统计分析结果可以粗略看出我国人口分布的空间差异，其中东部地区无论是灯光灰度均值还是最大值都明显高于中、西部地区，当然相应地东部容纳的常住人口和城镇人口总量都较大。不过，从建成区面积和城市建设用地两个方面来看，中部地区的蔓延式增长现象较为严重，相比东部地区以较小的建设面积承载着更多的人口，中部的城市土地扩张进程可能快过城市人口的增加。

表3-4　描述性统计分析

全国	均值	标准差	最小值	最大值
灯光灰度值	613866	569123	5197	3266377
常住人口（万人）	2627	2849	0	10644
城镇人口（万人）	1472	1229	0	7212
非农人口（万人）	1132	858.6	0	5232
建成区面积（平方千米）	797.7	872.7	0	6900
城市建设用地面积（平方千米）	1140	5824	0	74496
东部	均值	标准差	最小值	最大值
灯光灰度值	809264	704712	7826	3266377
常住人口（万人）	3200	3063	0	10644
城镇人口（万人）	1757	1558	0	7212
非农人口（万人）	1448	1079	0	5232
建成区面积（平方千米）	1080	1103	0	5232
城市建设用地面积（平方千米）	1247	3951	0	35985
中部	均值	标准差	最小值	最大值
灯光灰度值	692108	454855	113639	2315991
常住人口（万人）	2857	2878	0	9487
城镇人口（万人）	1658	846.4	0	4123
非农人口（万人）	1273	513.7	0	2628
建成区面积（平方千米）	902.9	766.3	0	6900
城市建设用地面积（平方千米）	2199	10239	0	74496
西部	均值	标准差	最小值	最大值
灯光灰度值	343801	321771	5197	1415606
常住人口（万人）	1835	2379	0	8235
城镇人口（万人）	1025	884.3	0	3640
非农人口（万人）	685.2	546.6	0	2632
建成区面积（平方千米）	420.5	416.8	0	2058
城市建设用地面积（平方千米）	259.2	406.0	0	2004

资料来源：笔者根据 EPS 数据库数据（1992~2013 年）整理计算。

基于面板数据得出的相关性检验结果如表3-5所示，其中因变量为各省域灯光灰度值。与全国层面的相关性检验结果相比，由于面板数据中包含样本量较大、差异性较强以及数据缺失较为严重等原因，灯光数据与城市人口、用地面积之间的相关系数出现了一定下滑。但是不能否认的是，灯光数据与除城市建设用地面积以外的城市人口分布相关变量之间显著正相关[①]，本书主要目的在于考察区域范围内的城市规模分布情况而非预测城市人口，因此相关系数值的大小对研究结果的影响有限。与全国层面的检验结果相类似，灯光数据显然更适合测度城市人口分布和演化情况，其与常住人口[②]之间的全样本相关系数低于0.5，但与城镇人口、非农人口和城市建成区面积的相关关系明显更高。

表3-5 面板数据相关性检验结果（1992~2013年）

区域	常住人口（万人）	城镇人口（万人）	非农人口（万人）	建成区面积（平方千米）	城市建设用地面积（平方千米）
全样本	0.497***	0.534***	0.584***	0.527***	0.066
东部	0.681***	0.685***	0.792***	0.736***	0.030
中部	0.455***	0.572***	0.420***	0.393***	0.445***
西部	0.433***	0.510***	0.622***	0.581***	0.587***

注：***代表在1%的显著性水平下显著。

分区域来看，东部地区拟合结果最好，灯光灰度值与常住人口、城镇人口、非农人口和建成区面积之间的相关系数均在0.68以上，且满足1%的显著性水平；中部地区的检验结果中，灯光数据较好地反映了城镇人口分布情况，相关系数达到0.572；西部地区灯光亮度更多地体现了非农人口的变化，两者相关系数约为0.622。之所以出现东、中部地区的城镇人口拟合结果最好，而西部地区的非农人口拟合结果占优的情况，其原因可能与我国的人口流动方向有关。自20世纪初户籍政策放宽以来，我国人口整体出现了跨区域流动的特征，具体表现为西部地区向东部沿海地区，农村人口向城市区域流动的现象。经过20年的人口转移和流动过程，目前我国中部、东部地区聚集了大量的持农业户籍的常住人口

---

① 事实上，1992~2003年，省级层面的城市建设用地面积数据严重缺失，之所以给出相应的检验结果是为了与全国数据做一个对比分析。
② 此处的常住人口既包括城镇人口，也包括区域范围内居住在农村的人口。

（也就是俗称的"农民工"），而灯光数据反映的是一段时间内地表区域的亮度，因而中部、东部地区城镇人口与灯光亮度之间的关系最为密切也就容易理解了。

最后，图 3 - 11 为基于全样本面板数据拟合得出的灯光数据与城市人口、用地变量之间的相关关系，由于不同变量取值范围差异较大，图中结果为取对数后拟合得出的。显而易见，全国范围内各省在城市人口规模和用地总量等方面存在较大差距，导致散点图分布离散程度很高。但总体看灯光灰度值与城市人口总量、建成区面积之间呈正相关关系，灯光数据结果较适宜用于城市人口规模和分布相关的进一步研究。

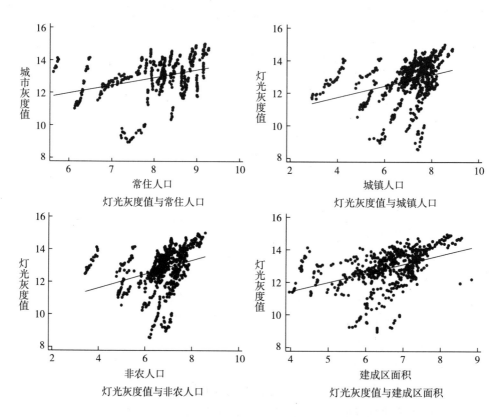

图 3 - 11　全样本灯光灰度值与城市人口、用地的拟合直线（1992 ~ 2013 年）

（三）基于灯光数据构建的城市集中度指标

NOAA 每年发布一次夜间灯光数据监测结果，目前可供使用的数据时间范围为 1992 ~ 2013 年。有意思的是，1992 年对于中国经济发展路径而言恰巧是至关重要的一个时间节点，是市场经济与计划经济重新交锋的关键时期。本书选用

NOAA 发布的稳定灯光数据计算城市人口集中度，该光源灰度值范围在 0 ~ 63，区域的灯光亮度是其内部所有栅格亮度的总和。基于此，本书参考王钊等（2015）提出的人口集中指数和姚永玲（2011）提出的"密度空间基尼系数"构建以下两种城市集中度指标：

$$CONCEN = (1/2) \sum_{i=1}^{n} |(L_i/L_T) - (S_i/S_T)| \tag{3-8}$$

$$GINI = \left| \sum_{i=1}^{n} [(L_i/L_T) \cdot (S_i/S_T)] + 2 \sum_{i=1}^{n-1} \{(S_i/S_T)[1 - (V_i/L_T)]\} - 1 \right| \tag{3-9}$$

式（3-8）中，L_i 表示区域中某一灰度值 i 对应的灯光亮度值总和，L_T 表示对应灯光亮度加总值；S_i 表示城市体系中灰度值等于 i 的区域范围面积，S_T 代表区域总面积；n 为像元个数。式（3-9）在式（3-8）的基础上增加了类似基尼系数的累计值，即 $V_i = \sum_{1}^{i} L_i$ 是指将全部 L_i 按照从小到大的顺序排列后，L_1 到 L_i 的累积加总，该项的加入使指标得分更能体现城市之间规模差异的程度。两种指标值都介于 0~1，指标值为 0 表示城市人口绝对均匀分布；随着指标得分的增加，空间不均衡分布程度提高，当指标值等于 1 时，区域内城市人口呈绝对集中分布。表 3-7 中列出了基于全国数据计算得到的城市集中度指数结果，表中同时给出灯光密度：

$$DENSITY = \left(\sum_{i=1}^{n} L_i \right) / \left(\sum_{i=1}^{n} S_i \right) \tag{3-10}$$

与城市集中情况做对比，式中的符号含义与集中度指数相同。此外，考虑到全国范围内存在大量灯光灰度值为 0 的区域，是否将这类区域包括在计算过程中可能对结果产生影响。因此，表 3-6 中对应每种城市集中指数列出了两类结果，其中 GINI-1 和 CONCEN-1 分别代表包括灰度值等于 0 的区域时对应的 GINI 指数和 CONCEN 指数值；相反地，GINI-2 和 CONCEN-2 分别代表剔除灰度值为 0 的区域后得出的集中度情况。对比可见，将灰度值为 0 的区域纳入考量会直接引起集中度指标得分大幅上升。也就是说，因为有大面积的无灯光区域作为参照，有灯光区域的面积相对而言变得很小，按照这一思路计算得出的城市集中程度自然较高。事实上，绝大部分灯光低亮度区域并不适宜人类居住，如我国西北部的大面积沙漠、戈壁、高原等区域，或者分布着大量农田、森林、草原等植被，经济活动主要围绕农牧产品的生产和矿产资源的开采展开，因此可以在计算过程中予以剔除，从而更好地反映城市规模分布情况。

表 3 - 6　根据灯光数据计算的全国城市集中度与城市人口密度

年份	GINI – 1	GINI – 2	CONCEN – 1	CONCEN – 2	DENSITY
1992	0.932119	0.320793	0.892485	0.370779	8.789331
1993	0.899352	0.316363	0.859192	0.367820	7.321539
1994	0.924168	0.340766	0.875968	0.396043	10.099029
1995	0.889581	0.346452	0.834113	0.401579	8.350785
1996	0.889422	0.340372	0.837618	0.396370	8.225055
1997	0.897005	0.364984	0.841450	0.430377	7.463509
1998	0.874869	0.356710	0.813125	0.417756	7.006825
1999	0.875402	0.371859	0.808185	0.450346	7.045004
2000	0.866146	0.365680	0.802428	0.425558	7.165697
2001	0.874859	0.368850	0.808732	0.417899	7.901308
2002	0.873824	0.397526	0.801278	0.450642	8.258565
2003	0.867887	0.405695	0.791211	0.455372	8.565181
2004	0.841871	0.378604	0.759593	0.408610	8.964337
2005	0.840223	0.389756	0.758119	0.450825	8.092676
2006	0.853372	0.382481	0.775334	0.426605	9.768121
2007	0.826252	0.379153	0.741838	0.427066	10.058469
2008	0.838708	0.388451	0.757203	0.399650	10.279120
2009	0.863113	0.371326	0.792157	0.413727	11.360723
2010	0.812922	0.345036	0.745413	0.360863	14.008512
2011	0.812521	0.378306	0.743795	0.366580	12.564257
2012	0.828950	0.356652	0.765349	0.371829	14.314567
2013	0.831687	0.356922	0.781154	0.300230	15.785790

图 3 - 12 描绘了全国城市集中度指数 GINI – 2 和 CONCEN – 2 随时间变化的情况，图 3 - 13 则反映了灯光密度的演进过程。由上文分析可知，灯光亮度与城市人口规模呈正相关，因此灯光密度的变化在一定程度上反映了城市人口密度的情况，对比两幅图可以发现城市集中度与城市人口密度之间的差异，城市人口总体密度增加的同时，城市集中度可能存在下降趋势。

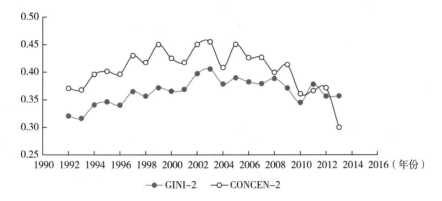

图 3-12　中国城市集中度变化趋势（1992～2013 年）

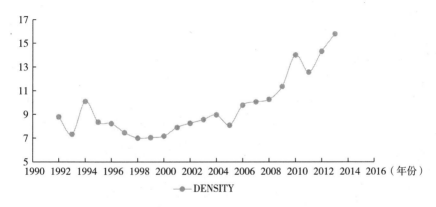

图 3-13　中国灯光密度变化趋势（1992～2013 年）

首先，根据图 3-12 可知，两种城市集中度指数计算得出的结果极为相似，说明两种算法均能较好地反映城市规模分布情况，不过值得注意的是，两种指数估计结果在近几年内出现了反向变动的情况，具体包括 2007 年、2008 年、2009年、2012 年和 2013 年。针对这一问题，本书依据 2005～2012 年的 287 个地级及以上城市市辖区年末总人口数据和全市非农就业人口数据计算 HH 指数（结果如图 3-14 所示），与现有城市集中度指数进行对比，选择能够较为准确地反映城市规模分布的指标作为进一步研究的基础。

其次，总体而言，我国城市规模分布表现为不稳定性与趋势性并存，其中不稳定性体现在不同年份间城市集中度存在剧烈波动，而趋势性的意思是研究时段内仍然可以观察到城市人口的分布由初始阶段的集中向后续时期的相对扩散转变。

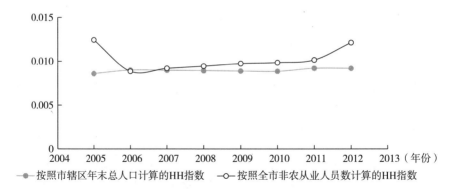

图 3-14　根据统计资料数据计算的城市 HH 指数（2005～2012 年）

资料来源：《中国城市统计年鉴》，由 EPS 数据库整理。

　　最后，通过与图 3-13 中灯光密度随时间变化趋势的对比可以发现，城市集中度与城市人口密度完全是两个概念。随着我国城镇化进程的不断推进，城市人口密度相较于 20 世纪初期已经有了大幅提高，灯光密度值由 1993 年的 7.322 跃升至 2013 年的 15.786，并且仍然有不断上升的空间；相较之下，城市集中度则在近些年显著回落，这种趋势可能是我国中小规模城市的发展容纳了更多城市人口所致，也有可能反映了"农民工回流"现象对于缓解超大城市人口负担做出的贡献，更有可能是城市体系发展较为成熟后形成的多中心空间结构带来的影响。当然，城市规模的形成机制和影响因素有待在下文中展开分析，至此能够得出的结论是我国的城市体系总体上正向更加扁平化的趋势发展，城市集中度在 1992～2003 年间断上升后，于 21 世纪后半叶开始波动下降。

第三节　城市集中的空间特征

　　除了估计城市人口规模和计算城市集中度指数，灯光数据还可通过空间统计分析和可视化的结果输出直观地反映中国城市体系的规模分布特征和空间联系，并通过叠加时间趋势实现动态演化过程的追踪。NOAA 发布的灯光数据采用 ESRI 的 Shape 文件格式存储，按照国家基础地理信息中心制作的 1∶400 万行政区划数据根据不同行政层级边界进行裁剪和提取后，可将原有的栅格数据转换为包含灯光灰度高程值的点数据，在此基础上应用空间点的聚集分析，也就是热点分析。

根据研究内容的区别，点分布模式的分析方法可以分为两类：①研究空间过程的一阶属性，即点分布格局的基本属性和过程预期值在空间中的变化特征，如样方分析、核密度估计等；②研究空间过程的二阶属性，即点在空间分布中的相互依赖特征，如最邻近分析、K 函数、空间自相关分析等（禹文豪、艾廷华、杨敏等，2016）。根据不同空间层级选择合适的点分析方法，有助于更好地理解和把握城市规模分布特点和变动趋势，同时依据城市间人口分布的相关性初步考察影响城市集中程度的驱动因素。

一、空间统计分析方法简介

根据 1992～2013 年的 DMSP/OLS 夜间灯光数据，首先可以将城市区按照人口规模和用地规模分为不同等级进行比较分析；其次在此基础上简单计算城市首位度，考察城市体系的集中程度；最后在综合对比现有点分析方法的适用性和可操作性的基础上，选择相关研究中应用最为广泛、普及程度较高的核密度估计、加权标准差椭圆、探索性空间数据分析等方法，对我国不同层级区域范围内的城镇体系规模分布及空间演化特征进行深入分析。以下简要介绍三种空间统计方法的背景、原理和相关参数的内涵。

（一）核密度估计

核密度估计（Kernel Density Analysis）是一种统计方法，属于非参数密度估计的一类，具体方法是在每一个数据点处设置一个核函数，利用该核函数（概率密度函数）来表示数据在这一点邻域内的分布（刘艳、马劲松，2007）。对于整个区域内的所有要计算密度的点，其数值可以看作其邻域内的已知点处的核函数对该点的贡献之和。因此，对于任意一点 x，邻域内的已知点 x_i 对它的贡献率取决于 x 到 x_i 的距离，也取决于核函数的形状以及核函数取值的范围（称为带宽）。一般而言，对于数据集 $\{x_1, \cdots, x_i, \cdots, x_n\}$，固定带宽的核密度估计函数采取以下形式：

$$\hat{f}_n(x) = \frac{1}{nh_n} \sum_{i=1}^{n} K\left(\frac{x - x_i}{h_n}\right) \tag{3-11}$$

式中，n 为数据点个数，$(x - x_i)$ 指估计点到 x_i 的距离。$K(\cdot)$ 为核函数，表示权重，核函数通常采用的形式有高斯函数、Epanechnikov 核函数、三角形函数、余弦核函数、四次核等（安康、韩兆洲、舒晓惠，2012）。通常要求核函数满足以下条件：

$$\begin{cases} K(x) \geqslant 0, \int K(x)\,dx = 1 \\ \sup K(x) < +\infty, \int K^2(x)\,dx < +\infty \\ \lim_{x \to \infty} K(x) \cdot x = 0 \end{cases} \tag{3-12}$$

式（3-12）中，h 为正数，即带宽或平滑参数。此外，研究表明，核函数形式的选择对估计结果影响并不大（Silverman，1986），决定估计精度和生成的密度图形平滑度的关键是带宽的选择，带宽越大，核估计的方差越小，密度函数曲线越平滑，但估计的误差也越大；带宽越小，核估计的方差越大，密度函数曲线越尖锐，但估计更为精确。因此，最佳带宽的选择往往需要通过多次试验，在核估计的偏差和方差间进行权衡，使均方误差最小。

在传统城市和区域分析中，核密度方法主要作为一种可视化工具，描述地理现象特征分布的一阶基本属性（陈斐、杜道生，2002），通过对密度计算结果的二维灰度表达或三维曲面表达，可以简单直观地获取点群的聚集或离散等分布特征。本书采用两种核密度估计方法分析全国范围内及分地区的城市规模分布密度和城市集中程度，一是 ArcGIS 中自带的空间统计分析工具，ArcGIS 的空间插值功能中对于二维数据的核函数通常表示为：

$$\begin{cases} K(u) = \dfrac{3}{\pi}(1 - U^T U)^2, \quad U^T U < 1 \\ 0, \quad else \end{cases} \tag{3-13}$$

二是在提取灯光灰度值计算得出城市集中度的基础上，使用 Stata 软件计算城市集中的核密度分布并可视化，探讨城市集中度的地区差异和演化趋势。在后者的估计过程中，选择最常用的高斯核函数进行估计，其表达式为：

$$k(x) = \frac{1}{\sqrt{2\pi}}\left(-\frac{x^2}{2} \right) \tag{3-14}$$

（二）标准差椭圆分析

标准差椭圆分析方法（Standard Deviational Ellipse，SDE）又称利菲弗方向性分布，最早由美国南加州大学社会学教授 Lefever 在 1926 年提出，其旨在通过输出一个具备多种特征特性的椭圆来分析判断某变量空间分布及演化特征（Lefever，1926）。目前，标准差椭圆分析已经成为空间统计中最常用的一种方法，主要用于表现离散数据集空间分布的重心、展布范围、密集程度、方向和形态随时间变化的动态特征（Gangopadhyay and Basu，2009）。

标准差椭圆的参数主要包括椭圆重心、方位角、标准差椭圆长短轴。其中椭圆重心的计算公式为：

$$\overline{X}_w = \frac{\sum\limits_{i=1}^{n} w_i x_i}{\sum\limits_{i=1}^{n} w_i}, \overline{Y}_w = \frac{\sum\limits_{i=1}^{n} w_i y_i}{\sum\limits_{i=1}^{n} w_i} \qquad (3-15)$$

方位角为：

$$\tan\alpha = \frac{(\sum\limits_{i=1}^{n} w_i^2 \tilde{x}_i^2 - \sum\limits_{i=1}^{n} w_i^2 \tilde{y}_i^2) + \sqrt{(\sum\limits_{i=1}^{n} w_i^2 \tilde{x}_i^2 - \sum\limits_{i=1}^{n} w_i^2 \tilde{y}_i^2)^2 + 4\sum\limits_{i=1}^{n} w_i^2 \tilde{x}_i^2 \tilde{y}_i^2}}{2\sum\limits_{i=1}^{n} w_i^2 \tilde{x}_i \tilde{y}_i}$$

$$(3-16)$$

x 轴标准差和 y 轴标准差分别为：

$$\delta_x = \sqrt{\frac{\sum\limits_{i=1}^{n} (w_i \tilde{x}_i \cos\alpha - w_i \tilde{y}_i \sin\alpha)^2}{\sum\limits_{i=1}^{n} w_i^2}},$$

$$\delta_y = \sqrt{\frac{\sum\limits_{i=1}^{n} (w_i \tilde{x}_i \sin\alpha - w_i \tilde{y}_i \cos\alpha)^2}{\sum\limits_{i=1}^{n} w_i^2}} \qquad (3-17)$$

式中，(x_i, y_i) 表示研究对象的空间区位；w_i 表示权重；$(\tilde{x}_i, \tilde{y}_i)$ 表示各点区位到重心 $(\overline{X}_w, \overline{Y}_w)$ 的坐标偏差。计算结果中，椭圆重心为空间点分布的平均中心，用以反映地理要素布局重心相对位置及其变化；X 方向和 Y 方向上的标准差表示的长轴和短轴，分别表征空间要素布局的主要和次要方向的离散程度；方位角反映其分布的主趋势；椭圆的面积表示地理要素空间分布的集中或发散程度（王春杨、吴国誉、张超，2015）。

（三）探索性空间数据分析

核密度估计、标准差椭圆都是用于分析空间过程的一阶属性，引入空间自相关方法计算地理单元分布强度在邻近区域内的显著水平，可以挖掘深层次的量化信息，特别是在预期空间随机的假设模式下验证聚类的空间分布特征。借鉴已有研究中人口空间分布格局及演变特征的研究方法及指标体系，选取探索性空间数据分析方法对城市规模分布之间的联系强度进行量化测度。探索性空间数据分析是一种数据驱动的分析方法，通过对地理要素的空间分布模式、趋势和空间关联分析，进而了解地理分布的空间过程（王春杨、吴国誉、张超，2015），具体又分为全局空间自相关分析和局部空间自相关分析。

Moran 指数作为空间自相关的基本测度，实际上来源于统计学中的 Pearson 相关系数。将互相关系数推广到自相关系数，时间序列的自相关系数推广到空间序列的自相关系数，最后采用加权函数（Weighting Function）代替滞后函数（Lag Function），将一维空间自相关系数推广到二维空间自相关系数，即可得到 Moran 指数。Moran 指数其实就是标准化的空间自协方差（陈彦光，2009）。

全局空间自相关用于研究整个区域之间的空间关联模式，I 的取值区间为 [−1，1]，I > 0 表示空间正相关，即灯光亮度较高的点在空间上显著集聚；I < 0 表示空间负相关，即该区域与周边区域的灯光亮度存在空间差异；I = 0 表示空间不相关，即灯光数据代表的城市人口在空间上随机分布。全局 Moran's I 指数的计算方法为：

$$I = \frac{\sum\limits_{i=1}^{n} \sum\limits_{j=1}^{n} w_{ij}(y_i - y^*)(y_j - y^*)}{\left[\sum\limits_{i=1}^{n} \sum\limits_{j=1}^{n} w_{ij}\right] \sum\limits_{j=1}^{n} (y_j - y^*)^2} \qquad (3-18)$$

局部空间自相关则略有不同，主要用于揭示空间参考单元属性值之间的相似性或相关性，局部 Moran's I 指数的表达式为：

$$I = \frac{y_j - y^*}{s^2} \sum\limits_{j=1}^{n} w_{ij}(y_j - y^*) \qquad (3-19)$$

式中，n 为参与分析的空间栅格总数；w_{ij} 为空间权重矩阵；y_i 和 y_j 分别代表 i 和 j 单元的灯光灰度值；y^* 代表所有单元的灯光灰度平均值；s^2 为 y_j 的离散方差值。在空间计量分析中，空间权重矩阵的构建是关键一步（张可云、王裕瑾、王婧，2017），通常用 $n \times n$ 维的矩阵 W 表示 n 个样本点的区位或所属区域的邻近关系，其基本形式如下：

$$W = \begin{bmatrix} w_{11} & w_{12} & \cdots & w_{1n} \\ w_{21} & w_{22} & \cdots & w_{2n} \\ \vdots & \vdots & \vdots & \vdots \\ w_{n1} & w_{n2} & \cdots & w_{nn} \end{bmatrix} \qquad (3-20)$$

式中，w_{ij} 反映区域 i 与区域 j 的相邻程度，这里的相邻程度可以根据邻接标准或距离标准度量（Cliff and Ord，1981），目前，已有不少研究采用经济距离与地理距离相结合的方式确定空间权重矩阵，并且在实证研究中取得了令人满意的成果。鉴于本书这一部分主要考察灯光数据代表的城市人口规模实际分布情况和空间联系,因此选择邻接关系作为权重,在之后的城市集中度影响因素分析中,会对不同类型空间权重的选择做进一步分析和应用。

二、城市体系的空间分布

根据全国灯光数据地图,20年间,我国的夜间灯光在总体数量、分布密度、覆盖范围、集中程度等诸多方面都出现了显著变化,具体可归纳整理为以下四点:

第一,灯光亮区范围明显扩大。1992~2013年,我国灯光亮度总值呈显著性增长,全境灯光灰度值加总由6868683提高到26479247,增长2.86倍。20世纪初,我国的灯光亮区主要分布在东南沿海地区,尤以环渤海地区和江浙一带总体灯光亮度较高,个别超大城市如北京、上海、深圳虽然已经呈现出高亮状态,但影响范围较窄。到2012年,我国灯光总量明显增加①,覆盖范围扩大,其中长三角、珠三角两大城市群业已形成连绵态势,并不断向内陆城市推进。此外,中西部地区的发展进程不容小觑,内蒙古、甘肃、新疆、陕西、四川、云南等省份灯光数量和密度明显增加。总体而言,全国范围内灯光总量增加,灯光分布密度提高,但以"胡焕庸线"②为界,东西两侧灯光亮度差异仍然颇为明显。

第二,灯光集聚区数量增加。灯光数据能够较为准确地反映城市的分布情况和规模结构变化,其中灯光集聚区的出现往往标志着大城市或城市群的形成和发展。20年间我国的灯光集聚区数量有所增加,其中较为典型的包括成渝城市群、海峡西岸城市群、关中城市群、长江中游城市群中的江淮城市群等。不过,仅依靠比较不同年份的灯光数据只能对我国城市集群的分布和规模有大致粗略的了解,在此基础上通过其他空间统计分析手段对灯光数据代表的城市人口分布情况做更深入的分析是十分必要的。在ArcGIS中将原有的栅格数据转点后,通过对点赋值灯光灰度,可以运用核密度估计方法计算人口密度分布情况,进而以此为依据判断我国灯光集聚区数量的变化。

研究时段初期灯光集聚区数量较少,代表人口分布集中程度不高,主要的人口密集区出现在京津两市、长三角、珠三角和台湾地区;到研究时段末期,我国灯光集聚区数量明显增加,伴随着集聚区内灯光密度的提高,东北三省、关中地

---

① 根据上文中的计算,1992年我国灯光灰度加总值为6868683,到2012年增至24401790。

② 胡焕庸线:中国地理学家胡焕庸在1935年提出的划分我国人口密度的对比线,这条线从黑龙江省瑷珲(1956年改称爱珲,1983年改称黑河市)到云南省腾冲,大致为倾斜45度直线,又称"瑷珲—腾冲线"。线东南方36%国土居住着96%人口,线西北方则人口密度极低。

区、长江中游、成渝、海峡西岸，以及广东省、安徽省全境灯光核密度值达到6以上，而原有发展较快的集群中灯光密度显著提升，包括长三角、珠三角、京津冀三大城市群核密度值超过21，山东半岛和中原地区灯光密度为12～15。此外一个有趣的发现是，台湾的灯光密集程度20年来没有发生显著变化，结合台湾目前的经济发展现状，或许可以找到原因。

第三，灯光分布重心西移。通过标准差椭圆的面积变化和重心移动距离，可以大致分析夜间灯光城市规模在空间上的集中程度和方向变化趋势。我国整体灯光分布重心呈现由东向西、由沿海向内地缓慢移动的演化特征。

此外，结合表3-7中椭圆长短轴变化可以看出，1992～2012年，椭圆长轴不断向外拉伸，短轴长度在2002年前后短暂小幅缩短，但总体的向外扩张趋势颇为明显；由于长短轴距离的变动，2012年灯光分布对应的椭圆面积已经显著大过1992年，说明我国的夜间灯光分布集中程度在逐年下降。根据椭圆长轴的延伸方向可以看出，我国的灯光分布主趋势仍然为南北向沿海分布，但城市体系规模标准差椭圆短轴伸缩幅度大大强于长轴，这表明近年来我国内陆城市的发展速度较快，带动人口和经济活动逐步向内陆地区转移。此外，从方向角的大幅变动来看，我国西南部地区的灯光总量和密度呈上升趋势，因而标准差椭圆由20世纪初期的"正东—正西"方向往"西南—东北"方向稍有偏移。总体而言，依据标准差椭圆分析得到的结果与根据灯光数据计算得出的城市集中度变化方向一致，即我国城市人口和经济活动分布重心虽明显呈现出"东高西低"的情况，但近年来随着内陆大城市的发展和城市群的建设，这种区域失衡状态已经有所改善，全国城镇体系空间分布重心在逐渐向西部移动，城市人口集中分布现象得以缓解。

表3-7　全国灯光方向分布（标准差椭圆）

年份	重心X坐标	重心Y坐标	椭圆短轴长	椭圆长轴长	椭圆方向角
1992	919212.2393	3810389.153	791749.2415	1116383.66	23.80845938
1997	840233.3499	3795402.148	919224.7297	1111459.436	23.41498991
2002	827361.4729	3766340.011	896697.7208	1155657.86	29.11301121
2007	768159.6809	3782732.496	965200.5231	1207706.19	35.1127367
2012	728189.5296	3814744.812	1083808.97	1220165.962	34.62504857

注：上述数据基于GCS_WGS_1984地理坐标系、WGS_1984_UTM_Zone_49N投影坐标系得到。

第四，灯光集中度存在地区差异。通过上述灯光投影地图、核密度分布图和标准差椭圆分析，可以对我国整体的城市分布情况和演化过程有一定了解，但是具体到地区层面，如东、中、西三大地带的城镇体系空间分布和集中度情况是否存在差异，目前的分析尚未涉及。接下来，本书采用式（3－11）至式（3－14）计算分区域城市集中度的核密度分布情况并可视化，得到如图3－15所示结果。

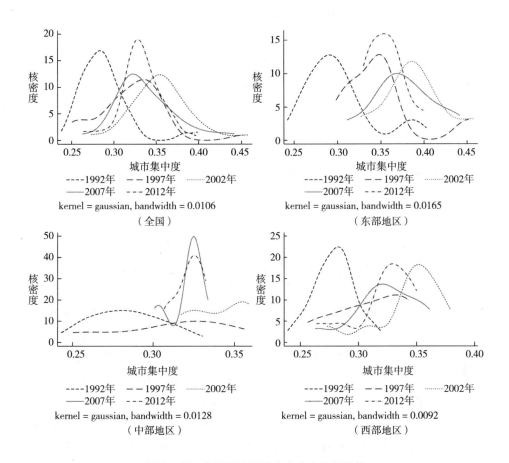

图3－15　全国及地区城市集中度演进趋势

为了更好地观察地区间城市分布情况差异随时间变动的趋势，本书选择1992年、1997年、2002年、2007年、2012年作为研究时点，考察均等时间段内的城市集中度变动情况。图3－15左上图中显示了全国层面城镇体系的集中分布情况及其变化，可以看到，1992～2012年城市集中度的核密度中心呈现出先向右后向左移动的趋势，其中1992～1997年移动幅度最大，说明这一时期我国的城市集中指数迅速提高，2002～2007年城市集中度有所回落，但此后一段时间城市人口再度向大城市集中，证明近年来城市人口的规模分布情况波动较大。另外，不同时间段内，核密度曲线的形状和扁平程度也不尽相同，其中 1997～2007 年省份间城市集中度差异较小，表现为核密度曲线相对平坦，而研究时段初期和末期，核密度曲线变得格外陡峭，意味着近年来我国地区间城市规模分布情况存在显著差异，仅依靠全国城镇体系规模分布情况难以准确辨识不同地区的实际发展。

图 3－15 右上、左下、右下图分别对应东、中、西三大地区在 1992～2012 年的城市集中度核密度分布情况，最为明显的一点即我国地区城市规模分布差异较大，并且随时间变化趋势并不一致。具体而言，东部地区对应核密度曲线整体较为陡峭，在研究时间段内核密度峰值变化趋势与全国较为相似，城市集中度在经过十年增长后开始逐渐下调，1992 年、1997 年呈现两个波峰，体现区域内部可能存在多极化、差异化发展的现象，但到后十年基本稳定在一个波峰。中部地区城市集中度在不同年份核密度分布波动剧烈，其中，1992～1997 年核密度曲线极为平坦，表明整个中部地区城镇体系分布情况较为相似，并且这一阶段城市集中度相对较低，各城市规模没有拉开差距；不过，这一情形在 2007 年前后发生了明显的变化，核密度曲线变得陡峭，省份间差异扩大。最后，不同于东部、中部地区，西部地区城市集中度近年来仍在增长。也就是说，大城市规模扩张更快，城市之间的规模差距在不断拉大的过程中，这一趋势与西部地区近年来逐步加快的经济增长步伐相吻合。换句话说，大城市的增长是带动区域经济发展的最重要驱动力之一，一定时期内城市发展差距的拉大是提高效率的必由之路。在西部地区现有条件下，积极整合资源、促进集聚经济发挥作用，是拉动相对落后区域经济增长率，进而推进区域间协调发展的重要手段。总体而言，全国城镇规模差异在 1992 年市场化后逐步拉大，但近年来出现缩小趋势；不同地区之间城市集中度差异较大，其中东部地区与全国发展趋势最为相似，中部地区在经历过一段时间的整体平稳发展后，于 21 世纪末期区域内开始出现差异化发展和波动，西部地区城市集中指数仍在波动中提高。

三、城市分布的空间联系

根据上述分析可以得出的基本结论是，20 年来我国城市灯光总亮度明显提升，灯光高亮集聚区代表的城市群数量有所增加，城市分布重心由东向西移动的同时，城市集中程度在经历一段时期的上升后开始回落，但地区之间的差异仍然较为明显。可以看到，尽管灯光集聚情况相比 20 年前有所分散，但"胡焕庸线"

东南侧灯光亮度及密度仍显著高于西北部地区，且以京津冀、长三角、珠三角为代表的三大成熟城市群，以及部分新兴城市群如山东半岛、关中地区、长江中游、成渝、海峡西岸等区域对应的灯光灰度值与投影范围明显高于其他地区。那么，这种以灯光集聚为表象的城市集聚分布，是否代表着城市之间存在密切的空间联系？这种空间联系是否会影响城市人口的流动和城市资源的配置？这是本节想要重点考察的问题。考虑到城市的空间联系更多地存在于地理位置较为邻近、经济来往相对频繁的城市之间，本节主要基于几大代表性城市群体系的空间联系展开讨论，不再局限于省级行政区划界线。

在比较分析典型城市群规模分布情况之前，首先计算 2013 年全国 288 个地级市灯光总量和灯光密度。在此基础上，通过全局自相关 Moran's I 统计量检验城市灯光亮度与灯光总量是否存在显著的空间自相关特征，ArcGIS 提供的空间自相关报表如图 3 – 16 所示。

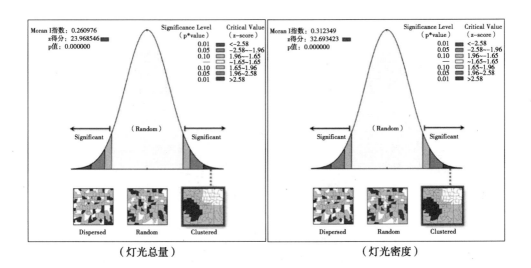

图 3 – 16 空间自相关报表

由图 3 – 16 左图可见，灯光总量分布对应的全局 Moran's I 指数等于 0.26，z 得分为 23.97，即随机产生该聚类模式的可能性小于 1%，存在显著的空间自相关特征。与之类似，全局 Moran's I 统计量检验结果显示，采用灯光总量/城市土地面积计算得出的灯光密度分布之间同样存在显著的空间相关性，对应的 Moran's I 结果和 z 得分分别为 0.31 和 32.69，分布模式显著区别于随机分布和离散分布。也就是说，城市灯光总量、灯光密度之间呈现高—高、低—低聚集的空间接近性和相关性，那么以灯光亮度表征的城市规模之间必然也存在显著的空间相关关系，而且这种关系在去除行政区土地面积影响后表现得更为明显。不过，考虑到此处采用的是市级行政区对应的土地面积而非城市建成区或城市建设用地面积，得出的结果与实际情况可能存在出入。为了更准确地衡量城市规模空间分布的相关关系，我们选择京津冀、长三角、珠三角这三大起步最早、发展最快、容纳人口规模最大的城市群作为典型案例，对比研究城市体系中不同规模城市之间的空间联系和演化情况。

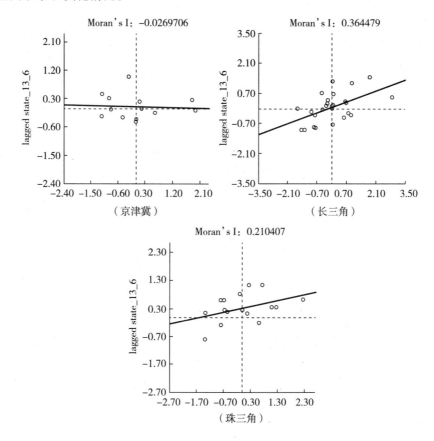

图 3 - 17　2013 年城市群灯光总量 Moran's I 散点图

图 3 - 17 为 2013 年京津冀、长三角、珠三角城市群灯光总量地理分布的空间自相关 Moran's I 计算结果和散点图，结果表明，京津冀城市体系规模分布和集聚情况显著不同于长三角城市群、珠三角城市群。其中，长三角、珠三角两大城市群表现出显著的空间正向相关关系，即灯光总量较高、人口规模较大的城市

趋向于形成集群，而灯光总量较低、人口规模偏少的城市在空间分布上较为集中，对应 Moran's I 统计值分别为 0.364 和 0.210。相较之下，京津冀城市群对应的 Moran's I 统计量结果为 -0.027，并且空间相关关系显著性不高。也就是说，京津冀城市群尚未形成有效的空间集聚，目前呈现出的仍是落后地区包围发达地区的中心—外围分布模式。

为进一步测度城市体系中局部空间结构特征及变动，需要进行城市规模的空间关联局域指标 LISA（Local indicators of Spatial association）分析，用以更准确地反映城市群内部的空间依赖关系或空间分异特征。图 3-18 和图 3-19 分别为 2013 年三大城市群基于局部 Moran's I 散点图得出的城市空间集聚地图和显著性地图，对比可以发现三大城市群灯光总量空间分布的局域特征和显著差异。

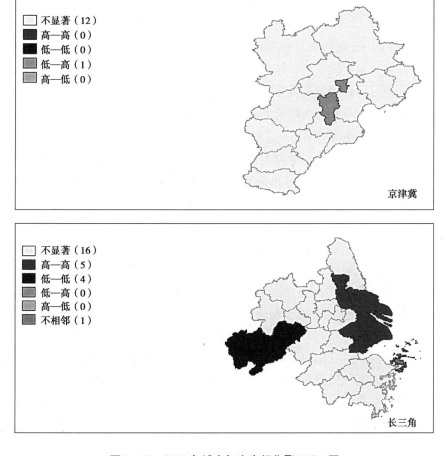

图 3-18　2013 年城市灯光空间集聚 LISA 图

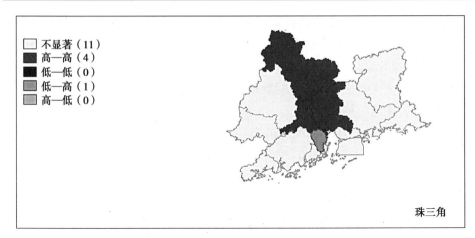

图 3 –18 2013 年城市灯光空间集聚 LISA 图（续图）

正如 Moran's I 指数结果显示的，京津冀区域内直至 2013 年仍未形成明显的城市集聚态势，根据图 3 –18 结果可看出，北京、天津与周边地区相关关系为低—高聚类，而且这种聚类的显著性较低，也就是该区域内相邻城市灯光总量落差较大，相应地城市灯光分布缺乏空间联系，城市人口大量集中于单个城市，未能形成发育完善的连绵城市群。

相反地，长三角、珠三角地区均已形成较为成熟的、具备一定规模的城市连绵区，在该区域范围内多个城市灯光总量相近，相应地，人口规模分布相对均匀，城市集中度较低。

具体而言，长三角、珠三角内部的城市集聚模式又有所区别，长三角东部几大城市，包括上海、苏州、嘉兴、南通、泰州等地空间结构和空间范围基本稳定，城市群内部各城市空间联系紧密，大致呈现平行增长态势，已进入都市连绵化阶段；但长三角西部、安徽境内部分城市灯光亮度明显下降，并且形成一个低—低聚类，具体包括安庆、池州、铜陵和芜湖等地。可以看到地理上的"隔离"对于城市发展确实存在显著影响，长三角区域范围内的"东高西低"态势在一定程度上反映了我国内陆城市较之于沿海城市发展较慢的基本形态，但是与京津冀城市群明显不同的是，长三角城市体系内部存在显著的"溢出效应"，相邻城市的规模变化呈正相关关系。

最后，根据图 3 –18、图 3 –22 的结果来看，珠三角城市群目前的发展态势最为乐观，以广州市为核心，加上东莞、佛山、清远三市，灯光总量整体较高，城市体系规模扩张速度稳健。相对而言，中山市城市灯光亮度不足，当然这一结

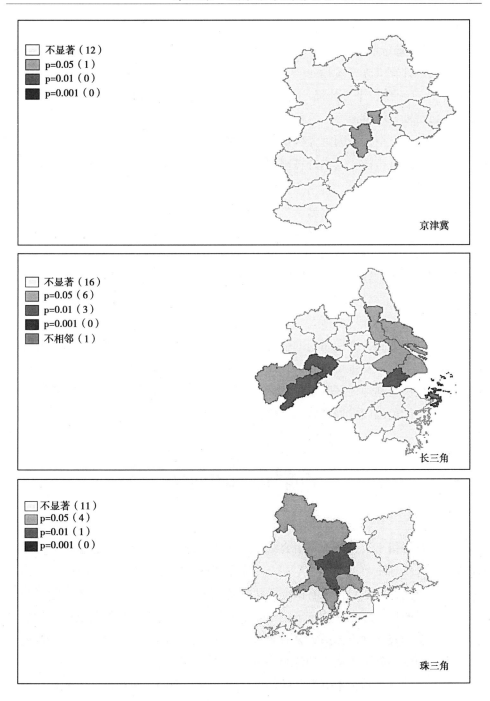

图 3-19　2013 年城市灯光空间集聚显著性 LISA 图

果很大程度上可能是中山市行政区面积较小所致。提取原始数据计算可得，中山市 2013 年灯光总量为 84648，远远低于广州市的灯光总量 237250，但按照行政区面积调整计算灯光密度后可得，中山市灯光密度为 47.457 单位平方公里，广州市为 31.914 单位平方公里，对比之下中山市城市规模总量虽较小，但容纳的城市人口密度并不低。

总体而言，根据夜间灯光数据衡量的城市规模分布关系可以看出，尽管同样是发展较快的城市群，其内部城市规模分布情况和空间联系却存在很大差异。就本书目前涉及的京津冀、长三角、珠三角三大城市群而言，京津冀内部城市规模落差较大，北京、天津两极更多地表现为吸引人口流入，而非向周边地区输送资源，导致城市集中度较高。相反地，长三角东部业已形成相对成熟的连绵城市区，城市人口规模分布较为均匀，并且呈现出平行发展趋势；但由于地理条件、空间距离、发展阶段等因素的影响，安徽境内几个规模较小的城市出现"抱团取暖"的情况，长三角东西部地区之间尚未形成稳定的空间联系，"距离衰减效应"在这里体现得颇为明显。相较之下，珠三角城市群在两大核心城市——广州、深圳的带动和香港、澳门的辐射下发展趋势向好，城市体系内部灯光整体亮度较高。由上文分析也可以看到，珠三角地区可以说是我国起步最早的城市群，目前核心城市与周边地区联系紧密，扩散效应显著，区域范围内城市发展落差不大，可谓全国范围内发展现状和演化趋势较为理想的城市体系样本。

第四节　本章小结

本章开篇指出，造成现有研究结果不一致性的主要原因有两个方面：一是区域范围的选择和城市规模的确定；二是衡量指标的构建。本章的前两节就重点解决以上两点问题，在对比现有研究方法的基础上，提出运用灯光数据衡量城市规模和集中度的优势所在。第三节是结合空间统计方法对灯光数据的实际应用，主要目的是明确我国城市体系的分布现状和演化历程，同时对不同城市群之间的城市规模分布差异有一个初步的认知。

第一节中首先指出本书涉及的四种区域范围：全国、东中西三大地区、城市群和省级区域，并对不同区域边界做出了明确规定，合并处理部分不符合研究要求的区域。此外，第一节分析认为，现有研究中采用的城市人口规模衡量方式存在一定问题，通过对比四个直辖市的城市规模统计口径证实了上述假设成立，由此引出在长时间序列的动态研究中应用灯光数据衡量城市规模可能更为准确、连贯。

第二节的主要内容是探讨城市集中度的衡量方法，主要包括单一指标法、综合指标法和基于灯光数据构建的指标法三种。其中，单一指标法应用最为广泛，但是各自存在一些不足；综合指标法尽管克服了单一指标法的大部分缺陷，同时创新性地突破了城市行政边界的束缚，但是在数据获取和推广应用方面仍然相当受限。此外，依据综合指标计算得到的城市集中度难以进一步与其他经济社会综合数据相结合进行研究，这也是该种方法的弊端之一。相较之下，通过灯光数据衡量城市集中度就较好地结合了上述两种方法的优势，规避了统计口径变化和行政区界限制的不足。

为谨慎起见，在构建指标之前，先后采用典型案例对比和实证检验两种方式，考察灯光亮度是否能够真实体现城市人口的分布情况。检验结果显示，全国的城市灯光亮度值与人口分布和城市建设情况存在显著的相关关系，所有检验系数结果均在 0.895 以上，且满足 1% 的显著性水平。分地区和省级回归结果显示，灯光数据与除城市建设用地面积以外的城市人口分布相关变量显著正相关，因此灯光数据结果较适宜用于城市人口规模和分布相关的进一步研究。

在此基础上，本书提出了两种基于灯光数据的城市集中度指标的构建方法 GINI 和 CONCEN，并计算得出不同区域范围对应的城市人口分布集中度指数。对比全国城市的 GINI 和 CONCEN 指数发现，两者的波动方式十分相近，只是在绝对数值上存在些许差异，说明两种算法均能较好地反映城市规模分布情况。最后，对比灯光分布与灯光密度数据可知，城市集中度与城市人口密度完全是两个概念，城市人口密度在不断上升的同时，城市集中的情况已经在近些年有所缓解。

第三节是通过灯光数据反映城市集中空间特征的实际应用，也就是对城市规模分布结构现状的一个考察。通过应用核密度估计、标准椭圆分析、探索性空间数据分析等空间统计方法，本书发现 1992～2012 年，我国的夜间灯光在总体数量、分布密度、覆盖范围、集中程度等诸多方面都出现了显著变化，主要体现在以下四个方面：第一，灯光亮区范围明显扩大；第二，灯光集聚区数量增加；第三，灯光分布重心西移；第四，灯光集中度存在地区差异。

此外，根据城市规模空间联系的 Moran's I 统计检验结果和局域指标 LISA 分析可知，不同城市群内部的城市空间联系方式存在显著差异，对比京津冀、长三角、珠三角三大城市群发现，京津冀内部城市规模落差较大，北京、天津与周边地区相关关系为低—高聚类，而且这种聚类的显著性较低。相反地，长三角东部业已形成相对成熟的连绵城市区，城市人口规模分布较为均匀，并且呈现出平行发展趋势；但长三角东西部地区之间尚未形成稳定的空间联系，西部安徽境内城市间形成低—低聚类。相较之下，珠三角城市群中核心城市与周边地区联系紧密，灯光总量整体较高，城市体系规模扩张速度稳健，发展趋势向好。

第四章 城市集中的差异化发展
历程与演化趋势

正如沈体雁、劳昕（2012）指出的，中国城镇体系的发展同时受到市场力量和政治力量的支配，尤其是在1992年市场经济体制的地位得到明确和巩固之前，政策措施的作用对于城市的发展有着至关重要的影响。但是，近年来也有研究发现，随着户籍政策逐步放宽、改革力度不断深化，中国的城镇规模分布情况开始呈现出一定的规律性（苗洪亮，2014）。也就是说，市场机制作用下城市之间可能存在一个最优资源配置方式，这种配置对于区域发展而言最为有利。第三章重点分析了区域和城市范围的界定、城市集中度的衡量方式，以及不同区域层面的城市规模空间分布与联系，相当于是对城市集中的现状分析，同时融入了空间的概念。那么本章即在此基础上回顾城市集中度的差异化发展历程，结合城市发展战略、城市规模控制措施等制度因素与城市规模分布的实际演化过程，探寻政策措施的直接影响和间接影响，为下文的实证分析奠定基础。回首来路之余，本章通过检验两个与城市集中密切相关的重要"法则"，即"齐普夫法则"和"倒U形规律"，实现对于未来城镇体系发展趋势和人口、要素配置趋势的简单预测，姑且视作展望未来。

第一节 城市发展战略的演变

中国的城市化体系与发展历程不同于其他国家，由于我国在改革开放前实行的是计划经济体制，城市的发展也相应受到了政府的控制，并在一定程度上存在扭曲。政府干预如何影响城市发展一向是城市经济学家关注的热点问题，已有不少研究证实政策干预下的城市化进程显著区别于市场经济主导的城市形成机制（Gu，Kesteloot，Cook，2015；Liu，Su，Jiang，2015；Ma，Timberlake，2013；Yeh，Yang，Wang，2015）。就城镇化和城市体系发展而言，1949年以来，我国经历了两次意义深远的改革，一为1978年的改革开放，二为2001年的户籍制度改革，前者大幅推进了对外贸易并催生了社会主义市场经济体制，后者则放松了长久以来的人口流动性约束。以两次重要的制度改革为界，我国的城市规模分布也发生了根本性的变化。

一、城市发展战略的阶段划分

以两次重要的改革为界，中国的城市发展战略调整大致可以划分为三个阶段：第一阶段是中华人民共和国成立后改革开放前的近30年，这期间城市化辅助工业化发展的特征较为突出；第二阶段是改革开放初期到20世纪90年代末，主要的发展战略为"严格控制大城市规模，鼓励和发展中小城市"；第三阶段是21世纪初至今的20年，以2001年提出的"大中小城市和小城镇协调发展"新政策为开端，强调尊重城市客观发展规律，同时要求发展过程中"以人为本"的新型城镇化战略。

（一）第一阶段："反城镇化"时期（1949～1977年）

中华人民共和国成立后，我国走的是优先发展重工业的工业化道路，在区域经济发展上遵循的是均衡发展战略。始于1953年的大规模工业化建设使大批农民流入城市，在此背景下，这一阶段重点进行了城市规划建设。在1954年6月召开的全国第一次城市建设会议上，首次提出"城市建设必须贯彻国家过渡时期的总路线、总任务，为国家社会主义工业化、为生产、为劳动人民服务，采取与工业建设相适应的重点建设、稳步前进的发展方针"（房维中等，1984）。在这一方针的指导下明确划分了四类城市，并规定：对141项重要工业项目所在地的工业城市，重点进行建设，如北京、太原、兰州；对大型工业项目不多的城市，进行必要的改建或扩建，包括鞍山、沈阳、长春等；对只有小型工业或地方工业的城市，如上海、天津等，在经济条件许可的情况下进行局部改扩建；对一般中小城市，不建设只维修①。可见，限于当时的资源条件，这一阶段采取的是牺牲城市化发展工业化的策略。

1949～1957年，一方面，城市数量有所增加，据统计，50万人口以下的城

---

① 资料来源：周文．城市集中度对经济发展的影响研究［M］．北京：中国人民大学出版社，2016.

市由 1949 年的 98 个增加到了 1957 年的 140 个[①]；另一方面，城市空间布局有所均衡，中西部地区兴起了一批工业城市，如兰州、西安、包头、太原、郑州、成都、乌鲁木齐等。这一阶段的城镇化率也由 1949 年的 10.6% 增长到了 1957 年的 15.4%[②]。

然而，1961 年 6 月《中央工作会议关于减少城镇人口和压缩城镇粮食销量的九条办法》出台，并提出精减城镇职工的要求。1962 年 10 月，第一次全国城市工作会议结束后，中共中央、国务院下发了《关于当前城市工作若干问题的指示》，根据中央要求，在 1960 年底 1.29 亿城镇人口的基础上，1961 年城镇人口要至少减少 1000 万人，1962 年城镇人口要至少减少 800 万人，3 年内必须比 1960 年底减少 2000 万人以上，"精兵简政"和保持城乡人口比例的发展原则直接导致了 1961～1962 年城镇化率的陡然下降。

直到 1963 年 7 月，中央决定基本结束精减城镇职工的工作；同年 10 月下发的《第二次城市工作会议纪要》中强调"全国大中城市是现代工业的基地，也是商业和文化教育等事业最集中的地方"。此外，从工业生产、商业服务、城郊农业发展、房屋和市政设施建设、劳动力就业、职业教育和城市管理等多个角度，明确了城市工作的主要任务和内容，在一定程度上有利于推进城市发展。

但是，"反城镇化"的基本思路并没有发生变化，"继续严格控制城市人口。在今后相当长的时间内，城市一般不要从农村招工。来自农村的职工及其家属，凡是能够回乡的，应当继续动员他们回乡。居住在农村的职工家属，应当说服他们不要迁入城市，同时，在户口管理上，严格加以限制"。经过这一时期的调整，1961～1963 年全国城镇人口减少了 2600 万，城市数量从 208 个降至 174 个，城市化率也由 19.29% 回落至 16.84%，此后中国的城市发展一度陷入停滞状态[③]。

（二）第二阶段："控大城市"时期（1978～2000 年）

1978 年第三次全国城市工作会议的召开，以及《关于加强城市建设工作的通知》，为"反城镇化"时期画上了句号。该通知中指出，"我国城市建设进入了新的发展阶段……随着改革、开放和城乡经济的迅速发展，城镇数量大幅度增加"，明确定义城市为"经济、政治、科学、技术、文化、教育的中心，在社会

---

① 资料来源：陆大道.2006 中国区域发展报告：城镇化进程及空间扩张［M］.北京：商务印书馆，2007.

② 资料来源：Fang L, Li P, Song S. China's development policies and city size distribution: An analysis based on Zipf's law［J］. Urban Studies, 2016：0042098016653334.

③ 资料来源：载 http://www.ciudsrc.com/new_ xinwen/2015zhuanti/zhongyang/2016 – 01 –24/97121. html。

主义现代化建设中起着主导作用"，体现了中央对于城市建设重要意义的清晰认识和对城市发展重视程度的显著提高。此次会议提出以下三点原则：其一，控制大城市规模，多搞小城镇建设，对百万以上人口的特大城市，不再扩大人口规模和用地规模，同时也要防止大中城市的进一步扩张。其二，抓好城市规划工作。直辖市、省会城市及 50 万人口以上城市的总体规划需报国务院审批。其三，加快住宅及市政公用设施建设。

在 1980 年 10 月召开的全国城市规划工作会议上，提出了"控制大城市规模，合理发展中等城市，积极发展小城市"的城市发展方针。据此规定：大城市和特大城市原则上不再安排新建大众型工业项目；中等城市有选择地安排一些工业项目，不要发展成为新的大城市；小城市和卫星城的规模一般以一二十万人口为宜，新建项目优先在设市建制的小城市和资源、地理、交通、协作条件好的小城镇选厂定点。同时，这次会议为 1989 年《中华人民共和国城市规划法》的诞生奠定了基础。

由于对中小城市和小城镇发展网开一面，并得益于市场的开放和人口流动限制放松，这一时期迎来了城镇化的加速发展。统计数据显示，第三次全国城市工作会议召开后，中国的城镇化进程取得了显著成就，其中最突出的表现包括城镇化速度的不断加快和城市行政区的快速扩张。1978 年，我国城镇人口仅 1.72 亿，城镇化率为 17.92%；到 1995 年，城市人口占总人口比例达到 29.04%；城镇化率在这 20 年间提高了约 15 个百分点，1998 年达到 33.3%[①]，年均增长速度约为 1.5%。但是，相较于中小城市的成长，大城市的扩张受到约束，体现为数量偏少、发展滞后。据调查，20 世纪 90 年代约有一半的城镇人口居住在小城镇（辜胜阻、李永周，2000），1978～1998 年中小城市规模扩张超过 200%，但同一时期大城市规模平均仅扩大 58%，远远落后于中小规模城市的增长速度。

撤县设市以及新的设市标准推行后，城市数量尤其是中小城市数量出现急剧增加。1986 年我国城市数量为 353 个，1995 年增加至 640 个，平均每年增加 32 个城市，其中 1988 年、1993 年、1994 年新增城市数量都在 50 个以上[②]。直到 1997 年，决策层认为原有的设市标准过低，已经不能满足调控目标并发挥指导作用，撤县设市模式才逐渐落下帷幕。

---

① 资料来源：王小鲁. 中国城市化路径与城市规模的经济学分析 [J]. 经济研究，2010 (10)：20-32.

② 资料来源：周文. 城市集中度对经济发展的影响研究 [M]. 北京：中国人民大学出版社，2016.

（三）第三阶段："协调发展"时期（2001年至今）

20世纪90年代末期，我国的城市发展战略再次出现重要调整。《中华人民共和国经济和社会发展第十个五年计划纲要》中提出"有重点地发展小城镇，积极发展中小城市，完善区域性中心城市功能，发挥大城市的辐射带动作用，引导城镇密集区有序发展"，此后，在各类政府报告中，限制大城市的语句逐渐消失，取而代之的是"促进大、中、小城市协调发展"。此外，大城市的户籍政策开始有所松动，极大地促进了农村劳动力向大城市，尤其是东部大城市集聚（唐为，2016）。这一时期的一个重要特点是大中型城市的数量和人口增长都显著加快了，其中发展突出的是200万人以上的更大规模城市。2000～2010年，全国城镇人口迅速由4.59亿增加到将近7亿，伴随着城镇化率提升至49.95%。随后，2011年我国城镇化率首次突破50%，真正意义上进入城市型社会。

图4-1较为直观地展现了1949年以来我国的城市体系构成和演进情况，很明显地，改革开放以前城市数量总体偏少，除中等规模城市有略微增长外，大城市和小城镇数量在30年间几乎没有发生显著变化。但是这一格局在1980年前后被打破，城市规模和数量均出现了"跃进式"增长，其中尤以小城镇的发展最引人注目。同一时期，集聚经济引导下超大城市和特大城市开始次第出现。这种趋势持续到20世纪90年代后半段，此时小城镇数量出现明显缩水，代之以中等规模城市和大城市的显著增长。当然，图4-1中使用非农人口衡量城市规模，一定程度上会低估大城市及以上层级城市的实际数量，因此事实上近年来我国的大城市应该在数量和规模上都取得了长足的进步。

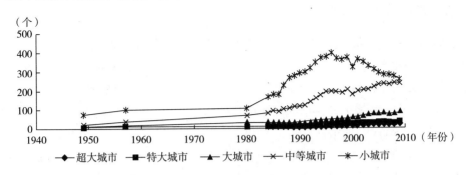

图4-1　1949～2009年中国不同等级城市数量

注：图中城市规模根据城市非农人口数据界定，由于统计口径调整，官方不再提供2009年以后的非农人口数据。

资料来源：Fang L, Li P, Song S. China's development policies and city size distribution: An analysis based on Zipf's law [J]. Urban Studies, 2016.

此外，近年来大城市的迅速扩张也可从行政区划的调整中看出端倪。"县改市"被冻结后，我国行政区划的重点开始转向了大中城市空间范围的扩张，县（市、镇）改区迅速成为行政区划调整的主导类型。2012～2015年，县改区分别占据县级及以上行政区划调整总量的35%、42%、67%和57%（赵聚军，2012）。总体而言，1975～2008年，全国市辖区数量由415个增加到了856个。不同于县和县级市，市辖区是城市开展经济活动的主要区域，县改区的模式一方面能够通过快速的经济融合促进规模经济发挥效应，吸引更多的外来人口；另一方面反映了部分超大城市中心城区容纳的产业和人口规模已经超出其原有市辖区范围，因此在目前行政边界调整较为困难的情况下退而求其次，通过县改区的方式来缓解发展空间不足的问题。

2005年，党的十六届五中全会确定了"坚持大中小城市和小城镇协调发展，提高城镇综合承载能力，按照循序渐进、节约土地、集约发展、合理布局的原则，积极稳妥地推进城镇化"的城镇化战略。2014年颁布的《国家新型城镇化规划（2014－2020年）》进一步明确指出"要优化城镇规模结构，增强中心城市辐射带动功能，加快发展中小城市，有重点地发展小城镇，促进大中小城市和小城镇协调发展"。这些政策的出台意味着城镇化工作已经从原有的较为粗放的、"一刀切"的模式向精细化、"因地制宜"的方向转变，同时城市规模布局和空间结构的合理化也开始逐渐受到关注，这种政策导向的变化也从侧面证明了本书的研究重点——城市集中问题在未来城市规划和建设工作中具备的重要意义。

二、城市规模控制措施的实施

尽管改革开放以来，外向型经济和市场体制的需求大幅推动城镇化进程，城镇化率由1978年的17.9%以几何级数式增长方式升至2015年的56.1%，年均增长率达到2.13%，城市规模、数量和空间分布也发生了显著变化。但在此过程中，对于大城市的规模控制措施却始终保持相对稳定，从《全国城市规划工作会议纪要》（1980）、《城市规划法》（1989）到《国家新型城镇化规划》（2014），"控制大城市发展"是一贯的政策基调（邓智团、樊豪斌，2016），相应地，"重点发展中小城市"是长期以来我国城镇化的发展战略。

但是，学术界对于以何种城市类型作为城市发展的战略重点并没有达成一致意见（顾朝林，1999；董维、蔡之兵，2016）。支持大城市应该作为城镇化和城市发展战略重点的学者认为，集聚程度较高的城市体系不仅能够保障经济发展，同时有助于居民生活水平的提高（蔡继明、周炳林，2002；蔡之兵、张可云，

2015)。然而，与之相对应的是部分学者认为大城市发展既不利于区域均衡发展，同时城市无序扩张难以控制，最终使城市发展质量难以保证，最典型的代表如费孝通（1984a，1984b，1996）在20世纪中后期发表的一系列关于"小城镇发展道路"的研究，引领"以小城镇为主的分散式发展道路"成为理论界与决策层的主流思潮。

实际上，在当前我国城镇化进程及城市发展过程中，部分大城市出现了包括交通拥堵、资源短缺、环境污染等严重的"城市病"现象也很好地证明了侧重发展大城市战略的弊病。中小城市由于规模较小、可塑性强，在城市规划与建设、产业活动空间布局及与环境资源的和谐发展方面更容易实现，同时其建设成本相对较低，从当前发展实践看确实更容易推进（胡同恭，2000；肖金成，2009）。以上两点既是我国注重走发展中小城市战略的原因，也是长期以来控制大城市规模的依据，但是根据实践经验看，城市规模控制措施并没有真正生效，尤其是21世纪初城市发展战略调整后，城市人口的流动越发向着"两极化、非均衡"的方向演化，与此同时不少研究认为我国的超大城市过度拥挤，特大城市和大城市数量、规模不足，中小城市发展进程缓慢，以上都是政策制定者需要反思和警惕的问题。本节一方面选择典型案例对城市规模控制措施做一简要回顾，另一方面结合城市发展实际情况检验政策实施效果。

城市外来人口根据来源可以划分为两个部分：一为农村人口；二为其他城市人口。特定城市在实施人口控制措施时往往不会对两类流入人口"区别对待"，但正如上文中提到的，城市发展战略的变化可能会对两种类型人口的流动模式造成影响。在计划经济时期，以户籍制度为核心连同多项制度组成的多层次的人口迁移控制系统筑起了城乡之间的壁垒，基本上不允许大规模的农村人口进入城市（张力，2006）；经济体制改革之后，国家对城乡人口迁移的控制能力大大减弱，但"严控大城市规模"的政策基调无疑阻碍了城市之间人口的自由流动，进而对城市规模分布体系的演化产生干扰。因此，本书将改革开放作为临界点，将城市人口规模控制措施的实施分为前后两个阶段，并分别选择上海和北京作为研究对象分析政策效果差异及其背后的原因。

（一）改革开放前的城市规模控制

计划经济时期，我国处于优先实现工业化的战略需要，一方面以"工农业剪刀差"强制性地将农业资源转向工业，另一方面通过各种财政补贴最大限度地确保工业和城市居民的利益。为了最大限度地满足工业化的投资需求，国家必须严格限制农民自由流入城市就业和居住。因此，这一阶段国家的城市规模控制重点是限制城乡人口迁移。

这一时期，国家对城乡人口迁移的绝对控制保障了政策的有效性。资料显示，1950～2000年，农村向城镇的净迁入人数年平均为510万人，51年累计净增长约为2.6亿人，其中实施经济体制改革后的1983～2000年城镇净迁入人数为1.9亿人，占中华人民共和国成立后城镇净迁入人口总数的73%（Chan and Hu，2003）。但是有效的政策不等同于有益的政策，以上海市1949～1976年动员人口外迁为例，牺牲城市规模扩张尽管在特定时期内为工业化发展节约了资金，但最终城市基础建设投入的欠缺会对后续城市发展进程造成阻碍。

张坤（2015）详细梳理了中华人民共和国成立到改革开放这一时期内，上海市政府动员城市人口外迁的时代背景和政策措施。现有统计资料显示，1949～1976年上海地区生产总值由20.28亿元增长到208.12亿元，增长了近10倍；与此同时，城镇化率却由66.6%降至56.2%①。这一时期，上海市共计迁入4912295人，迁出6318121人，净迁出1405826人，而这一时间段内上海市区人口规模高峰为1965年，达到643万人。也就是说，政府动员人口外迁的总规模与当时的上海市区人口数量大致相当②。相比同期的北京、天津、武汉、广州等城市，上海的城市规模控制力度是最大的。

上海市减少城市人口的实践始于中华人民共和国成立初期，持续至今仍然有较强的影响力，但是通过考察城市规模总量控制措施的实施过程可以发现，在政府缺乏总体规划和强制手段时，大城市倾向于吸纳外来人口，如1949～1954年，上海市区人口由419万人快速增加到567万人③。但此后随着政策收紧，城市人口规划更加侧重于总量控制目标的实现，加之政治运动和战争威胁等外在因素的影响，1968～1976年，上海市区人口总量由633.7万人一路下跌至551.9万人。由此可见，计划经济时期，国家和政府对于城市规模和城乡人口迁移拥有绝对控制权，城市化发展服务于工业生产，城市体系的规模分布无法真正体现资源配置结果。

（二）改革开放后的城市规模控制

"控制大城市规模，发展中小城市"一贯是我国的城镇化战略重点和方向，但在改革开放后，尤其是明确了市场经济体制的主导地位后，国家控制城乡人口

---

① 资料来源：新中国六十年统计资料汇编［M］．北京：中国统计出版社，2010.

谢玲丽．上海人口发展60年［M］．上海：上海人民出版社，2010.

② 资料来源：张坤．1949～1976年上海市动员人口外迁与城市规模控制［J］．当代中国史研究，2015（3）：40-52.

③ 上海市公安局户政处．上海人口资料汇编：1949-1984［M］．（出版者不详），1984.

迁移的能力明显大打折扣。城市发展的实践表明，由于我国大城市对推动地区快速城镇化和经济的发展具有举足轻重的作用，加之大城市本身对人口、产业巨大的吸引力，将控制大城市的规模与合理发展完全对立起来的政策，并不能有效阻止大城市人口和空间规模进一步扩大（于群、张智文，1991）。

回顾我国首都——北京的城市规模发展历程，更是清楚明确地反映了规划前瞻性和政策有效性的缺失。改革开放以来，北京市共制定过三次城市总体规划，但三次规划的人口规模指标都在实施的第4~5年即被突破（董光器，2010）。很容易发现，北京的城市规划在预判城市人口规模方面几乎完全没有准确过，同时各项控制措施也未能发挥应有的效果，这种错误的预测和判断必然导致城市建设的相对滞后，最后造成北京产生严重的大城市病。

长期以来，中国城市发展方针是以绝对规模为导向的，如计划经济时期的动员外迁政策，尽管达到了控制城市规模的目标，但严重制约了城市经济增长活力；改革开放后实施的"严格控制大城市、积极发展小城市"战略，既没有缓解北京等大城市的膨胀病，又未能有效促进小城市发展（魏守华、周山人、千慧雄，2015）。造成这一现象的根本原因在于城市发展战略与地方政府激励之间的冲突，过去，中国城市走的是一条以片面追求高速度为特征的经济增长道路。虽然国家层面要求"严控大城市规模"，但在经济体制改革后，中央经济管理权力下放，城市政府作为独立利益主体的地位得到了确立和加强。地方自主权增加和利益相对独立化的背景下，当地常住人口数量逐渐成为影响城市财政平衡的重要因素（张力，2006）。因此，控制城市规模已经不应该也不能够成为城市发展政策制定的依据。

目前，随着中国城市化的推进逐步深入，调整地方政府行为导向、改善城市规划与管理方式、优化城市体系结构、促进大中小城市协调发展越来越成为国家城镇化战略的重点。党的十八大报告明确提出，要"构建科学合理的城市化格局"，这一变化也表明，经过五十余年的探索和实践，中央政府也逐渐意识到城市发展一方面需要尊重客观市场规律，另一方面也要兼顾协调和公平。"新型城镇化"战略中提出的"协调发展"，其实质是"多样化"和"包容性"发展，即各级城市都应走可持续发展的道路，同时又要在发展中不断进行调控。无论是大城市还是中小城市，都是构成完整城市体系的重要组成部分，在当前的中国城市背景下，探讨单一城市的最优规模已经不合时宜，考察城市体系的规模分布结构相较而言更具有指导意义。

第二节　城市集中差异化发展历程

由上文的分析可知，计划经济时期，我国的城市发展受制于政策约束，其发展过程并不能体现区域特点和要素流动。因此，城市化进程真正意义上起步于改革开放后，确切地说应该是经济体制改革之后。本节将要探讨的城市体系规模分布结构包含两个方面的内容：一是城市体系中不同等级城市的规模；二是不同层次城市的数量。如图 4-2 所示为根据城市灯光亮度计算的，1993～2013 年每隔5 年的中国地级市城市人口规模概率密度曲线（Epanechnikov Kernel Density Curve），结果粗略但直观地反映了近 20 年来中国地级市人口规模分布的变动特征。

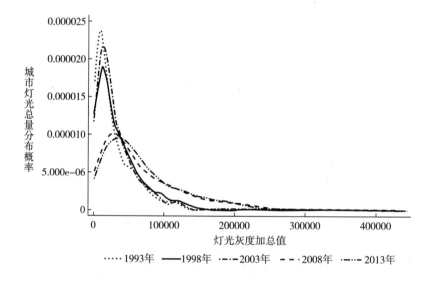

图 4-2　代表年份城市规模分布概率密度曲线

对比不同年份城市规模分布概率密度曲线可见，1993～2003 年，小规模城市占比显著高于其他等级城市；但在 2008～2013 年，概率密度曲线峰值明显下降，同时波峰向右侧移动，说明这一阶段我国小规模城市数量占比有所缩减，同时城市平均规模出现扩张趋势。与之相对应的，2008 年、2013 年灯光亮度加总值超过 300000 的城市数量明显增加，表现为密度曲线的上位部变厚，这一趋势证明我国的大城市发展较快，集聚城市人口的能力也在随时间推移不断增强。另外值得注意的是，相比前 10 年，研究时段后期中等规模城市数量占比也有显著上升，体现在图 4 - 2 中 1993 ~ 2003 年对应概率密度曲线较为陡峭，而 2008 ~ 2013 年对应概率密度曲线相对平坦。这一特征再次印证了我国目前的城市体系表现为"两头小，中间大"的"纺锤形"规模分布模式，与第三章中对比中美两国城市体系的结果相一致。

城市人口规模概率密度曲线虽然能够直观地体现中长期内不同等级城市的数量和规模变动，但仅依靠图表难以进行量化分析，并且在较短时段中城市规模结构的微小变动往往容易被忽略。依据城市规模计算的城市集中度指数能够较好地解决这一问题，并为更进一步地研究奠定基础。由于 NOAA 发布的稳定夜间灯光数据最早只能追溯到 1992 年，那么改革开放以后至 1992 年这一时间段内的城市人口规模就无法通过灯光亮度模拟得到，城市集中度的计算相应地也可能存在误差。不过，结合我国的城市发展战略演变过程可以发现，经济体制改革之前户籍非农人口与常住人口之间的差距并不大。也就是说，在市场经济制度落地生根之后地区间人口流转才开始大规模出现。由此可将城市集中度的计算划分为前后两个时期：1984 ~ 1991 年采用城市市辖区年末总人口数据[1]，1992 ~ 2013 年采用 DMSP/OLS 夜间稳定灯光数据。具体而言，基于城市统计数据计算的城市集中度指数公式如下：

$$CONCEN = \sum_{i=1}^{n} \left| (P_i/P_T) - (S_i/S_T) \right|$$

其中，P_i 表示城市 i 容纳的市辖区人口数量，P_T 对应全国城市市辖区年末总人口数；S_i 表示城市 i 的面积，S_T 代表区域总面积，本书采用城市市辖区行政区域土地面积和建成区面积两种衡量标准分别进行计算并对比结果差异；n 为城市个数，《中国城市统计年鉴》提供了 289 个地级市及以上城市（不包括港澳台及三沙市）1984 ~ 2015 年的市辖区年末总人口数据，因此，这里 $n=289$。

计算结果反映在图 4 - 3 中，对比城市集中度指数的变化和城市规模的分布概率密度函数可以发现，尽管 1993 ~ 2013 年，我国大城市数量明显增加，但城市人口的分布情况并非简单地向大城市集中，而是表现为先集聚后分散。背后的

可能原因包括三点：其一，城镇化率的加速推进和城乡人口迁移的大规模增加，使得城市人口基数显著提升，因此即便大城市规模升级，城市人口分布的结构特征并没有呈现出一味的集中化趋势；其二，中等规模城市迅速崛起，吸引了相当一部分农村进城人口，同时一线城市在发展过程中遭遇的交通拥堵、环境污染等城市病问题致使一部分城市居民选择迁出到规模相对较小的城市；其三，中国作为一个辽阔大国，不同区域所处的发展阶段和城市体系状态差异较大，可能部分区域的中心城市仍处在迅速成长阶段，而另一些区域已经逐步形成连绵城市群，因此在大城市数量不断增加的同时近年来城市集中度仍表现出一个突出的下降趋势。

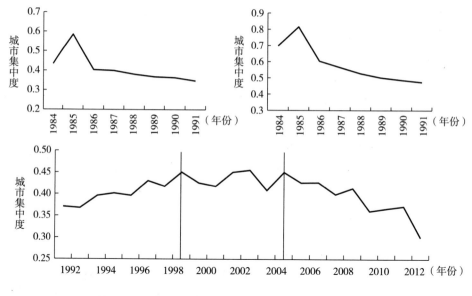

图 4 – 3　中国城市体系集中度指数（1984～2013 年）

注：上左：根据城市市辖区人口及行政区土地面积计算；上右：根据城市市辖区人口及建成区面积计算；下图：根据灯光数据计算。

　　结合不同区域范围内城市集中度的演化历程，可以将城市规模分布的变化划分为四个阶段：城市人口分散分布阶段（1984～1991 年）、城市集中现象显著阶段（1992～1998 年）、城市系统平行增长阶段（1999～2007 年），以及集中与分散化并存阶段（2008～2013 年）。在此基础上，下文中将根据不同区域、不同等级城市的规模和数量变化特征，总结 30 余年来城市集中现象的差异化发展历程。

一、城市人口分散分布阶段

1984～1991 年这一时期，根据统计资料计算得出的城市集中度指数变化表现为明显的下降趋势。虽然这一阶段的统计数据质量不高，存在大量缺失，但是既然根据两种市辖区面积算法得出的结论高度一致，那么应该说这一结果是比较符合实际情况的，即 1985 年之后我国城市人口倾向于分散分布。结合当时的时代背景和政策措施来看，这一阶段我国尽管已经打开了对外贸易的大门，但是在城市发展战略方面仍然坚持"控大放小"的方针，因此这一阶段大城市的扩张速度十分缓慢，城乡人口的流动和转移主要发生在中小城市，全国层面城市系统的规模分布更趋均衡。王放（2000）利用 1984～1995 年的城市人口资料，根据帕累托定律和常数式基尼模型分析了我国城市规模分布，发现这一阶段我国中、小城市的增长速度快于大城市，与本书得到的研究结果十分相似。

另外值得注意的一点是，这一时期虽然在全国层面体现为城市集中度指数的不断下降，但是不同区域之间的城市规模、数量和发展速度存在显著差异。据统计资料显示，改革开放初期，全国城市数量共计 193 个，其中有 69 个位于东部沿海地区，占 35.8%；有 84 个位于中部地区，占 43.5%；有 40 个位于西部地区，占 20.7%[①]。可见，在计划经济时期，中央的调控保证了区域之间城市人口和资源分配的相对均衡。不过这种平衡没有维系太长时间，改革开放政策使东部沿海地区极大地受益，城市数量和规模迅速增长，沿海地区和内陆地区的城市分布差异就此拉开。

表 4-1 中列出了 1978～1996 年我国三大地区的新设城市数量和占比情况。由表可知，这一阶段我国共新设城市 474 个，其中有 230 个分布在东部地区，占新设城市总数的将近一半；相较之下，中部地区新增城市 161 个，占总数的 34%，西部地区则只增加 83 个，占 17.5%[②]。此外，据统计，1984～1996 年，仅东部沿海地区的城市人口的增长速度（5.75%）超过了全国的平均速度（5.43%）[③]。由此可见，随着改革开放中经济发展战略中心由内陆向沿海地区转移，不仅中国的经济结构和地区发展模式发生了翻天覆地的变化，大到沿海和内陆地区之间，小到不同省份之间，城市体系的空间分布格局也开始向着差异化、多样化的方向发展。

---

① 资料来源：王放. 论中国城市规模分布的区域差异［J］. 人口与经济，2001（4）：9-14.
② 资料来源：顾朝林. 中国城镇体系：历史、现状、展望［M］. 北京：商务印书馆，1992.
③ 资料来源：《中国城市统计年鉴》（1985 年、2000 年）。

表 4 - 1   1978 ~ 1996 年中国三大地区新设城市情况

地区	新设城市数量（个）	占新设城市总数比重（%）
东部地区	230	48.5
中部地区	161	34.0
西部地区	83	17.5
合计	474	100.00

注：表中的新设城市不包括在同时期设置后又撤销或撤销后又设置的城市。

资料来源：王放. 论中国城市规模分布的区域差异 [J]. 人口与经济, 2001 (4)：9 - 14.

二、城市集中现象显著阶段

邓小平 1992 年的南方谈话，确立了建立社会主义市场经济体制的基本思想，1993 年党的十四届三中全会中进一步提出中国社会主义市场经济体制的基本框架。随着改革的不断深入，城市规模分布情况也出现了明显的变化，具体表现为大城市规模扩张速度加快，整体城市集中度指数相应显著提高。Song 和 Zhang (2002) 利用 1991 ~ 1998 年的人口资料，对我国城市系统的帕累托定律关系进行回归分析，发现这一时期内我国大城市的增长速度快于中、小城市，市场力量支配下大城市的集聚效应很快发挥作用，在实践中表现为大量农村人口及小城市居民前往"北上广深"，或是其他沿海大城市寻求打工机会，这一阶段大城市非农人口与常住人口数量迅速拉大差距。

余吉祥等（2013）在其研究中回顾了 1982 ~ 1990 年、1990 ~ 2000 年不同等级城市的平均规模增长情况。如表 4 - 2 所示，经济体制改革前，我国大城市及以上规模城市增长速度十分缓慢，尤其是超大城市和特大城市，年均增长率仅为 0.2%，相比之下中小城市规模扩张速度很快，因此这一时期全国城市人口趋向于分散分布，与上文中得出的结论一致。

表 4 - 2   中国各等级城市平均规模与年均增长率

城市规模	1982 年（万人）	1990 年（万人）	增长率（%）	1990 年（万人）	2000 年（万人）	增长率（%）
超大城市	333.9	339.3	0.20	381.2	483.3	2.40
特大城市	126.7	128.7	0.20	134.0	176.9	2.80
大城市	69.7	75.5	1.00	68.2	89.0	2.70

续表

城市规模	1982 年 （万人）	1990 年 （万人）	增长率 （%）	1990 年 （万人）	2000 年 （万人）	增长率 （%）
中等城市	32.0	38.9	2.50	34.2	45.0	2.80
小城市	12.8	19.7	5.50	14.5	23.7	5.00

注：城市等级划分对应标准为大于 200 万、100 万～200 万、50 万～100 万、20 万～50 万、小于 20 万；表中 1982～1990 年城市等级按照 1982 年城市规模划分，1990～2000 年城市等级按照 1990 年城市规模划分。

资料来源：余吉祥，周光霞，段玉彬. 中国城市规模分布的演进趋势研究——基于全国人口普查数据 [J]. 人口与经济，2013（2）：44－52.

对比之下，1990～2000 年，特大、超大城市规模加速增长，增长率分别达到 2.4% 和 2.8%；与此同时，中等城市在这一阶段亦保持较快的扩张速度。进入 20 世纪 90 年代后，人口基数在 50 万～100 万的大城市规模开始加速增长，每年平均扩张 2.7%，不过小城市增长步伐有所放缓，年均增长率下降 0.5 个百分点。到 2000 年，我国超大城市平均规模已经达到 483.3 万人，相比 1990 年增加约 100 万人；其余各级别城市规模均有不同幅度提升，侧面体现了市场经济对于城镇化过程的有力推进作用。

不过，经济体制改革的深化进一步加强了东部省份的沿海区位优势，这一阶段东部、中部、西部三大地区的城市规模分布结构明显具有不同特征。表 4－3 给出了 1996 年三大地区不同等级规模城市的数量占比。

表 4－3　1996 年中国各等级规模城市的地区分布

城市规模	东部地区	中部地区	西部地区	全国
	数量（占比）	数量（占比）	数量（占比）	数量
超大城市	6（54.5%）	2（18.2%）	3（27.3%）	11
特大城市	11（47.8%）	8（34.8%）	4（17.4%）	23
大城市	21（47.7%）	22（50.0%）	1（2.3%）	44
中等城市	90（46.2%）	74（37.9%）	31（15.9%）	195
小城市	170（43.3%）	139（35.4%）	84（21.4%）	393
合计	298（44.7%）	245（36.8%）	123（18.5%）	666

注：表中"占比"指该地区该等级城市数量占全国该等级城市数量比重。

资料来源：笔者在王放（2001）的研究基础上整理得到。

可以看出，到 20 世纪 90 年代后期，我国约有 45% 的城市分布在东部地区，西部地区城市数量总体偏少，相比改革开放初期占比下降 2 个百分点。按照表 4-3 中的城市等级划分标准归类后可以进一步观察到，容纳人口规模最大的城市基本半数以上分布在东部沿海地区，中部地区中等规模城市数量相对较多，而西部地区尽管拥有 3 个超大城市，但较大规模城市和中等城市明显不足。具体到每个地区内部，东部地区城市规模分布结构表现为较高水平的均衡，随着城市等级的下降，城市数量呈金字塔式上升；中部地区城市等级分布相对合理，其中大、中、小城市比例较高，但超大城市、特大城市数量略显不足；西部地区这一阶段的城市发展存在诸多问题，最主要体现在大城市的缺位，导致城市规模结构在特大城市和中等城市之间出现了断层，较大城市和中、小城市之间人口规模差距较大，对应的城市集中度指数偏高。

三、城市系统平行增长阶段

有研究认为，当进入城市发展相对成熟的发达国家阶段后，城市人口规模的增长和分布变化将以均衡增长为主，表现为大、中、小城市的规模增长速度基本一致，即城市规模增长速度与城市规模大小并无直接关系（Eaton and Eckstein，1997；Black and Henderson，1999）。也就是说，当经济发展到一定阶段之后，城市规模体系保持相对稳定，不再出现明显的小城市增长较快或大城市大幅扩张现象。进入 21 世纪以后，随着户籍制度逐渐放开，长期受压抑的大城市发展速度进一步加快，与此同时，小城市在改革开放中依靠原有的发展惯性和靠近人口增长源——农村的便利，仍然保持着一定的发展速度。因此，尽管在 1998 年之后大城市的扩张速度仍然居高不下，但是如果考虑新城市的出现和中等规模城市的增长，这一阶段的城市集中度指数在波动中保持相对稳定（见图 4-4）。

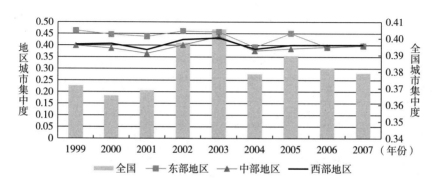

图 4-4　1999~2007 年全国及地区城市集中度指数变化

这种平行增长的趋势在一定程度上反映了我国放弃"控大放小"的发展战略后,在2000年前后重新确立的"协调发展"方针的有效性。余吉祥等(2013)的研究结果显示,2000~2010年,我国不同等级城市规模扩张速度均较快,其中尤以超大城市、中等城市和小城市的增长最为突出,对应年均规模增长率分别为6.3%、6.8%和8.3%。

　　图4-4显示的是1999~2007年根据第三章"密度空间基尼系数"构建的城市集中度指标计算结果,可以看到,全国城市体系集中度在0.36~0.41波动,波动幅度不大,2000~2003年城市集中度有所提高,但2003~2007年集中度指数又有所回落。

　　分区域而言,在21世纪伊始,东部地区城市集中度显著高于中西部地区,说明东部地区尽管分布了较多的城市,但城市之间规模落差相对较大。不过随着时间推移,三大地区之间的城市集中度差异也在逐步缩小,2006年各区域对应的城市集中度指数分别为0.391、0.392和0.400,差距十分微弱。总体来说,这一阶段我国市场经济体制已经逐渐成熟,不同级别城市大体符合平衡增长态势,1999~2004年东部地区城市人口集中程度缓慢下降,到2005年以后基本维持稳定,中西部地区波动不甚明显,但中部地区城市规模分布最为均衡。

四、集中与分散化并存阶段

　　根据上文分析可知,1999~2007年我国全国层面的城市规模分布结构保持在相对稳定的状态,尽管这一阶段大城市规模扩张速度仍较快,但新城市的不断涌现和中小城市人口的增长在一定程度上平衡了这种趋势。近年来,由于超大城市陆续出现严重的交通拥堵、环境污染、资源紧缺等大城市病问题,各级政府高度重视超大城市、特大城市的规模控制。统计数据显示,我国超大城市常住人口规模增长率持续下降,如表4-4所示,北京市2009年的人口规模增长率约为5%,到2015年这一数值已经下滑至0.88%;天津、重庆的城市人口扩张速度也在2011年前后开始走低;上海市的规模控制措施效果最为明显,2015年首次出现负增长,常住人口规模下降0.453%。

表4-4　中国四大直辖市常住人口增长率(2009~2015年)　　　单位:%

	2009	2010	2011	2012	2013	2014	2015
北京	5.025	5.484	2.905	2.476	2.223	1.749	0.883
天津	4.422	5.782	4.311	4.280	4.176	3.057	1.978

续表

	2009	2010	2011	2012	2013	2014	2015
上海	3.223	4.208	1.911	1.406	1.471	0.455	−0.453
重庆	0.704	0.909	1.179	0.891	0.849	0.707	0.869

资料来源：笔者在《中国统计年鉴》（2016）数据基础上整理计算。

当然，超大城市扩张速度的放缓不一定完全是政策因素所致，就长三角地区而言，上海周边城市经济实力的不断增强、公共服务水平的提高，城市之间经济联系和贸易往来的日益密切，以及交通基础设施的便利和快捷程度，都将有助于推动城市人口的分散分布。这种城市集中度的下降正反映了在集聚效应和拥挤效应的权衡作用下，城市体系由单一增长极向多中心、网络化发展的新趋势。不过需要注意的是，经过30余年的差异化发展，现阶段我国不同区域之间城市规模分布结构显著不同，一方面有诸如长三角、珠三角等已经开始形成连绵城市群、城市集中度不断走低的区域；另一方面城市集中度有待提高，大城市缺位因而无法带动经济增长的区域也不在少数。

表4-5中列示的是根据灯光数据衡量的我国26个省区2008～2013年城市规模分布变动情况。首先，我国整体灯光总量在五年间增长约47%，各省区灯光总量水平均有显著提升，其中西部地区的增长尤为明显，包括贵州、内蒙古、宁夏、新疆、成渝区和青藏区等省区五年间灯光总量增长率都在60%以上，说明西部地区城镇化过程推进速度很快；相较于西部，东、中部地区由于发展起步早，增长速度相对放缓，仅海南、江西两省的灯光总量增长达到了60%。

表4-5　中国各省区城市规模分布变化（2008～2013年）　　单位:%

地区	省区	灯光总量增长	灯光密度增长	城市集中度变化
东部	京津冀	35.757	46.695	−8.381
东部	广东	35.089	20.147	−7.950
东部	山东	50.323	55.824	−9.170
东部	福建	57.413	48.490	−6.427
东部	浙江	34.639	42.310	−12.996
东部	沪苏区	46.308	44.499	−15.278
东部	海南	62.169	53.080	5.611
东部	辽宁	37.109	69.272	−5.453
中部	河南	37.196	47.017	−5.289

续表

地区	省区	灯光总量增长	灯光密度增长	城市集中度变化
中部	安徽	58.853	75.433	1.692
中部	黑龙江	42.228	58.078	−0.795
中部	湖北	48.349	91.705	4.808
中部	湖南	53.844	74.191	11.052
中部	吉林	34.848	83.514	2.201
中部	江西	61.245	65.547	−2.258
中部	山西	38.662	40.666	−5.342
西部	广西	38.296	34.780	0.563
西部	贵州	80.915	95.085	11.320
西部	内蒙古	66.984	42.654	−6.656
西部	宁夏	64.919	48.186	−4.192
西部	陕西	50.968	51.199	−4.136
西部	新疆	73.787	34.888	−6.452
西部	云南	49.745	48.621	−0.455
西部	甘肃	51.578	33.796	−4.595
西部	成渝区	66.360	92.259	2.160
西部	青藏区	75.132	40.848	−3.633
全国	均值	46.795	52.712	−3.252

其次，灯光密度的变化排除了城市辖区土地面积的影响，能够更好地反映城市人口的分布情况。与灯光总量的增加情况相类似，东部大部分省区增长速度不及全国平均水平，但辽宁省在近五年内灯光密度显著增强；中部、西部地区城市发展势头强劲，其中以湖北、吉林、贵州、成渝区四个省区灯光密度增长最快，对照我国目前重点培育的长江中游、哈长、成渝等几大城市群，可以看出内陆增长极正在逐步形成。

最后，相较于城市灯光总量和密度的稳定增长趋势，城市集中度指数的计算结果则更富于变化。整体层面来看，这一时期我国城市集中度下降约3个百分点，但是具体到省级层面即可发现，集中度的下降是由东部地区主导造成的，而非全国范围内的普遍现象。除海南省外，其余所有东部沿海省区的城市集中度指数均大幅下降，以江浙沪一带尤为明显，平均落差超过13%，京津冀、广东、山东三地的城市集中度也平均走低约8%。与此同时，中部地带大部分地区则正在经历城市人口的集中过程，其中尤以湖南最为突出，城市集中度指数上升幅度超过10%，其余地区如安徽、湖北、吉林等省份的城市规模趋于集聚分布，但河南、黑龙江、江西、山西等地城市人口分布相对分散。西部地区的情况比较复杂，既存在类似贵州这样城市集中度显著提高的省份，也出现了如内蒙古、新疆、宁夏、陕西、甘肃等城市人口分布变得更加均衡的地区，西部大部分省份行政辖区土地面积较大，城市间联系相对不够紧密，可能是造成这种城市规模分布结构不稳定的原因所在。

总体而言，在近十年的城市发展过程中，我国不同区域之间城市规模分布结构具有明显差异，因此在学术研究中探讨不同城市体系的形成背景和演化趋势，对于未来"因地而异"地制定城市发展战略和实施城市治理政策有着重要意义。

第三节　城市集中的演化趋势

一个国家或地区的城市体系中包含着数量众多、规模各异的城市，城市规模分布的特征如何描述，探讨其成因及演进趋势，一直是国外学者关注的问题。本书的研究重点在于探讨中国内部不同区域之间的城市集中度变化和城市规模分布演进趋势，但是在将研究尺度调整到区域层面之前，首先从相对宏观的角度初步分析我国城市集中情况的发展背景和演化趋势，有助于为下一步研究的开展奠定基础。同时，通过不同区域范围研究结果的对比，也能够拓展研究的宽度，丰富研究的内涵。

一、中国城市规模分布符合"齐普夫法则"吗

对于"齐普夫法则"是否能够广泛适用于城市规模分布的描述问题始终争议不断，国内外已有众多学者基于不同国家的不同尺度数据对这一规律进行了实证检验。国外不少研究者的结论都为齐普夫法则的成立提供了现实依据，其中以Rosen 和 Resnick（1980）的研究最具代表性。他们采用 44 个国家 1970 年的城市规模分布，求得的平均幂律指数为 1.13，对应标准差为 0.19，并且几乎所有国家的幂律指数结果都落在 0.8 ~ 1.5，可以说十分接近"齐普夫法则"所拟合的城市规模分布梯度。考虑到该研究发表时间较早，可能难以反映近年来城市规模分布的演进情况，Soo（2005）其后使用 OLS 和 Hill 估计法对 73 个国家的城市规

模分布进行了实证研究，求得城市的幂律指数为 1.105，城市群的幂律指数为 0.854。更近期的研究中，采用跨国数据（Terra，2009）和单一国家数据（Giesen and Südekum，2010，2012）得到的结果亦通过不同角度证实了"齐普夫法则"或"位序—规模定律"分布在国家和地区层面都能够较好地解释城市规模分布的演进特征和规律。

针对中国城市规模分布的研究同样不在少数，并且我国幅员辽阔，城市人口数量众多，且自然条件、经济发展、民族文化、政治制度等各方面背景存在较大差异，相比规模较小、结构单一的国家而言更具研究意义。与上文总结类似，国内现有研究结果大多支持齐普夫法则成立（高鸿鹰、武康平，2007；闫永涛、冯长春，2009；吕薇、刁承泰，2013a），主要的不一致性来自城市规模的度量方法和统计口径问题两个方面。具体而言，在 2010 年城市人口统计口径调整之前发表的文章主要采用非农业人口数据作为衡量城市规模的主要标准（周一星、张莉、武悦，2001；刘妙龙等，2008）。也有部分研究根据城市建成区面积表征城市规模，得出的结论也较为相似（闫永涛、冯长春，2009；吕薇、刁承泰，2013b）。但是，余吉祥、周光霞和段玉彬（2013）在其研究中指出，基于市区非农业人口数据分析得出的结论容易低估中国城市规模分布的集中度，建成区面积则难以反映城市人口密度。他们根据城市人口统计口径修正后再次检验齐普夫法则发现，中国城市规模分布经历了由分散化到集中化的转变。

不过，实证研究结果并非"一边倒"地支持"齐普夫法则"，如 Dobkins 和 Ioannides（2000）的非参数研究及 Black 和 Henderson（2003）的研究中发现"位序—规模"法则的对数回归中二次项在统计上显著，使人们开始对用齐普夫法则来描述整个美国城市规模分布的有效性产生了怀疑。随后 Giesen 等（2010）在其研究中明确指出，城市规模分布服从的应该是"双帕累托对数正态分布"（DPLN），而非"齐普夫法则"中规定的简单对数正态分布。至此，学术界就齐普夫法则的准确性尚未得出一致意见。基于上述研究的启发，邓智团和樊豪斌（2016）基于中国数据得出的检验结果显示，双重帕累托对数正态分布模型相较于幂律分布能够更好地拟合中国实际。近期的研究似乎越来越多地认为中国的城市体系规模分布并不符合齐普夫定律（Chen et al，2013；蔡之兵、张可云，2015），Fang 等（2016）将其原因归结于我国长期以来实施的城市规模控制措施对城市体系结构的扭曲。

基于此，本书根据不同年份灯光总量对城市规模进行排序，按照以下回归方程计算城市规模分布的帕累托系数：

$$\ln R_{it} = \ln A_t - q_t \ln S_{it} + \mu_{it} \tag{4-1}$$

式中，S_{it}、R_{it}分别表示t时期城市i对应的人口规模和位序，此处人口规模用城市灯光亮度加总值衡量，A_t为常数，回归系数q_t即为城市规模分布的帕累托系数。如果式4-1能够较好地拟合我国的城市规模数据，即系数估计结果显著性较高，则说明帕累托定律成立，城市规模与位序的乘积是一个常数；如果q值不但显著，而且近似等于1或在小范围内上下浮动，则说明"齐普夫法则"成立。在城市规模符合帕累托分布的前提下，q值越大，城市规模分布相对越均衡。

表4-6首先给出代表年份的中国不同等级城市数量及占比，从中可以粗略地看出我国城市规模分布概况。其中城市规模按照灯光亮度加总值划分，划分标准在自然间断点分级法（Jenks）基础上参考2014年"国务院关于调整城市规模划分标准的通知"确定。需要注意的是，灯光亮度结果按照国家基础地理信息中心2010年发布的地级市行政区划地图提取，因此没有考虑到前后期行政区划的变更，也不对地级市以下的政区做进一步划分。根据表4-6中结果可见，1993年我国整体城市规模体系结构相对合理，但是近年来随着城市集中度水平的逐渐提高，小城市数量有所减少，中等城市发展较快，到2013年，小城市数量仅占全国城市总数的26.74%，远低于中等城市占比（48.19%）。

表4-6 代表年份不同等级城市数量及占比

城市等级	1993 年	1998 年	2003 年	2008 年	2013 年
超大城市	4（1.11%）	5（1.39%）	6（1.67%）	6（1.67%）	5（1.39%）
特大城市	10（2.79%）	16（4.46%）	11（3.06%）	12（3.34%）	12（3.34%）
大城市	57（15.88%）	64（17.83%）	57（15.88%）	63（17.55%）	73（20.33%）
中等城市	119（33.15%）	138（38.44%）	151（42.06%）	160（44.57%）	173（48.19%）
小城市	169（47.08%）	136（37.88%）	134（37.33%）	118（32.87%）	96（26.74%）

注：城市规模等级对应的划分标准为灯光亮度加总值大于150000、大于100000小于150000、大于50000小于100000、大于15000小于50000、小于15000。

考虑到大部分研究认为，齐普夫法则的适用性与城市样本的截取和选择存在显著相关关系，本书采用两种城市样本对齐普夫法则的有效性进行检验，一种为包括中国全部330多个地级及以上行政单位的全样本[1]，另一种为截取规模位序前150位的"大中城市"样本，检验结果分别见表4-7和表4-8。

---

[1] 囿于数据可得性限制，该样本中没有包含建制镇，因此样本不完整的问题可能仍然存在。

表 4 - 7　全样本检验结果

年份	常数项	回归系数	R²	年份	常数项	回归系数	R²
1992	12.263***	-0.766***	0.767	2003	14.923***	-1.000***	0.830
	(54.08)	(-33.04)			(59.08)	(-40.15)	
1993	12.367***	-0.770***	0.773	2004	15.900***	-1.033***	0.825
	(54.61)	(-33.54)			(56.51)	(-39.50)	
1994	12.145***	-0.736***	0.759	2005	15.655***	-1.025***	0.835
	(53.19)	(-32.29)			(58.83)	(-40.85)	
1995	13.147***	-0.822***	0.777	2006	15.843***	-1.029***	0.832
	(53.37)	(-33.98)			(58.03)	(-40.51)	
1996	13.069***	-0.818***	0.776	2007	16.365***	-1.058***	0.813
	(53.38)	(-33.88)			(53.66)	(-37.96)	
1997	13.097***	-0.833***	0.792	2008	16.169***	-1.043***	0.822
	(55.78)	(-35.44)			(55.48)	(-39.06)	
1998	13.511***	-0.860***	0.778	2009	15.257***	-0.969***	0.825
	(52.68)	(-34.05)			(57.44)	(-39.43)	
1999	13.990***	-0.905***	0.795	2010	17.392***	-1.149***	0.827
	(54.38)	(-35.80)			(54.80)	(-39.71)	
2000	13.997***	-0.901***	0.801	2011	16.959***	-1.086***	0.815
	(55.45)	(-36.52)			(53.28)	(-38.23)	
2001	14.242***	-0.918***	0.808	2012	17.127***	-1.098***	0.824
	(56.13)	(-37.29)			(54.62)	(-39.35)	
2002	14.781***	-0.963***	0.824	2013	17.134***	-1.123***	0.819
	(58.15)	(-39.34)			(53.79)	(-38.76)	

注：***、**、*分别对应在1%、5%、10%的显著性水平下显著；括号中为 t 值。

　　由表 4 - 7 的回归结果可见，采用全样本检验得出的拟合结果较好，R² 取值普遍高于 0.75，帕累托系数估计结果全部在 1% 的显著性水平下显著，其绝对值范围在 0.736 ~ 1.149 的范围内波动。根据 Gabaix 和 Ioannides（2004）的研究结论，帕累托指数的回归结果如果介于 0.8 ~ 1.2，便可以认为满足齐普夫法则。因此，在考虑地级及以上城市全样本的情况下，我国的城市体系规模分布整体符合"位序—规模"法则。

　　表 4 - 8 对应列出了根据规模在前 150 位的城市样本进行双对数回归得出的结果，可以看到，在对样本做断尾处理后，重新检验得到的拟合结果相对更好，

R^2 值无一例外高于 0.91，但相应地 q 值明显变大，取值范围介于 1.734 ~ 2.194。所以，本书的研究再度证实了城市样本的截取范围会显著影响帕累托回归的拟合效果和回归系数的大小，国内不少研究基于不完整的城市样本数据对帕累托定律和齐普夫法则进行检验，据此得出结论认为我国的帕累托指数较高，城市规模分布太过扁平化（苗洪亮，2014；蔡之兵、张可云，2015），这种论断可能是有失公允的。

表 4 - 8　规模在前 150 位的城市样本检验结果

年份	常数项	回归系数	R^2	年份	常数项	回归系数	R^2
1992	22.602 ***	-1.734 ***	0.913	2003	24.941 ***	-1.917 ***	0.948
	(47.79)	(-39.31)			(61.77)	(-51.83)	
1993	23.527 ***	-1.804 ***	0.928	2004	27.603 ***	-2.050 ***	0.950
	(52.46)	(-43.51)			(61.99)	(-52.97)	
1994	23.569	-1.779 ***	0.938	2005	26.424 ***	-1.971 ***	0.955
	(56.95)	(-47.25)			(65.89)	(-55.88)	
1995	25.421 ***	-1.930 ***	0.940	2006	26.250 ***	-1.932 ***	0.926
	(57.27)	(-48.23)			(50.93)	(-43.14)	
1996	25.279 ***	-1.924 ***	0.935	2007	28.885 ***	-2.132 ***	0.952
	(54.66)	(-45.98)			(63.16)	(-54.38)	
1997	24.637	-1.892 ***	0.942	2008	27.940 ***	-2.052 ***	0.943
	(58.58)	(-49.03)			(57.88)	(-49.56)	
1998	26.214 ***	-2.016 ***	0.951	2009	27.134 ***	-1.989 ***	0.946
	(63.29)	(-53.60)			(59.65)	(-50.82)	
1999	26.013 ***	-1.999 ***	0.948	2010	29.865 ***	-2.219 ***	0.955
	(61.41)	(-51.93)			(64.75)	(-56.04)	
2000	26.255 ***	-2.008 ***	0.954	2011	30.151 ***	-2.194 ***	0.952
	(65.04)	(-55.09)			(62.51)	(-54.18)	
2001	25.881 ***	-1.962 ***	0.957	2012	30.224 ***	-2.192 ***	0.945
	(67.66)	(-57.17)			(58.31)	(-50.56)	
2002	25.313 ***	-1.903 ***	0.944	2013	29.404 ***	-2.174 ***	0.944
	(59.21)	(-49.82)			(57.65)	(-49.78)	

注：*** 、** 、* 分别对应在 1% 、5% 、10% 的显著性水平下显著；括号中为 t 值。

最后，图 4 - 5 所示为代表年份我国地级及以上行政单位的位序—规模拟合情况，不难发现，虽然全样本回归结果中帕累托系数的得分趋近于 1，但是城市体系中不同规模城市的数量与 45°线之间存在偏离。最主要的偏离发生在上尾部和下尾部，具体而言是指我国超大城市和小城镇规模都偏小，中等规模城市体量略大。

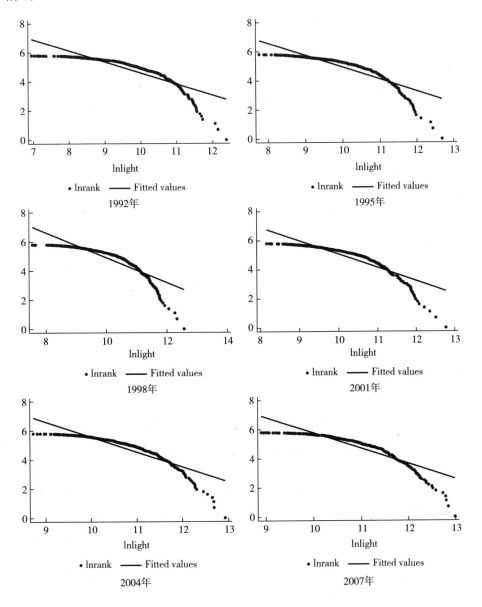

图 4-5　代表年份城市位序—规模双对数拟合结果

图 4-5 中传递的另一个信号是，随着时间的推移，散点图的弯曲程度呈先提高后降低的趋势，其中 1998 年的偏离程度最大，与城市集中度的计算结果相吻合。不过，到 2004 年前后全国大部分城市都已经落在拟合线上，说明齐普夫定律在我国城市体系规模分布的演化过程中正逐渐发挥作用。

二、中国城市集中现象符合"倒 U 形"规律吗

学术界关于城镇化与经济发展之间的正向关系已有定论，但是无论在理论还是实证层面，对于城市集中和经济发展相关关系的研究都较为欠缺。然而根据 Duranton 和 Puga（2004）构建的微观理论模型，城市人口的分布结构可能比城镇化本身更为重要，Rosenthal 和 Strange（2004）的研究随后提供了支持这一结论的实证证据。因此，尽管积累的研究成果不多，但城市集中是否会对一国或区域范围内的经济增长产生影响是一个值得关注和探讨的话题，更何况整个经济学的基础就是建立在资源的有效配置和对最优化的执着追求之上的。

现有研究大多采用跨国样本作为研究基础，Wheaton 和 Shishido（1981）利用非线性回归的方法证明城市集中与国民生产总值之间存在"倒 U 形"关系；此后 Hansen（1990）将威廉姆森假说（Williamson，1965）发展到城市层面，认为在经济起步阶段城市集中度的增加是提高效率的必要条件；Henderson（2000）基于 80~100 个国家 1960~1990 年的样本数据检验城市集中与经济发展之间的关系，得出结论支持"倒 U 形"假说成立，同时人均收入水平显著影响拐点的大小。

不过也有反例，如 Bertinelli 和 Strobl（2007）的研究认为，城市集中仅在经济发展初期表现出显著的正向作用，其后两者之间相对独立；周文（2016）根据我国 2004~2012 年的城市首位度数据进行经验分析，检验结果同样不支持"倒 U 形"假说，但需要注意的是作者止步于使用简单线性模型拟合回归，可能会对结果的准确性造成影响。

我国学者尹文耀（1988）也在其研究中对比和计算了世界 28 个国家与中国的城市人口集中指数，并在此基础上探讨了城市人口规模分布与社会经济发展效益的关系。他指出，世界各国各地区城市人口规模分布与社会经济发展的关系，既有共同的规律，又有各自的特点。这一共同规律表现为：在人口城市化的过程中客观上确实存在一个城市人口规模适度分布范围和最佳分布点。城市人口集中指数在最佳值时，人口城市化的社会经济效益最好；高于或低于最佳值，人口城市化的社会经济效益将出现降低趋势。

与此同时需要明确的是，在人口城市化过程中，由于社会、经济、人口、地理、历史、发展阶段等差异很大，各国各地区的城市人口规模分布不可能是完全相同的。各国各地区应该根据自己的具体情况寻求符合本国国情、本地地情的城市人口最佳分布。此外，随着社会经济技术水平的进步和发展，分析过程中样本量的变化，资料来源、统计口径、准确程度和操作方法的不同，也可能使研究结果在保持基本一致的基础上呈现出多样化的趋势。但是，这种技术上的差异通常情况下不会影响一般结论的成立，并且研究时段的拉长和研究对象范围的扩大在一定程度上有助于明确城市集中与经济效益之间的相关关系。

尹文耀（1988）成果的不足之处在于仅选择 1981 年的跨国样本数据和 1984 年的国内省际数据进行拟合回归，因此结果无法体现不同区域范围内城市集中度指数的演化过程。本节在现有研究的基础上，通过灯光数据反映城市人口实际规模，重新检验改革开放以来我国城市规模分布情况对社会经济效益的影响是否符合"倒 U 形"规律。在"倒 U 形"规律成立的前提下，再度探讨当前发展模式中城市集中指数的适度范围和最优点所在，以及不同省份发展过程中城市体系结构的变动情况。实证部分的研究内容安排如下：

（1）基于不同年份的省际横截面数据对下式进行回归，得出当年城镇化率与人均 GDP 之间的线性相关关系：

$$y_i = \alpha + \beta x_i + \varepsilon_i \tag{4-2}$$

其中，α 和 β 分别代表常数项和城镇化率系数估计值，ε 为残差项。

（2）不考虑其他影响因素的前提下，β 值即意味着该年城镇化率对拉动人均 GDP 作出的贡献，用各省区城镇化率乘以 β 可得理论上的城市化经济效益值，各省实际人均生产总值与该结果的比值（简称为城市化效益比）即反映了该地区的城镇化过程是否有效促进了经济发展。

（3）设定城市化效益比为被解释变量，本书构建的城市集中度为解释变量，利用面板数据检验两者之间是否存在显著的相关关系，在此基础上加入二次项考察"倒 U 形"规律是否成立。

（4）根据上文分析结果，可以进一步考察不同省区城市规模分布是否处于适度范围内，与最优解之间的距离，以及 1992～2013 年以来的演化情况，并据此提出分地区的调整策略和方向。

鉴于《中国统计年鉴》仅提供 2005 年至今的城镇人口比重，周一星和田帅（2006）利用第五次人口普查的数据对 1982～2000 年城市化水平进行了修正，这是目前较为权威的一份数据资料。本书直接采纳其研究成果，对于该研究中并未包含的 2001~2004 年对应数据，利用联合国法修订得到。另外，由于本书构建的城市集中度指数基于调整后的 26 个省区计算，为保证研究区范围一致，相应地重新计算 4 个合并省区的城镇化率和人均 GDP，具体做法如下：

$$合并省份城镇化率 = \frac{\sum_i 省份\,i\,年末总人口 \times 省份\,i\,城镇化率}{\sum_i 省份\,i\,年末总人口}$$

$$合并省份人均 GDP = \frac{\sum_i 省份\,i\,地区\,GDP}{\sum_i 省份\,i\,年末总人口}$$

首先对式（4-2）回归得到 α 和 β 值，如表 4-9 所示。不难发现，城镇化率与区域经济发展水平始终存在显著的相关关系，并且这种相关性随着市场经济体制的深入在不断加强。研究阶段初期，城镇化率每提高 1%，带来的人均 GDP 增长约为 0.653 万元，到研究末期，城镇化率的系数估计值已经突破 15.076，有力地证明了城镇化率在经济发展过程中扮演的重要角色。

另外，1992~2013 年，回归拟合结果的 R^2 值也在不断提高，由初期的 0.554 逐渐增加到末期的 0.808，说明城镇化对增长的解释力度也在不断增强。为检验横截面数据回归结果的准确性和可预测性，选择 2013 年的全国城镇人口比重 53.73%，代入式（4-2）中计算得出全国人均 GDP 约为 4.567 万元，与实际值 4.385 万元仅相差 4%，说明回归结果较为可信。

根据表 4-9 中回归得到的 α 和 β 值计算各省份不同年度的城市效益比，将其设为被解释变量，解释变量选择本书基于灯光数据构建的 GINI 和 CONCEN 两种城市集中度指数，面板数据回归结果如表 4-10 所示。由表 4-10 可见，两种城市集中度指标与城市化效益的相关关系均十分显著，在未引入二次项时，GINI 系数与城市化效益呈正相关关系，说明城市人口的集中分布总体而言有助于经济发展；但是在引入二次项后，二次项系数在 5% 的显著性水平下为负，意味着在超过一定门槛后，城市人口和资源进一步向少数大城市集中分布可能会对经济发展造成不利影响。

CONCEN 系数的回归结果略有不同，仅包含一次项的回归结果虽然符号为正，与 GINI 系数一致，但回归系数并不显著；加入二次项后重新回归得到的结果明显更好，并且系数估计值的符号方向与 GINI 城市集中度指数相同，即一次项为正、二次项为负，并且都满足 1% 的显著性水平。这一检验结果可以初步证实，城市集中度与城市化效益之间存在较为稳健的"倒 U 形"相关关系。据此可以进一步推断，城镇化对于经济增长的促进作用很大程度上会受到城市体系规模分布结构的影响。换句话说，在城镇化水平既定的前提假设下，城市体系中大、中、小城市规模分布是否合理，决定了整个区域经济发展的质量和速度。

表 4-9　城镇化率对经济发展的影响

年份	α	β	R²	年份	α	β	R²
1992	0.017	0.653 ***	0.554	2003	-0.56 **	3.883 ***	0.715
	(0.44)	(5.46)			(-2.70)	(7.75)	
1993	-0.014	0.927 ***	0.569	2004	-0.704 **	4.591 ***	0.705
	(-0.25)	(5.63)			(-2.74)	(7.58)	
1994	-0.032	1.204 ***	0.554	2005	-0.961 ***	5.542 ***	0.732
	(-0.43)	(5.46)			(-3.21)	(8.09)	
1995	-0.047	1.477 ***	0.549	2006	-1.167 ***	6.412 ***	0.739
	(-0.50)	(5.41)			(-3.36)	(8.23)	
1996	-0.069	1.712 ***	0.548	2007	-1.522 ***	7.762 ***	0.757
	(-0.61)	(5.39)			(-3.71)	(8.64)	
1997	-0.092	1.926 ***	0.551	2008	-1.760 ***	8.894 ***	0.760
	(-0.71)	(5.42)			(-3.69)	(8.71)	
1998	-0.107	2.065 ***	0.566	2009	-2.085 ***	9.830 ***	0.768
	(-0.79)	(5.60)			(-3.96)	(8.90)	
1999	-0.148	2.259 ***	0.587	2010	-2.432 ***	11.208 ***	0.822
	(-1.03)	(5.85)			(-4.61)	(10.52)	
2000	-0.222	2.590 ***	0.661	2011	-2.875 ***	12.983 ***	0.824
	(-1.54)	(6.83)			(-4.62)	(10.59)	
2001	-0.299 *	2.882 ***	0.687	2012	-3.192 ***	14.003 ***	0.814
	(-1.92)	(7.25)			(-4.49)	(10.25)	
2002	-0.408 **	3.286 ***	0.704	2013	-3.533 ***	15.076 ***	0.808
	(-2.33)	(7.55)			(-4.43)	(10.04)	

注：***、**、* 分别对应在1%、5%、10%的显著性水平下显著；括号中为t值。

表 4-10　城市集中度与城市效益比的关系

	(1)	(2)	(3)	(4)
GINI	0.588 ***	1.282 ***		
	(6.94)	(3.57)		
GINI²		-1.195 **		
		(-1.99)		

	(1)	(2)	(3)	(4)
CONCEN			0.303	5.908 ***
				(3.54)
CONCEN^2				− 8.666 ***
				(− 3.38)
常数项	0.788 ***	0.698 ***	0.903 ***	0.013
	(16.59)	(11.14)	(13.03)	(0.05)
Wald	48.12	51.18	2.63	14.06

注：*** 、** 、* 分别对应在 1%、5%、10% 的显著性水平下显著；括号中为 z 值。

根据表 4 − 10 中得出的回归结果，可以进一步探讨不同省份城市规模分布结构是否落在适度范围中，与最优解之间存在的距离大小，以及随时间变动的发展过程。考虑到表 4 − 10 第（2）列回归结果显著性较高，故根据该列对应的一元二次方程（见式（4 − 3））与 $y = 1$ 的交点确定适度集中范围，其中 $y = 1$ 代表城市化效益比恰好等于预期水平。

$$y = 0.698 + 1.282x − 1.195x^2 \qquad\qquad (4 − 3)$$

结果显示，当城市集中度 GINI 指数处在 0.3493 ~ 0.7235 时，城市化效益比高于预期，即 $y > 1$，最优城市集中度指数等于 0.5364。首先，如图 4 − 6 所示，从全国层面看，经济体制改革初期我国城市人口分布总体较为分散，城市集中度 GINI 系数约在 0.316 ~ 0.346 波动，不过随着集中程度的上升，1997 年以后我国城市规模分布已经进入合理范围，但与最优集中度水平仍存在较大差距，大城市尚具备较强的人口吸纳能力和增长空间。

分大区来看，东部地区城市集中度起步较高，并且在市场经济体制推行时期快速增长，但 2009 年以来城市集中度 *GINI* 系数呈大幅下跌趋势；相反中西部地区城市规模分布渐趋稳定，城市集中度指数有所提高，其中西部大城市的相对规模增长最为可观。最后，根据上述适度分布范围，结合不同省份城市集中度演化过程，可以将我国 26 个省区划分为相对稳定型、集中趋向型和分散趋向型三种不同类型，每种类型包括的省区如表 4 − 11 所示。划分标准是选择研究时段前五年和后五年的城市集中度 *GINI* 系数分别求平均值后，计算相对变化率，变化率在 − 5% ~ 5% 范围内的归为相对稳定型，集中度系数均值提高 5% 以上的为集中趋向型，降低 5% 以上的为分散趋向型。

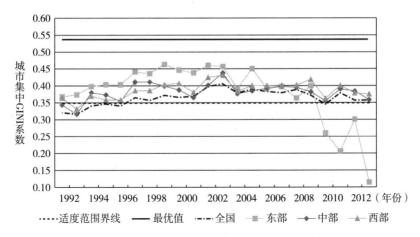

图 4 - 6　全国及三大地区城市集中 GINI 系数演化过程

表 4 - 11　根据城市集中度变动划分的省区类型

类型	省份（城市集中度变动相对值）
相对稳定型	福建（-3.61%）、甘肃（1.39%）、黑龙江（-3.66%）、内蒙古（1.16%）、宁夏（2.00%）、山东（-2.93%）、新疆（1.77%）
集中趋向型	安徽（12.62%）、成渝区（20.31%）、贵州（16.46%）、海南（11.11%）、湖南（21.06%）、江西（30.66%）、陕西（16.55%）、云南（15.33%）、广西（8.78%）、河南（7.88%）、湖北（5.70%）、青藏区（6.76%）
分散趋向型	广东（-66.89%）、沪苏区（-72.05%）、京津冀（-40.76%）、浙江（-52.24%）、吉林（-7.06%）、辽宁（-9.56%）、山西（-5.71%）

　　根据表 4 - 11 可知，我国大部分省区实际上属于集中趋向型，即城市人口倾向于集中在少数大城市而非均衡分布。1992～2013 年，如成渝区、贵州、湖南、江西、陕西、云南等省份都经历了城市人口的集中化调整过程。那么，为什么全国层面城市集中度却显示出走低的趋势呢？主要原因在于东部沿海几大经济重地近年来城市体系的相对均匀分布走向，根据表 4 - 11 中数据可以看出，珠三角所在地广东省，长三角所在地沪苏区、浙江省，京津冀城市群，在研究时段内城市集中度 GINI 系数值分别降低 66.89%、72.05%、52.24% 和 40.76%。那么，为什么省际之间城市集中度指数的变化方向会如此不同，城市规模分布差异背后的形成机制和原理是什么？根据本书的研究，经济起步阶段城市人口的集中分布有助于增长，但是在经济发展到一定程度后，人口和资源过度集中于少数城市将削减这种正向效应。那么，我国东部沿海地区、发展较为成熟的城市群地带，是否

已经率先进入城市结构的转型阶段，还是城市规模控制措施和区域协调政策在发挥作用？本书将就这些问题在以下三章中展开讨论。

第四节 本章小结

如果说第三章重点关注我国城市集中的现状，那么本章的内容就围绕着城市发展的过去和未来展开，其中涉及的一个重要内容是城市集中与城镇化、经济发展之间的关系，解决了上述问题，也就基本明确了我们之所以研究城市集中的意义所在。

本章第一节中以改革开放和户籍制度改革作为分界点，梳理了我国城市发展战略的演变过程，具体划分为三个阶段："反城镇化"时期、"控大城市"时期和"协调发展"时期。根据我国城市发展战略的调整历程可以看出，城镇化工作已经从原有的较为粗放的、"一刀切"的模式向精细化、"因地制宜"的方向转变，同时城市规模布局和空间结构的合理化也开始逐渐受到政策关注。在此基础上，这一节分别回顾了改革开放前后我国所推行的城市规模控制措施，认为当前的城市规模控制重点已经由"城乡流动"转向了"城际流动"。与此同时，随着改革的不断深化，政策措施在约束城市规模方面发挥的效力已经明显减弱。本书通过对比上海和北京两个案例，提出城市发展战略与地方政府激励之间存在的矛盾，点明城市规模不再适合成为城市发展政策的制定依据，探讨城市体系的规模分布结构相对而言更具指导意义。

第二节则将侧重点回归到本书的核心内容——城市集中方面。首先，通过观察 1993～2013 年我国城市规模的概率密度曲线，可以对城市体系中不同等级城市的规模变化和不同层次城市的数量结构发展有一个初步的了解。其次，本书划分两个研究时段分别定量计算我国改革开放以来的城市集中度演化过程，1984～1991 年采用城市市辖区年末总人口数据；1992～2013 年采用 DMSP/OLS 夜间稳定灯光数据。根据计算结果，20 年间我国的大城市数量明显增加，但城市人口集中度表现为先集聚后分散的过程。结合城市集中度的发展历程，本书将城市规模分布的变化划分为四个阶段：城市人口分散分布阶段、城市集中现象显著阶段、城市系统平行增长阶段，以及集中与分散化并存阶段。结合每个时期的政策背景和相关资料，对不同阶段中各区域之间在城市规模、数量和扩张速度等方面表现出的差异和共性进行了更为深入的剖析。就现阶段而言，我国不同区域之间城市规模分布结构具有明显差异，东部主导着城市集中度的下降，中部地区则正在经历城市人口的集中过程，西部地区的情况更为复杂，表现为区域内部的集中与分散并存现象。

本章第三节只讨论两个问题：中国城市规模分布符合"齐普夫法则"吗？中国城市集中现象符合"倒 U 形"规律吗？这两个问题对于我们的研究都非常关键，前者决定了是否有必要探讨不同区域间城市规模分布结构的差异，后者决定了调节城市人口的集中分布程度是否有助于改善经济发展。本书基于全国数据，通过定量分析方法逐一回答上述问题。

为检验"齐普夫法则"是否有效，我们采用灯光总量计算城市规模分布的帕累托系数，选择全国 330 多个地级及以上城市和前 150 位的大中城市样本进行检验，结果显示，采用全样本检验得出的拟合结果较好，帕累托系数绝对值在0.736~1.149 的范围内波动，我国城市规模整体分布符合"齐普夫法则"。但是在对样本做断尾处理后，帕累托系数取值范围明显增大，使我国城市规模分布看起来更加扁平化，这一结果说明城市样本的截取范围会显著影响帕累托回归的拟合效果和回归系数的大小。最后，根据位序—规模拟合图可以看出，我国超大城市和小城镇规模都偏小，中等规模城市体量略大，但是这种偏离正在不断缩小。

为检验中国的城市集中是否与经济发展构成"倒 U 形"关系，本书在尹文耀（1988）的研究基础上进行改进，首先计算城市化效益比，其次利用面板数据检验城市集中与城市化效益比的相关关系，考察不同省份城市规模分布是否处于适度范围内、与最优解之间的距离，以及 1992~2013 年以来的演化情况。在回归方程中引入二次项后得到的研究结果表明，城市集中与城市化效益之间存在显著的相关关系，并且在超过一定门槛后，城市人口的进一步集中分布可能会对经济发展造成不利影响。对比城市集中的最优解可知，1997 年以后我国城市规模分布已经进入合理范围，但与最优集中度水平仍存在较大差距，大城市尚具备较强的人口吸纳能力和增长空间。最后，结合不同省份城市集中度，可以将我国26 个省区划分为相对稳定型、集中趋向型和分散趋向型三种不同类型。

第五章　区际差异对城市集中度的影响

在正式开启本章的研究之前，需要强调的一点是，虽然城市集中度涉及的研究主体是城市人口，但仅从单个城市的角度出发不足以看到问题的全部。本书试图探讨的是一国或区域中的城市体系及其规模分布关系，那么区域层面的影响因素就显得十分重要。根据第四章中构建和计算的城市集中度指数结果可见，尽管全国范围内城市规模分布大体符合齐普夫法则，但是不同区域之间城市规模的集中特征始终存在显著差异，并且差异化的方向随时间推移并不稳定。就东部、中部、西三大地区而言，在市场经济运行初期东部地区城市人口集中度明显高于中西部地区，但近年来开始出现分散趋势，西部地区早期集中度较低，但是 2000 年前后 GINI 指数开始超越中部，城市人口进一步集中。

那么，造成不同区域内城市规模分布结构差异的原因是什么？已有不少文献采用跨国面板数据试图通过实证方法将经济发展、对外开放、产业结构、政治制度，以及自然、地理、历史等因素与城市人口集中程度联系起来（Junius, 1999；Nitsch, 2006；Klaus and Henderson, 2015；Wan, Yang and Zhang, 2017），但是，目前缩小到国家内部区域层次的分析仍较少见诸国际主流期刊。并且，现有文献中构建的理论框架大多侧重于单一因素的分析，如 Krugman 和 Elizondo（1992）基于开放条件下的新经济地理模型等；考虑多个影响因素的研究又以实证分析为主，缺乏连贯系统的理论依托，如同一时期 Moomaw 和 Shatter（1996）发表的文章。此外，即便积累了一定的研究成果，基于不同数据、不同方法得到的理论和经验分析结论并不一致，有时甚至是互相矛盾的，具体可参见 Brülhart（2011）近期发表的一篇综述。

出于以上原因，有必要专辟一章用以系统地分析区域层面的影响因素在城市规模分布结构形成过程中发挥的作用。本章首先对现有文献中的理论体系和实证研究结果做出归纳和总结，重点关注存在较多争议的问题；其次在参考 Michaels

等（2012）、Fajgelbaum 和 Redding（2014）研究的基础上，构建开放条件下的三部门城市体系理论框架，模型同时涉及城镇化率的调整、产业结构的变动、交通联系的改善、对外开放程度和经济发展水平等主要内容；最后选择中国省级面板数据，采用实证方法检验理论观点是否成立，同时与现有文献研究结果对比分析一致之处和差异所在。

第一节　现有文献的影响因素分析

目前，与城市集中度相关的研究可以简单地分为两类：其一，认为城市规模分布遵循某种既定规律，如"齐普夫法则"或"吉布拉定律"，因此关注的重点放在为何城市体系会自发地按照该种规律发展，以及何种分布最符合当前研究样本的情况等；其二，认为不同国家、不同区域的城市规模分布并不一定会服从某种既定法则或规律，而是可能受到不同因素影响而变化的，因此相关研究更侧重于最优规模分布方式的探讨、影响因素的分析和城市发展战略和措施的制定。

本书的研究更倾向于第二种研究策略，由本书第三章、第四章得出的结论可知，尽管我国城市整体规模分布符合"齐普夫法则"的预期，但是在截取的城市样本量存在差异时，得出的结论并不十分稳健。此外，我国城市规模结构明显不同于西方国家，小城市和大城市在规模、数量上都偏少，这种情况虽然在近年有所改善，但差异始终存在。进一步深入区域层面可以看到，东部地区在 20 余年的飞速发展过程中，城市集中度指数表现为先增后减，中部、西部地区尽管相对稳定，但仍然有不小的变化，这一结果说明我国不同省区之间、同一省区不同时间段内，城市人口的规模分布情况都处于动态调整的过程中，不可一言以蔽之。因此，这部分将对第二类研究的当前进展作出归纳总结，重点讨论存在巨大争议的内容，以此为基础结合中国省级层面的面板数据，考察适用于我国城市和区域发展的最优路径。

一、经济发展的影响

在第四章的结尾处，本书采用实证方法简单验证了城市集中度与区域经济发展之间的联系，这一问题也是学术界长期以来关注的焦点。最早由 Alonso（1980）发展的单中心城市模型和 Williamson（1965）提出的"威廉姆森假说"

所持有的观点认为，随着经济水平的提高，一个地区的经济活动和人口分布表现为先提高后降低的"倒 U 形"关系或"钟形"关系。不过，也有一部分研究认为，城市规模的增长与经济发展、城镇化过程之间并不存在必然联系，决定城市规模相对大小的主要是外在冲击，如历史或地理因素，城镇化过程只是增加了城市人口占总人口的比例，并不影响城市规模分布情况，这种增长方式可以称作是"平行"增长（Black and Henderson，1997；Eaton and Eckstein，1997）。

（一）钟形关系还是平行增长？

早期对发达国家的实证研究较好地佐证了钟形关系的存在，Parr（1985）计算了 12 个国家 1850～1981 年的帕累托系数，结果表明澳大利亚、美国和法国的城市集中度分别于 1910 年、1930 年、1954 年前后达到最高值，其后开始分散化发展；埃及、印度、尼日利亚和土耳其等相对落后的国家则始终表现为向大城市集聚。跨国研究中，Wheaton 和 Shishido（1981）、DeCola（1984）认为存在钟形曲线，Rosen 和 Resnick（1980）、Lemelin 和 Polèse（1995）、Moomaw 和 Shatter（1996）的研究则发现，城市集中与经济水平之间的负相关性较为显著。其中，Rosen 和 Resnick（1980）的研究影响较为深远，Lemelin 和 Polèse（1995）的文章则指出经济增长可能并不会直接作用于城市人口分布，两者之间的关系需要通过其他因素传导。与之类似，本书第四章中采用的实证研究方法是通过城镇化水平间接考察城市集中与经济发展的关系。

更近期的研究中考虑的因素明显更加全面，如 Henderson、Shalizi 和 Venables（2001）认为，现有经济体的发展路径可能会对未来经济活动的集中程度造成影响；Prahalad 和 Lieberthal（1998）的研究结果显示，处于不同发展阶段的国家可能在劳动力价格、教育程度等很多层面存在差异，因此在研究跨国的城市集中问题时有必要考虑经济发展阶段的作用。Kandogan（2013）认为，相对落后的国家城市规模分布更加分散，但是随着经济增长集中度会不断提高，具体原因包括三个方面：第一，资本的积累带来集聚经济，进而造成城市人口的集中，相对落后的国家或地区由于缺乏资本，相应城市集中度较低；第二，落后区域交通基础设施可能不发达，根据 Krugman（1991）的基本理论框架，交通成本较高时为接近市场城市生产者更倾向于分散分布；第三，技术交流和知识外溢效应是规模经济的来源之一，在相对落后的区域由于教育水平和科研工作的滞后，较难产生对"面对面交流"的需求，相应地城市人口集中度较低。

综合来看，关于经济发展如何作用于城市集中的实证研究结果并不统一，不过好在大部分文献认为至少两者之间存在相关关系。不过也有例外，如 Richardson 和 Schwartz（1988）认为，城市首位度完全独立于经济发展水平，该研究其后由于未能检验变量的多重共线性问题而受到颇多质疑（Lemelin and Polèse，1995）。比较可能的结论是，不少因素如城镇化率、产业结构、交通成本等一方面与区域经济增长相联系，另一方面作用于城市规模分布，因而经济发展与城市集中之间的直接联系并不稳定，需要进一步联系其他因素做出解释。

（二）区域经济发展阶段划分

针对以上较复杂的实证研究结果，也有不少学者试图找到能够解释该现象的理论依据。最早由 Friedmann（1966）提出的空间一体化理论事实上就表达了经济发展与城市空间分布格局之间的钟形关系：持续的经济增长会导致空间经济一体化，其过程包括以下四个阶段（见图 5-1）：第一阶段，完全均衡的城市分布，是前工业化社会中特有的空间结构，每个城市都坐落于一个小范围腹地的中心，与 Alonso - Mills - Muth 模型中的单中心城市体系相似；第二阶段，城市集中

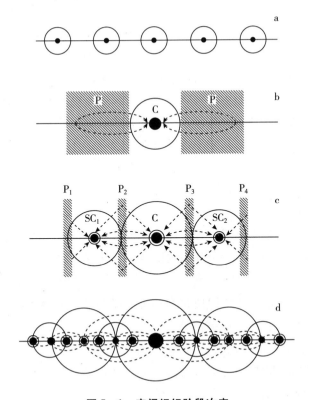

图 5-1　空间组织阶段次序

资料来源：Friedmann J. Regional development policy: A case study of Venezuela［M］. The MIT Press, 1966.

度显著提高，区域范围内存在单一强中心城市，类似于中心—边缘的分布结构，多出现在工业化初期到中期；第三阶段，随着单一中心的发展和成熟，超大城市的规模扩张速度明显放缓，区域内部次中心城市开始加速成长，城市集中度开始有所下降，这一阶段中原有的单一强中心开始产生辐射效应，资源和要素不断流出；第四阶段，发展成熟、功能完整的城市体系下，城市集中度达到最优均衡并基本保持稳定，既不会过分平均导致非效率，也不会过分集中造成大城市病，此时边缘区域已经基本消失，即便是在小城市同样能够获得优质的生活质量和公共服务。

尽管 Friedmann（1966）的区域发展阶段与空间格局划分方式较好地归纳了不同时期城市规模与经济活动的分布情况，但其提出理论的初衷并非出于对城市集中问题的研究。此后，Parr 和 Jones（1983）专门针对区域发展与城市集中之间的关系将经济增长过程重新划分为五个阶段：第一阶段，为城市前城市化阶段，这一时期交通工具极度匮乏，导致区域内市场区范围、区域间贸易和规模经济的发挥受到极大限制，因此城市规模普遍较小且分布均匀；第二阶段，个别中心城市开始迅速发展，城市集中度大幅提高；第三阶段，产业链的整合与中间产品的共享进一步推动大城市的发展，这一阶段也是城市人口大量集中于少数城市的顶峰时期；第四阶段，交通运输系统的发展和城市土地容量的限制将带动产业向规模更小的城市或郊区转移，城市人口出现分散趋势；第五阶段，区域中数个规模不一的城市并存，经济增长效率得以最大化。

二、对外开放的影响

就区域层面的影响因素来看，除经济发展水平外，探讨最多也最具争议的莫过于对外开放。无论是李嘉图的贸易理论、亨德森的城市体系理论，还是克鲁格曼、藤田昌久的新经济地理学，都一致认为对外开放或贸易自由化会显著影响一国或区域内部经济活动的分布情况。但是，根据不同研究得出的结论可谓大相径庭，尤其是新经济地理学派，即便是在相似的垄断竞争和冰山成本假设条件下，不同学者的研究结论甚至可能截然相反，Brülhart（2011）形容这种现象是"复杂而有趣的"。但笔者认为，区域和城市经济学作为一门应用学科，更多地应该与地区发展的实践经验相结合，更改某个假设条件就得出自相矛盾结论的情况，反映了新经济地理学派太过注重理论建模，相对忽略研究实际意义的弊端所在。

（一）理论模型之争

第二章中简单归纳了三大城市规模分布理论体系：中心地理论、城市系统论和新经济地理理论,后两者经过不断的演化和发展,其模型中大多已经开始涵盖对外开放和贸易自由化的内容,因此这一部分也将重点关注这两部分理论研究的进展。不过值得一提的是,尽管亨德森的城市体系理论被视作新古典经济学在城市层面的应用和延伸,而以克鲁格曼为首的新经济地理学派在理论假设层面与新古典经济学截然不同,但两种理论体系的出发点和基本思想是十分相似的,即探讨当对外贸易成本下降、市场规模扩大时,国家或区域内部经济活动分布的调整过程。

1. 城市体系理论

Henderson 继 1974 年提出城市体系模型后,于 1982 年发表的文章中将对外贸易进一步纳入模型框架下,形成最早探讨对外开放与城市规模分布之间互动关系的规范研究(Henderson,1982)。其具体的假定条件与基本模型十分相似,城市人口集中的拉动力来自产业层面的外部规模经济(个体企业层面则为完全竞争),组织集中的摩擦力来自随人口增长的通勤费用或生活成本。引入对外贸易后,上述假定仍然成立,得出的主要结论亦符合新古典经济学的预期:第一,对外贸易虽然会作用于城市规模分布,但并不会对不同城市人口的效用或福利水平产生影响。第二,根据 Henderson(1974)的结论,城市系统达到均衡时城市间实现专业化生产,由于专业化的产业规模经济程度不同,城市规模大小有所区别,那么当针对某种商品存在贸易保护政策时,专业化生产该商品的城市数量会增加,如果是大城市则城市集中度会相应提高。第三,对于资本较为充裕的国家而言,对外开放有助于资本密集型产业的发展,对应地该种类型的专业化城市数量会增加;如果是劳动力资源丰富的国家,劳动密集型产业和相应的专业化城市数量会随着对外贸易的放开而大量涌现。由于资本密集型产业规模经济较强,所以对于资本充裕的国家而言对外开放将促使城市集中度提高;反之,劳动力密集的国家中贸易自由化的结果是催生更多小城市,城市人口集中度下调。

此后,Rauch(1989,1991)先后发表两篇文章,对亨德森城市体系模型进行改进,认为在对外贸易中具备地理接近性的城市(靠近港口、边境)将吸引大量人口由内陆城市向沿海或边界地区转移。根据中国改革开放以来的发展经验来看,Henderson 和 Rauch 的研究结论基本都能够立足,一方面,对外贸易的增加带动了江苏、浙江、广东等省份中不同规模城镇劳动密集型产业的飞速发展;另一方面,在改革开放后省际城市人口规模的迁移总量在不断扩张,全国范围内基本吻合"沿海集中"的分布态势。

2. 新经济地理理论

Krugman 和 Livas(1996)在 Krugman(1991)城市集中模型基础上增加一个

区域，引入对外开放的情形，认为在封闭经济条件下，城市中企业和就业的分布根据运输成本的变化而调整，企业大多选择集中在主要市场区生产；但是在放开对外贸易制约后，国内市场的重要程度相对下降，生产者可能会向靠近口岸或资源较丰富的地区移动，封闭条件下形成的大城市吸引力开始减弱，一国或区域内部整体城市集中度也随之降低。但是根据 Krugman 和 Livas（1996）的模型无法直接得出均衡解，只能通过数值模拟的方式进行分析。为改进这一点，Behrens 等（2007）构建的理论模型在两个方面做出了努力：其一，采用 Ottaviano 等（2002）提出的垄断竞争函数形式，该形式的优势在于能够直接求出解析解并分析城市就业人口的效用变化；其二，除农业人口的不可流动性外，增加一项城市中企业的竞争效应，解释城市规模之所以不可能无限扩张的原因。研究最终得出了相同的结论：贸易自由化有助于城市人口的分散。

正如上文所言，新经济地理学派内部对于同一问题的研究结论却存在着极大争议，甚至是采用十分相似的模型得出了截然相反的结论。如 Fujita 等（1999）、Monfort 和 Nicolini（2000）、Paluzie（2001）、Crozet 和 Koenig（2004）等一系列研究，都得出了与最初始的 Krugman 和 Livas（1996）模型相反的结论。这些研究大多认为，具备一些初始发展优势的城市更容易受到对外贸易和外来投资者的青睐，因此会在开放条件下聚集更多人口。Kandogan（2014）指出，从微观角度看，企业在进入国外市场的初期由于信息不对称的限制，相较于国内企业更倾向于集聚（Mariotti and Piscitello，1995）；此外，跨国企业大多更重视规模经济的作用（Fan and Scott，2003），选址于该市场区原有的中心城市能够直接享受到规模经济的好处，这些因素都会增强大城市的就业吸纳能力，加剧城市规模的落差。总而言之，新经济地理学派就对外贸易与城市集中之间相关关系的理论分析并未得出一致的结论，至于哪一种模型设定更适用于分析现实中的城市规模分布问题，可能还要通过实证结果的检验才能略知一二。

（二）实证结果之谜

然而，与前文中的理论模型争议相对应地，实证研究结果也颇为复杂。跨国研究中引用率最高的当属 20 世纪末期 Ades 和 Glaeser（1995）采用跨国数据对 Krugman 和 Livas（1996）模型的实证检验，尽管 OLS 回归结果证实了理论模型的显著性，认为较少的对外贸易导致较高的城市集中度，但在控制内生性之后这种作用变得不再显著，因此该实证结果并不是很稳健。Nitsch（2006）在 Ades－Glaeser 研究的基础上扩大了样本中的国家数量并控制个体效应，研究结果认为对外开放与城市首位度的相关性并不是很强。随后 Brülhart 和 Sbergami（2008）的研究也得出了相同的结论。不过，认为对外贸易与城市规模分布之间存在互动关系的研究也不在少数，如 Henderson（2000）的研究构建了一个贸易开放与港口城市虚拟变量的交互项，他的检验结果证实总体而言对外开放削弱了城市集中度，但如果首位城市同时是港口城市，那么贸易自由化的作用方向刚好相反，表现为正向相关。

国家内部区域层面的实证研究结论也并不统一，大部分关注拉美地区发展的学者认为，以墨西哥为代表的发展中国家城市首位度始终居高不下，对外贸易的增加不但没有带动城市人口的分散，反而推动了边境或口岸城市规模的不断扩张，最经典的相关案例研究来自 Henderson（1997，1998）。除此之外，在针对亚洲区域的研究中，Henderson 和 Kuncoro（1996）指出，印度尼西亚 1983 年的贸易自由化政策促进了爪哇地区的集中程度；类似地，对外开放影响下的菲律宾首都马尼拉经历了人口规模快速扩张的过程（Pernia and Quising，2003）。不过实证研究中也有反例，贸易开放导致城市人口分散的情况主要出现在原本不发达的临港区，如 Redding 和 Sturm（2008）关于西德边境城市的研究，以及 Brülhart（2011）关于奥地利东部区域在冷战落下帷幕后得以快速发展的案例分析。

最后，目前基于中国数据的相关实证研究还不是很多。其中，Kanbur 和 Zhang（2005）认为，中国的对外开放使原本就具备比较优势的沿海地区得以更加快速地发展，导致 20 世纪 90 年代末全国范围内的不均衡问题达到了最高值。刘修岩和刘茜（2015）基于省级面板数据和 DMSP/OLS 夜间灯光数据的研究结果认为，"本地区贸易开放程度的提高显著促进区域内部的城市集中，相邻地区贸易开放程度的扩大会造成本地区城市集中度的下降"。宋晓丽等（2016）同样由省级层面数据出发，选择出口贸易数据作为衡量对外开放程度的代理指标，其研究结果显示，"出口贸易占 GDP 的比重每增加 1 个百分点，以帕累托系数衡量的城市集中度增加 0.36 个百分点"。因此，就现有文献的研究结果综合而言，我国整体和省级层面的对外开放程度与内部城市人口分布集中度之间存在较显著的正向相关关系。

第二节　开放条件下的三部门模型

工业革命之后，工业发展所导致的产业结构的演进，成为城市发展及其空间规模分布变化的重要推动力量。Fujita 和 Krugman（1995）研究发现，当农业发展水平一定时，工业空间集聚力量的大小决定了城市规模的大小。一方面，农业发展是城市发展的保证。Ranis 和 Fei（1961）指出，农业剩余对工业部门的扩张和劳动力转移（城市化）具有重要意义，农业和工业的协调发展推动了城市化进程。另一方面，农业发展为城市工业发展提供市场需求，并影响城市发展的集中和扩散。在产业集中和扩散的过程中，产业转移与需求扩大的相互作用，推动工业从劳动密集型产业到非劳动密集型产业在空间上进行鱼贯转移（Puga，1996）。

如前所述，区域经济发展水平和对外开放程度无疑是可能影响城市规模分布结构的最主要因素，但是现有的理论分析和实证证据都不足以帮助我们厘清中国的城市集中现象和形成机制。因此，本书在亨德森的城市体系理论框架下，参考 Michaels 等（2012）、Fajgelbaum 和 Redding（2014）的研究，提出一个开放条件下的三部门模型，通过产业结构的调整、不同产业部门劳动生产率的变化和城镇化率的提高反映区域经济增长，同时考察引入贸易开放条件对城市规模分布和人口密度的影响。

假设经济中共有三个部门：工业部门（M）、农业部门（A），以及服务业部门（N），其中工业和农业部门生产的产品可用于地区间或对外贸易，服务业部门生产的产品只供当地消费。进一步假设相对于全球市场而言区域足够小，因此贸易品价格为外生给定。经济中存在多个地点 $i \in I$ 可用于发展不同产业，专业化生产农产品和非贸易品的即为农村地区，专业化生产工业和非贸易品的即为城市地区，各地点的就业人口、占地面积等均内生可变。不同的地点之间存在区位条件差异，沿海地区 $i \in I_C$ 可直接按照给定价格 P_A^*、P_M^* 与国际市场进行贸易，其余内陆地区则只能通过港口与国际市场交易，因此内陆地区与港口之间的交通运输成本会影响产品的相对价格。规定任意两个地点 $(i, i') \in I$ 之间的贸易成本为 $\delta(i, i')$，随地区间交通基础设施条件的改善而下降。每个地点的可利用土地面积为 $H(i)$，每个居民等同于一单位劳动力，因此各地点的就业总量就相当于就业规模，用符号 $L(i)$ 表示，因此地点 i 的就业密度为 $l(i) = L(i)/H(i)$。经济体中人口总量满足：$L = \sum_{i \in I} L(i)$。

一、消费者偏好与需求

假设消费者的效用取决于三种产品的消费量，为方便起见选择 Cobb – Douglas 形式的效用函数：

$$U(i) = C_T^\mu(i) C_N^{1-\mu}(i), \ 0 < \mu < 1 \tag{5-1}$$

式中，$C_T(i)$ 代表可贸易品的消费组合，由农产品和工业品的消费组成，假设 $C_T(i)$ 服从的是固定替代弹性（CES）函数形式：

$$C_T(i) = \left[\varphi_A C_A^\rho(i) + \varphi_M C_M^\rho(i)\right]^{1/\rho},\ 0 < \kappa = \frac{1}{1-\rho} < 1,\ \varphi_A,\ \varphi_M > 0 \tag{5-2}$$

式中，φ_A、φ_M 反映的分别是对农产品和工业品的偏好程度。根据 Ngai 和 Pissarides（2007）的研究，认为设定工业品与农产品为互补品更为合理，因此两种产品之间的替代弹性 κ 小于 1。

假设工人工资为 $w(i)$，最大化条件下的需求函数为：

$$C_T(i) = \frac{\mu w(i)}{P_T(i)},\ C_N(i) = \frac{(1-\mu)w(i)}{P_N(i)} \tag{5-3}$$

其中，P_T 表示可贸易品的综合价格指数：

$$P_T(i) = \left[\varphi_A^\kappa P_A^{1-\kappa}(i) + \varphi_M^\kappa P_M^{1-\kappa}(i)\right]^{\frac{1}{1-\kappa}} \tag{5-4}$$

可贸易品的消费中，农产品和工业品的消费占比取决于偏好程度以及相对价格，分别为 $\lambda_A(P_M(i)/P_A(i))$ 和 $1 - \lambda_A(P_M(i)/P_A(i))$，进一步计算得到：

$$\lambda_A\left(\frac{P_M(i)}{P_A(i)}\right) = \frac{P_A(i)C_A(i)}{P_T(i)C_T(i)} = \left[1 + \left(\frac{\varphi_M}{\varphi_A}\right)^\kappa \left(\frac{P_M(i)}{P_A(i)}\right)^{1-\kappa}\right]^{-1} \tag{5-5}$$

由此，最大化效用函数可写为：

$$U^* = \frac{\mu^\mu (1-\mu)^{1-\mu} w(i)}{P_T^\mu(i) P_N^{1-\mu}(i)} \tag{5-6}$$

假设工人可在不同地点之间自由流动，因此均衡时经济体中各处提供的效用水平相同。

二、生产技术与供给

生产层面同样采用 Cobb – Douglas 函数形式，不同部门的产出水平分别如下：

$$Y_N(i) = s_N(i)\theta_N(i)L_N^{\alpha_N}(i)H_N^{1-\alpha_N}(i),\ 0 < \alpha_N < 1 \tag{5-7}$$

$$Y_M(i) = s_M(i)\theta_M(i)L_M^{\alpha_M}(i)H_M^{1-\alpha_M}(i),\ 0 < \alpha_M < 1 \tag{5-8}$$

$$Y_A(i) = \theta_A(i)L_A^{\alpha_A}(i)H_A^{1-\alpha_A}(i),\ 0 < \alpha_A < 1 \tag{5-9}$$

其中，$\theta_j(i)$ 表示不同部门 $j = A, M, N$ 的生产效率，α_j 表示不同部门对土地的需求弹性，由于农业比制造业、服务业更依赖土地，因此可以认为 $\alpha_A < \alpha_M$，$\alpha_A < \alpha_N$；与此同时，制造业和服务业的生产同样也需要一定的土地，故 $\alpha_M > 0$，$\alpha_N > 0$。与亨德森城市体系类似地，尽管本书假设生产者之间完全竞争，但在产业部门层面可能存在规模效应，因此在制造业和服务业的生产函数中增加 $s_j(i)$ 因子：

$$s_j(i) = S_j l_j^{\eta_j}(i), \quad j = M, N \tag{5-10}$$

也就是说，规模效应与部门特点 S_j 和该地点该产业就业人口密度相关，其大小取决于因子 $\eta_j \geq 0$。

在完全竞争的假设条件下，利润最大化时个体生产者的边际产出等于边际投入；换句话说，工人工资就等于单位劳动产出，同理地租等同于单位土地产量：

$$w_j(i) = \frac{\partial Y_j(i)}{\partial L_j(i)} = s_j(i)\theta_j(i)\alpha_j l_j^{\alpha_j-1}(i), \quad j = M, N \tag{5-11}$$

$$r_j(i) = \frac{\partial Y_j(i)}{\partial H_j(i)} = s_j(i)\theta_j(i)(1-\alpha_j)l_j^{\alpha_j}(i), \quad j = M, N \tag{5-12}$$

$$w_A(i) = \frac{\partial Y_A(i)}{\partial L_A(i)} = \theta_A(i)\alpha_A l_A^{\alpha_A-1}(i) \tag{5-13}$$

$$r_A(i) = \frac{\partial Y_A(i)}{\partial H_A(i)} = \theta_A(i)(1-\alpha_A)l_A^{\alpha_A}(i) \tag{5-14}$$

根据式（5-13）和式（5-14）可求得地点 i 处的工资—地租比为：

$$\frac{w_j(i)}{r_j(i)} = \left(\frac{\alpha_j}{1-\alpha_j}\right)\frac{1}{l_j(i)}, \quad j = A, M, N \tag{5-15}$$

由式（5-15）可知，工资—地租比取决于不同部门的土地需求弹性和该地点的就业人口密度。假定部门的土地需求弹性外生给定，那么当劳动力密度增加时，土地变得更为稀缺，因此劳动力报酬相对下降。另外，完全竞争条件下，均衡时生产者均获得"零利润"，每个地点的每个部门中总产出值等于总收入，因此有：

$$P_j(i)Y_j(i) = w_j(i)L_j(i) + r_j(i)H_j(i), \quad j = A, M, N \tag{5-16}$$

将式（5-15）代入式（5-16），整理后得到：

$$l_j^{1-\alpha_j}(i) = \frac{\alpha_j s_j(i)\theta_j(i)P_j(i)}{w_j(i)}, \quad j = M, N \tag{5-17}$$

$$l_A^{1-\alpha_j}(i) = \frac{\alpha_A \theta_A(i)P_A(i)}{w_A(i)} \tag{5-18}$$

将式（5-16）中对于规模效应的定义代入式（5-18），可进一步得出非农产业的就业密度表述：

$$l_j^{1-\alpha_j-\eta_j}(i) = \frac{\alpha_j S_j \theta_j(i)P_j(i)}{w_j(i)}, \quad j = M, N \tag{5-19}$$

结合式（5-18）和式（5-19）可知，农业部门就业密度与土地需求弹性、生产效率、农产品价格呈正相关关系，与工资水平呈负相关关系。非农部门的均衡结果相对更复杂一些，如果给定部门的规模效应大小，那么就业密度与生产效率、部门产品价格正相关，与工资水平负相关；但是，如果规模效应是内生决定的，那么只有在参数满足 $1 - \alpha_j - \eta_j > 0$ 时，也就是规模效应并不是很显著的情况下，制造业和服务业的规模经济才会带来就业密度的增加，如果 η_j 过高则有可能导致就业密度的下降。该结果体现了规模经济影响下，非农部门人口在正向的集聚效应和负向拥挤效应之间权衡的动态过程，能够较好地与实体经济相对应。将经济体视作整体时上述关系仍能成立，由此首先得出假说1：

假说1：规模经济与城市人口密度之间存在先上升后下降的"钟形"关系。

三、出清条件

除上述消费者最优化和生产者利润最大化条件外，经济内实现均衡的条件还包括：

（1）劳动者选择效用最大化的地点工作，并且可在不同部门之间转换，因此最终均衡时各地点各行业劳动者效用相同，均为 U^*：

$$U(i) = U^*, \quad 若 L(i) > 0 \tag{5-20}$$

（2）由于不可贸易品只能通过本地生产供给，如果不生产则当地工人效用下降为0；同理，由于不可贸易品无法供出口或进口，如果某地只生产不可贸易品，消费者无法获得农产品或工业品，效用水平同样下降为0。因此每个 $L(i) > 0$ 的地点都必须生产至少两种产品，除不可贸易品外，可以选择专业化生产农产品、专业化生产工业品、既生产农产品也生产工业品，选择标准取决于不同产业部门的边际土地产出，即地租水平：

$$r(i) = \max\{r_A(i), r_M(i), r_N(i)\} \tag{5-21}$$

（3）每个地点的土地市场出清：

$$\sum_{j=A,M,N} H_j(i) = H(i) \tag{5-22}$$

（4）每个地点的劳动力市场出清：

$$\sum_{j=A,M,N} L_j(i) = L(i) \tag{5-23}$$

（5）每个地点的不可贸易品出清：

$$C_N(i)L(i) = Y_N(i) \tag{5-24}$$

（6）存在对外贸易的情况下，内陆地点出口到国外时，由于存在国内部分的运输成本，因此贸易品价格为：

$$P_j(i) = \frac{P_j^*}{\delta_j(i)}, \quad j = A, M \tag{5-25}$$

式中，$\delta_j(i) = \min_{l' \in L} \{\delta(l, l')\}$，即由地点 i 到距离最近的港口地点的

距离。内陆地点由国外进口的贸易品价格为：

$$P_j(i) = P_j^* \delta_j(i) , \ j = A , \ M \tag{5-26}$$

$\delta_j(i)$ 的含义与上式相同。

（7）最后，整个经济体中劳动力出清：

$$\sum_{i \in I} L(i) = L \tag{5-27}$$

经济体中的劳动力总量或人口规模随时间可变，但在某一时间截面上可视作外生给定值。

四、均衡解与比较静态分析

根据上述出清条件，结合供给和需求层面的结论，可以求得整个经济体的均衡解并进行比较静态分析。假设产品价格和最大化效用水平给定，由出清条件的（1）～（5）条可得到单个地点的人口密度均衡解；综合（6）～（7）条可考虑开放条件下整个经济的经济结构（各地专业化生产情况）、经济发展水平（工人工资水平），以及不同地点间的就业和土地分配情况。

由式（5-20）可知，假定消费者对于不同商品的偏好相同，那么其效用 U^* 取决于该地点的工资水平和三种产品的价格，在均衡条件下给定最优效用和产品价格，那么不同部门提供的工资率应该相同，即：

$$w_A(i) = w_M(i) = w_N(i) \tag{5-28}$$

考虑到如果某地点 i 处的人口规模大于 0，就要求必须生产不可贸易品 N，那么根据出清条件（2），其余部门能够开展生产的条件是单位土地投入的边际产出等同于服务业部门：$r_j(i) = r_N(i)$。不存在贸易的情况下（包括经济体内部贸易与对外贸易），该地点将同时生产三种产品，此时 $r_A(i) = r_M(i) = r_N(i)$ 成立，结合式（5-23）可知，此时部门就业密度可写为：

$$l_j(i) = \frac{r(i)}{w(i)} \cdot \frac{\alpha_j}{1 - \alpha_j} \tag{5-29}$$

由式（5-29）可知，部门对于土地的需求弹性决定了该部门的就业密度，本书首先认为农业是土地密集型产业，因此 $\alpha_A < \alpha_M$、$\alpha_A < \alpha_N$，故制造业、服务业的就业密度要高于农业部门，将式（5-29）代入式（5-28）可得出均衡条件：

$$w^{\alpha_A}(i) r^{1-\alpha_A}(i) = \alpha_A^{\alpha_A}(1 - \alpha_A)^{1-\alpha_A} \theta_A(i) P_A(i) \tag{5-30}$$

$$w^{\alpha_M}(i) r^{1-\alpha_M}(i) = \alpha_M^{\alpha_M}(1 - \alpha_M)^{1-\alpha_M} s_M(i) \theta_M(i) P_M(i) \tag{5-31}$$

以上两式左右两端同时除以 $r(i)$，调整后可得临界工资—地租比：

$$\frac{\overline{w}(i)}{\overline{r}(i)} = \left(\frac{\alpha_A^{\alpha_A}(1-\alpha_A)^{1-\alpha_A}\theta_A(i)P_A(i)}{\alpha_M^{\alpha_M}(1-\alpha_M)^{1-\alpha_M}s_M(i)\theta_M(i)P_M(i)} \right)^{\frac{1}{\alpha_A-\alpha_M}} \tag{5-32}$$

根据上述临界条件可以得出以下结论：在开放的贸易条件下，如果农业部门工资—地租比较低，$w_A(i)/r_A(i) < \overline{w}(i)/\overline{r}(i)$，那么地点 i 专业化生产农产品，在本书的模型框架下形成农村地区；相反地，如果工业部门工资—地租比较低，也就是 $w_M(i)/r_M(i) < \overline{w}(i)/\overline{r}(i)$，那么该地点将专业化生产工业品，形成城市地区。也就是说，各地区会专业化生产自身具备比较优势的可贸易品，整个经济体中农业产区所占比重较高时，人口分布密度较低；相反，如果经济体中工业相对发达，形成城市区域较多，则人口分布密度较高。由此可得出以下假说：

假说 2：区域产业结构与城市化率显著相关。

假说 3：区域产业结构与人口密度显著相关。

最后，在考虑国际贸易的情况下，根据出清条件（6），沿海地区与内陆地区的主要差异在于可贸易产品的价格不同，沿海地区可以直接以较高的价格出口产品或以较低的价格进口产品，也就是说对于沿海地区 i_C 而言，购买可贸易商品的价格 $P_T(i_C)$ 相对较低，相应地沿海地区的劳动力效用水平较高。考虑到地区间劳动力可自由流动，沿海地区人口总量 $L(i_C)$ 将相应增加，人口规模的增长带来人口密度的提高，根据式（5-25）和式（5-26）可知，在部门生产效率和规模经济外生给定的情况下，人口密度的提高与劳动力工资负相关，与地租水平正相关。较低的商品价格带来的效用增长由此被地区人口规模的扩张和降低的劳动工资相抵消。因此，最终均衡时沿海地区的人口规模总量较大、城市就业密度较高、工资—地租比率较低。由此可继续得出以下假说：

假说 4：区域的对外开放程度显著影响城市人口集中度。

上述假说的意思是指同时包含沿海与内陆地区的经济体（如沿海省份），或者是各地区对外开放程度不同的区域，通常会呈现出人口规模分布不均的情况，具体表现为城市人口集中于沿海地区，内陆地区距离港口或边境越远，城市规模和人口密度越低。总之，如果一个区域中各点接近国际市场的能力存在差异，那么贸易的自由化就容易将人口吸引到更为开放的城市。

第三节 实证研究方法和变量选择

根据以上文献归纳与理论推导，基本可以明确的一点是区域的经济发展和对外开放过程与城市的形成和扩张、人口的迁移和集中之间存在密切联系。尽管在本书构建的三部门城乡体系模型中并没有某个变量直接反映整体经济产出[1]，但是可以通过与经济发展紧密相关的其他变量，如生产效率的提高、产业结构的调整、城市人口比重的增长，以及规模经济效应的大小来侧面反映区域整体的经济发展水平。不过，在同一个回归方程中纳入多个反映经济发展的解释变量，极有可能出现共线性的问题，因此在实际操作中可选择替换相近变量，并进行相关检验以保证估计结果的无偏性。相较之下，对外开放通过降低交通成本、扩大潜在市场规模等渠道重塑城市人口分布结构，其作用机制表现得较为明确，因此这一部分在实证研究中的设计也相对简单明了。

实证中需要解决的主要问题在于，既要体现理论假说中不同变量之间的相互作用，又要保证变量之间的"非线性相关关系"不被遗漏，此外还要排除可能的内生性问题。本书参考 Henderson（2000）的实证研究设计构建回归方程，并在此基础上进行拓展使之更加契合本书的研究主旨，同时结合面板工具变量法和固定效应门槛回归，尽可能保证实证结果的准确性和可靠性。以下首先介绍基本和拓展的回归方程设计，其次简要阐述实证方法的原理，最后解释各类变量的选择或构建依据并明确数据来源。

一、方法选择

根据理论推导结果，城市集中度无疑受到对外开放程度的直接影响，相比内陆地区，沿海或边界地区的城市规模和人口密度均较高，因此城市人口分布相对而言更加集中于少数地区。大部分实证研究结果也支持这一结论，如 Kanbur 和 Zhang（2005）的研究表明，贸易的开放使中国沿海地区的经济活动集中程度显著提高，刘修岩和刘茜（2015）的研究也认为，本地区贸易开放程度的提高显著促进了区域内部的城市集中。据此，本书首先构建如下模型解释城市集中度的影响因素：

$$concen_{it} = c + \beta open_{it} + \gamma X_{it} + \mu_i + v_t + \varepsilon_{it} \tag{5-33}$$

其中，$concen$ 表示城市集中度指数，$open$ 为贸易开放的衡量指标，X 表示其他一系列控制变量；下标 i 代表省区，t 表示年份，μ_i 和 v_t 分别代表不随省份和时间变化的固定效应，ε_{it} 为随机误差项。

除对外开放会对城市集中度产生直接影响外，根据本书构建的新古典三部门

---

① 在模型中包含多个地区且地区数量内生的情况下，计算区域的整体产出是十分困难的。

城乡体系模型，运输成本也是决定城市发展和规模扩张的关键所在。事实上，内陆地区之所以缺乏吸引力的主要原因之一即高国际贸易成本导致的居民效用下降。由模型可知，随着区域内部交通成本的下降，沿海地区的比较优势开始减弱，不同地区之间的城市规模差距也将逐渐缩小，因此本书认为区域内部交通基础设施的完善有助于城市人口的分散化分布。不过也有研究认为，交通成本的作用与区域经济发展阶段有关，对于欠发达区域而言，道路建设首先会促进人口向大城市集中（王向、刘洪银，2016）。本书第二章中给出的新经济地理模型也认为，在运输成本逐渐降低的情况下，厂商会倾向于集中分布以获得规模收益，因此本书假设交通成本与城市集中度之间可能存在二次相关关系，因此在式（5－33）的基础上增加交通成本变量 trans 及其二次项：

$$concen_{it} = c + \beta_1 open_{it} + \beta_2 trans_{it} + \beta_3 trans_{it}^2 + \gamma X_{it} + \mu_i + v_t + \varepsilon_{it} \qquad (5-34)$$

以上模型重点考虑对外开放和交通成本对城市人口规模分布的影响，但尚未涉及经济发展的部分。如前所述，产业结构、城镇化率都与经济发展水平存在正向相关关系，Moomaw 和 Shatter（1996）指出，农村人口向城市地区转移是城市化最直接的表现形式，而一个地区的产业结构直接决定了劳动力资源在农业和工业上的分配。但需要注意的是，以上因素并非直接作用于城市集中度，而是通过影响区域人口密度发挥作用。由式（5－34）可知，假设服务业不可转移的情况下，区域工业化程度越高，城市人口占比越大，整体人口分布密度相应越高。因此，产业结构或城镇化率可以与人口密度构成交互项进入回归方程，形式如下：

$$concen_{it} = c + \beta_1 open_{it} + \beta_2 trans_{it} + \beta_3 trans_{it}^2 + \beta_4 dens_{it} + \beta_5 eco_{it} + \beta_6 dens_{it} \times$$
$$eco_{it} + \gamma X_{it} + \mu_i + v_t + \varepsilon_{it} \qquad (5-35)$$

其中，eco 代表经济产出变量，该变量可以是区域人均产出 cgdp，同时也可以用产业结构 struc 或城镇化率 urban 替换。本书为了更好地贴合理论推导，选择"第二产业增加值/第一产业增加值"作为衡量产业结构的主要指标，工—农产业比重的上升无疑会提高城市人口的分布密度，进而可能影响到城市集中度水平，根据模型推导两者之间的关系应该是线性的。但是，经济产出与城镇化率不仅反映工业与农业之间的互动关系，同时包含了第三产业的增长和变化。结合我国的实际情况可以发现，大城市中服务业产出占比远高于工业和农业，农村地区第三产业的发展程度远远落后于城市地区。因此，理论模型为了简化推导过程，对于服务业的假设与现实之间可能存在较大差池，为准确考察经济发展阶段与城市规模分布之间可能存在的"倒 U 形"相关关系，在此参考 Henderson（2000）的研究拓展式（5－35）为以下形式：

$$concen_{it} = c + \beta_1 open_{it} + \beta_2 trans_{it} + \beta_3 trans_{it}^2 + \beta_4 dens_{it}(1 + \beta_5 eco_{it} + \beta_6 eco_{it}^2) + \gamma X_{it}$$
$$+ \mu_i + v_t + \varepsilon_{it} \qquad (5-36)$$

上述实证研究设计基本囊括了假说 2 至假说 4 的主要内容，之所以将假说 1 放在这一部分的最后，主要原因是在实证研究中选择或构建一个能够较好地体现规模经济的指标并不容易。根据贺灿飞和谢秀珍（2006）的研究，可以采用企业平均就业人数代表产业内的企业平均规模，来衡量规模经济。因此，本书拟采用规模以上工业企业相关数据反映规模经济的大小，并进一步考察规模经济与城市集中度之间的非线性关系。需要强调的是，根据式（5-36），规模经济的变动引起的是单个城市的人口密度调整，而非整个区域，不同空间尺度下的人口密度变化对城市集中的影响方式是截然不同的。当规模效应增强时，区域内少数大企业所在城市人口密度提高，直接导致城市人口倾向于集聚，这种规模经济带来的边际效应减弱时，城市人口分布集中度下降，因此规模经济 scale 的影响可以直接进入回归方程：

$$concen_{it} = c + \beta_1 open_{it} + \beta_2 trans_{it} + \beta_3 trans_{it}^2 + \beta_4 dens_{it}(1 + \beta_5 eco_{it} + \beta_6 eco_{it}^2) +$$
$$\beta_7 scale_{it} + \beta_8 scale_{it}^2 + \gamma X_{it} + \mu_i + v_t + \varepsilon_{it} \qquad (5-37)$$

以上方程基本涵盖了理论模型中得出的主要结论，不过考虑到城市人口的转移和流动是一个相对缓慢的过程，城市集中度指数的变化可能很大程度上受到前期状态的影响，因此将式（5-37）改写为一个动态回归方程相对更为合理，也有助于控制历史因素对当前城市规模分布的影响：

$$concen_{it} = c + \beta_0 concen_{it-1} + \beta_1 open_{it} + \beta_2 trans_{it} + \beta_3 trans_{it}^2 + \beta_4 dens_{it}(1 + \beta_5 eco_{it} +$$
$$\beta_6 eco_{it}^2) + \beta_7 scale_{it} + \beta_8 scale_{it}^2 + \gamma X_{it} + \mu_i + v_t + \varepsilon_{it} \qquad (5-38)$$

不过动态面板回归的主要问题在于组内估计量（FE）的不一致性（Nickell，1981），仅对包括经济发展等内生变量增加工具变量是不够的，因为不同时期的城市集中度本身必然存在相关性，而且难以通过施加工具变量分离无关的干扰项。这种情况下就需要通过差分 GMM 或系统 GMM 方法实现，下文简要介绍面板工具变量法、系统 GMM 估计，以及面板门槛回归法。面板门槛回归作为本章的辅助回归方法，主要用于明确变量间的非线性相关关系，以及诸如人口密度等"中介"因素的作用机制。相较于直接在回归方程中加入交互项，该方法的优势在于能够基于数据本身"搜索"门槛值，而非人为设定，并且门槛变量可以选取除被解释变量和解释变量以外的其他变量，因此有助于识别间接影响。

（一）面板工具变量法

本书在第四章最后一部分中简单讨论了城市集中度、城镇化率和经济增长之间的互动关系，实证结果显示，城市规模结构分布是否合理显著影响城镇化进程和区域经济发展。因此，本章在考虑经济发展对城市集中的反作用时，不得不面对的首要问题是可能存在的内生性或反向因果关系。对于内生性的处理，最传统也是最为有效的方式即通过引入工具变量（Instrumental Variabl, IV），将内生解释变量区分为"与扰动项相关""与扰动项不相关"两部分，通过后者得到一致估计。有效的工具变量需要满足以下两个条件：

（1）相关性：工具变量 z 与内生解释变量相关 x。

（2）外生性：工具变量 z 与扰动项不相关 y。

工具变量的选取存在一定难度，因为工具变量 z 与解释变量 x 相关，那么显然 z 与 y 之间通过 x 也存在相关关系。但是有效工具变量要求这种相关性只能通过 x 体现，也就是说，除 x 之外没有其他渠道能够使 y 与 z 产生联系。本书的实证研究主要建立在面板数据基础上，因此在使用工具变量法时必须首先对模型进行变换以解决遗漏变量的问题（如使用固定效应模型 FE 或一阶差分法 FD），之后再对变换后的模型使用二阶段最小二乘法（2SLS）或 GMM 进行估计（陈强，2014）。

（二）系统 GMM 估计

如前所述，城市人口规模分布结构的变动并不是一蹴而就的过程，当下的城市集中度往往与其前期的情况存在相关关系。式（5-38）通过引入被解释变量的滞后值形成动态面板模型，在这种情况下仅采用工具变量仍然无法得出一致估计量，因此需要用到动态面板数据的 GMM 估计方法。GMM 估计的特点在于能够通过使用面板数据集提供的"内在"（internal）工具变量来解决内生性问题。Arellano 和 Bond（1991）指出，针对动态面板模型可使用差分的 GMM 估计量作为工具变量进行回归分析。简单来说，针对一般的动态面板模型：

$$y_{it} = \alpha + \rho y_{it-1} + x'_{it}\beta + z'_i\delta + u_i + \varepsilon_{it} \qquad (5-39)$$

作一阶差分消去个体效应可得：

$$\Delta y_{it} = \rho \Delta y_{it-1} + \Delta x'_{it}\beta + \Delta \varepsilon_{it} \qquad (5-40)$$

不过差分后的 Δy_{it-1} 依然与 $\Delta \varepsilon_{it}$ 相关，因此可以使用 y_{it-2} 作为 Δy_{it-1} 的工具变量再进行两阶段最小二乘估计。如果根据检验，残差项 ε_{it} 不存在自相关，那么 y_{it-2} 就是有效工具变量，据此方法得出的也是一致估计结果。

但是，差分 GMM 估计也存在一些问题，具体包括以下几点：第一，面板数据中如果研究时段 T 很长，在不限制滞后期数的情况下会产生过多工具变量，一方面可能导致样本量的损失，另一方面容易弱化检验统计量的有效性；第二，不

随时间变化的变量 z_i 被消掉了，因此无法估计其系数；第三，如果被解释变量的持续性很强，那么容易出现弱工具变量的问题，差分 GMM 也可能不适用（Blundell and Bond, 1998; Che et al., 2013）。

综上所述，考虑到差分 GMM 估计量性质较差，Arellano 和 Bover（1995）此后进一步提出了系统 GMM 方法，将潜在内生变量的差分滞后项作为工具变量纳入模型中。与差分 GMM 相比，系统 GMM 可以提高估计效率，同时能够给出不随时间变动的变量回归系数，但是需要额外满足 $\{\Delta y_{it-1}, \Delta y_{it-2}, \cdots\}$ 与个体效应 u_i 不相关的假定。目前，该方法的应用已经渐趋完善（Brülhart and Mathys, 2008; 刘修岩等, 2012），实证结果也较为稳健，具备一定的学术价值。

（三）面板门槛回归法

根据理论部分的分析结果可知，模型推导无法直接得出经济增长或产业结构影响城市集中度的结论。也就是说，区域发展程度一般是通过影响人口密度，间接作用于城市规模分布结构。因此，在构建实证分析框架时需要考虑这种中介因素的作用。此外，如空间组织阶段次序和"威廉姆森假说"所述，由于经济发展阶段等因素与被解释变量之间可能存在着非线性相关关系，有必要将不同区域按照相关变量的大小划分为不同类型，分别考察回归估计系数之间是否存在差异。对于这种问题的处理，传统的做法是由研究者主观设置一个门槛值，根据此门槛将样本划分为几个部分后分别检验，但是这种做法的问题在于既不对门槛值进行参数估计，也不对其显著性进行统计检验，因此得到的结果并不可靠（陈强, 2014）。Hansen（1999, 2000）为解决上述问题提出了"门槛（门限）回归"（threshold regression）方法，不但能够用于变量间非线性关系的检验，通过选择不同的门槛变量还可以进一步检验变量之间的间接关系。以下简要介绍门槛回归的基本原理，单门槛模型可以设定为如下形式：

$$y_{it} = \alpha_i + \beta'_1 Z_{it} \times I(q_{it} \le \lambda) + \beta'_2 Z_{it} \times I(q_{it} > \lambda) + \gamma' X_{it} + \varepsilon_{it} \tag{5-41}$$

其中，q_{it} 是门槛变量，λ 为门槛参数，$I(\cdot)$ 表示指标函数，X_{it} 代表上文中的控制变量向量组。在估计面板门槛模型系数时，门槛变量值并非外生给定，而是在估计过程中根据样本数据内生识别，这也是该回归方法的一大优势所在。Hansen（1999, 2000）认为，门槛变量的值即为模型残差平方和 $S_1(\lambda)$ 的最小值。对式（5-41）采用固定效应模型方法估计，消除个体固定效应值 α，即可得到残差平方和：

$$\bar{\lambda} = \operatorname{argmin}(S_1(\lambda)) \tag{5-42}$$

得到门槛变量估计值 $\bar{\lambda}$ 后，需要进行两方面假设检验，首先，检验门槛值的统计显著性：$H_0: \beta_1 = \beta_2$。若 H_0 成立，则表示不存在门槛效应；反之，则表示门槛值统计显著。令 S_0 为 H_0 成立时对应的残差平方和，$S_1(\bar{\lambda})$ 为存在门槛效应条件下的残差平方和，则统计量：$F = (S_0 - S_1(\bar{\lambda}))/\hat{\sigma}^2$。进一步地，采用自列举法（Bootstrap）获得 F 统计量的渐进分布，并计算基于似然比检验的 p 值。其次，确定门槛值的置信区间，通过构建似然比 LR 统计量检验原假设：$H_0: \lambda = \lambda_1$，其中 $LR_1(\lambda) = (S_1(\lambda) - S_1(\bar{\lambda}))/\hat{\sigma}^2$。假设统计要求的显著性水平为 α，当统计量 $LR_1(\lambda) \leqslant c(\alpha) = -2\ln(1 - \sqrt{\alpha})$ 时，无法拒绝原假设。

若存在两个或两个以上门槛，可将式（5-41）拓展为存在多个门槛值的面板门槛回归模型：

$$y_{it} = \alpha_i + \beta'_1 Z_{it} \times I(q_{it} \leqslant \lambda_1) + \beta'_2 Z_{it} \times I(\lambda_1 < q_{it} \leqslant \lambda_2) + \beta'_n Z_{it} \times I(\lambda_{n-1} < q_{it} \leqslant \lambda_n) + \beta'_{n+1} Z_{it} \times I(q_{it} > \lambda_n) + \gamma' X_{it} + \varepsilon_{it} \qquad (5-43)$$

当单门槛模型检验中拒绝 F_1 时，则应通过 F_2 统计量判断第二个门槛值是否显著，若显著则应重复上述步骤进行多门槛值检验，直至无法拒绝原假设为止，从而最终确定门槛值的个数。

二、研究变量

实证研究中涉及的相关变量较多，以下简单划分为核心变量、控制变量和工具变量三种类型。其中，核心变量包括作为被解释变量的城市集中度指数，理论模型推导过程中出现的对外开放、交通成本、规模经济、人口密度，以及与区域经济发展阶段紧密联系的两个变量——产业结构与城镇化率。控制变量包括了其他可能影响城市集中度但没有出现在模型推导中的因素，如地理位置、民族文化等，控制这些因素更有利于辨别核心变量对城市规模分布情况的影响。最后，由于回归过程中不可避免地存在内生性问题，本书选择第一产业生产率、城乡收入比、城镇固定资产投资占比等几个工具变量来尽可能剔除扰动项中与内生变量相关的部分对回归结果造成的干扰。另外，在动态面板数据的 GMM 回归中，追加额外的工具变量也能够使估计结果更有效率。

（一）核心变量

这一部分需要用到的被解释变量即本书第三章中根据夜间灯光数据构造的城市集中度指数，此处不予赘述。解释变量中，理论模型涉及的核心变量包括对外开放、交通成本、产业结构、城镇化率、人口密度和规模经济等。其中，产业结构与城镇化率同向变动，制造业比重的提高直接引起城市人口规模和比重的增加，两者都能作为经济发展水平的替代指标。考虑到实证部分需要考察人口密度与产出的互动关系，然而城镇化率可能与人口密度存在较强的相关关系，进而导致共线性问题，因此本书在实际操作中用经济产出水平替代城镇化率。以下详细分析各核心解释变量：

（1）对外开放（open）。现有研究认为，出口对地区经济发展的拉动最为直接，效果最为明显，对劳动力的分布起着至关重要的作用，同时能够较好地反映各地区经济对外部市场的依赖程度（刘修岩、刘茜，2015），因此选择省区出口总额占 GDP 比重作为衡量对外开放的指标，按照当年美元兑人民币汇率得出以人民币计价的出口总额后计算。

（2）交通成本（trans）。尽管本章的研究重点并非城际关系，但是交通运输成本的高低无疑对区域贸易的发达程度以及劳动力的分布情况存在影响，并且根据第一部分的理论回归可知，在少数地区交通相对发达的情况下，城市人口倾向于集聚；而当交通网络发展趋于成熟后，经济活动的分布相对更加分散。因此交通成本与城市集中度之间可能存在二次相关关系，本书构建一个简单的公路分布密度变量体现区域内部交通设施的完善程度，计算方法为公路里程总数除以土地面积。

（3）产业结构（struc）。本书构建的理论模型中尽管包含三个部门，但是由于服务业被假定为无法跨地区贸易，因此决定人口分布的主要是农业和工业之间的互动关系。当区域中农业占据主导时，人口分布相对分散；当工业部门较为壮大时，城市数量、城市人口规模和分布集中程度都有所提高。为贴合模型假设，选择第一产业增加值与第二产业增加值之比作为反映产业结构的主要指标。该指标值越大，说明农业占比越高，那么相应地人口密度应该越低。

（4）产出水平（cgdp）。它通过地区人均 GDP 来反映，是衡量经济发展阶段的最直接指标。根据本书第四章的研究，城镇化率与区域经济产出基本保持同步增长的关系，但是在既定的城市化水平下，城市规模分布结构的不同会对产出水平造成显著影响。因此，本章在反过来考察经济增长对城市集中度的影响时必须尽量排除内生性的影响，之所以不能将城镇化率和经济产出纳入同一回归方程也是出于这点考虑。此外，为剔除物价影响，采用 1978 年价格作为基期，通过不同省份 GDP 平减指数调整人均 GDP 结果为实际值。

（5）人口密度（dens）。通常情况下，地区人口密度与城市集中度之间关系密切，但是这种关系的方向性实际上并不明确。根据理论分析，个别城市工业比重的增长、对外贸易的扩大都会导致该市人口密度的提高，这种提高必然会导致城市人口规模分布结构的变化。那么城市集中度是会上升还是下降，取决于发生变化的城市，如果是首位城市增长较快，那么城市人口趋向于进一步集聚；反之亦反。归根结底，人口密度的变化就如同一根线，牵起城市集中度和经济发展阶段的两端。由于统计年鉴中的城市人口密度数据无法追溯到 1992 年，本书直接通过夜间灯光数据计算区域人口分布密度。数据的获取方式与城市集中度指数相似，根据省级政区地图裁剪边界后，校准、剔除不符合条件的光点后加总区域范围内灯光灰度值，再利用加总值除以土地面积即可。

（6）规模经济（*scale*）。根据贺灿飞和谢秀珍（2006）的研究，可以采用企业平均就业人数代表产业内的企业平均规模来衡量规模经济。实证研究发现，企业平均规模与产业地理集中存在显著正相关关系，表明规模经济促进产业地理集中（Paluzie et al.，2001）。因此，本书选择规模以上工业企业年末平均员工数与规模以上工业企业数的比值作为规模经济的代理变量，但是鉴于员工数指标缺失较为严重，因此考虑用规模以上大中型工业企业资产总值替代员工数构建指标。

（二）控制变量

为增强实证回归结果的揭示力度，同时避免个体因素对研究结果的干扰，本书在核心变量基础上加入包括地理位置、地域面积、民族特性、文化背景等方面的区位因素作为控制变量，这些变量多为外生因素，主要取决于区位的自然条件和历史渊源，因而通常不随时间更迭而发生改变。尽管如此，正如城市的发展在一定程度上取决于偶然因素一样，区位条件的不同也可能对城市人口的分布模式产生持续的影响。

（1）土地面积（*land*）。理论角度看，区域领土面积越大，城市集中分布的可能性越低。一方面，广阔的领域为容纳更多的城市数量，发展不同层次的城市规模，构建多样化的城市体系提供了自然基础和先天条件。此外，为了给相对分散的农村人口提供一定规模的服务，领土面积较大的区域更倾向于发展大量中等规模的城市。另一方面，对于领土面积较小的区域而言，运输距离相对较短使交通成本在企业总成本中占比不高，不足以成为影响企业利润的最重要因素。因此，企业将视图通过集聚生产形成规模经济，降低生产过程中的劳动力和中间产品支出，进而带动人口在大城市的集中[1]。经验研究发现（Junius，1999），国土面积较小的国家，交通运输成本基本不会对城市集中度产生影响，相较之下，地理位置或邻国因素是决定这类国家中城市集中度的主要变量。

---

[1] 根据中心地理论（central place theory），企业以生产成本加运输成本最小为原则选择区位，规模经济越明显，城市数量就越少。

（2）沿海区位（coast）。区位地理位置会对城市集中度产生影响。通常情况下，沿海省区由于具备较多的港口和交通枢纽，能够从大规模国际贸易和运输中得到好处，因而城市规模往往较大，发展多个大城市的可能性也较高，典型的案例如我国东南沿海较为发达的省份——浙江、江苏、山东等。本书通过虚拟变量 coast 反映该省区是否靠海，捕捉自然区位对城市集中度产生的可能影响。

（3）民族文化（minor）。文化和民族特性也会影响一国或区域范围内的城市集中情况。对于多民族聚居的地区而言，如果各民族之间文化背景、生活习惯存在较大差异，且长年以来形成了界线明确的民族聚居地，那么通常情况下不易导致城市集中（周文，2016）。换句话说，在民族性较强的地区，人们通常会因为文化或历史的原因而不愿意迁移和流动。即便是存在搬迁意向的少数民族居民，重新学习一门语言或适应全新的文化环境和生活方式带来的高成本也会令人望而却步。此外，对于经济相对落后的少数民族聚居区，政府通常会提供各种倾向性政策，帮助少数民族地区发展，避免民族矛盾激化造成的社会动荡和不稳定因素。因此，即便是坐落于边远地区的城市，在具备多元文化背景的条件下，依然能够倚靠政策的扶持来获取资源、发展经济、壮大规模。综合以上几点因素，民族特性越复杂、多元文化背景交叉的地区，城市人口向单一城市集中的可能性相对较低，区域范围内往往容易形成规模格局不一的多样化城市体系。与区位条件类似地，选择哑变量反映民族特征，少数民族自治区取值为1，其余省份取值为0。

（三）工具变量

如前所述，经济增长及其相关变量较有可能与城市集中度存在反向因果关系，考虑到有效工具变量需要满足的两个苛刻条件（相关性和排他性），寻找和筛选工具变量的过程通常都比较困难。不过结合本书的研究实际可以发现，与内生解释变量（经济发展）相关的因素数量可谓十分庞大，而能够直接影响到城市人口规模分布情况的少之又少，这就使筛选的余地和范围扩大了很多，同时通过多次"试错"——反复检验工具变量的有效性，也能得到相对稳健的研究结果。

根据本书的研究，最终选择三个工具变量：第一产业生产率（product）、城乡收入比（income）、城镇固定资产投资占比（urbanfix），用以控制经济增长及其相关变量[1]与城市集中度指数之间的潜在内生性。其中，第一产业生产率根据农林牧渔业总产值/农林牧渔业从业人员数计算，并按照1978年为基年的 GDP

---

[1] 具体指包括经济产出的交互项，以及产业结构及其构成的交互项等。

平减指数进行调整；城乡收入比等于城镇居民家庭人均可支配收入/农民人均纯收入，为减少量纲影响，在回归过程中采用该指标倒数进行估计，也就是乡—城收入比；城镇固定资产投资占比为当年全省区城镇固定资产投资额与 GDP 的比值。

以上三个变量无疑与区域经济增长、产业结构调整和城镇化率的变动之间存在着较强的相关关系。首先，第一产业生产率的提高一方面大大降低了农地对于劳动力的束缚，为第二、第三产业提供了大量后备从业人员，有助于推进城镇化过程并带动经济增长；另一方面，农业产出水平的大幅提升往往都伴随农业机械化的普及，这种进步反过来体现了经济发展水平对产业结构和生产率的正向影响。其次，城乡收入比对于推进城乡人口迁移、促进经济发展也起到了至关重要的作用。剔除生活成本的影响，当城市收入水平显著高于农村时，人口无疑会向城市集中，这一定律在大城市与中小城市间同样成立。即便我国的制度环境并不宽松，21 世纪初涌现的大批农民工也足以证明收入差距对于城镇化率和劳动密集型产业的显著推动作用。最后，城镇固定资产投资占比越大，说明城市地区的资本积累越雄厚，体现在企业规模的壮大和公共基础设施的完备上，以上两点对于提高城镇化率、调整产业结构、增加经济产出的积极作用自然是不言而喻。与此同时，并没有研究显示上述三个变量可能直接作用于城市人口的分布结构，理论上，农业部门生产率的增加、城乡收入差距的扩大和城市的资本积累过程都有助于在总量上增加城市人口、促进第二产业和第三产业的发展，以及提高经济产出总量，而城市人口具体落脚于大城市还是中小城市，不同规模城市的增长速度是否一致，需要进一步取决于不同城市之间的差异。因此，以上变量在逻辑分析层面符合相关性与排他性的要求，具体的实证检验结果将在下文中给出。

（四）数据来源

各省区的城市集中度指数和人口密度基于全球夜间灯光数据裁剪计算，具体方法见本书第三章。目前 NOAA 只公布 1992～2013 年的灯光数据图像，因此选择这一时段作为研究基准年限。其余数据来自中国经济社会发展统计数据库（中国知网）和 EPSEPS 全球统计数据/分析平台，少数缺失数据利用插值法补齐。本书中探讨的核心变量之一——规模经济需要通过规模以上工业企业数和总资产数据计算，但是根据现有统计资料只能找到 1999 年以来的相关数据，因此在包含规模经济的回归分析中将研究时段缩短至 1999～2013 年。另外需要强调的是，对于京津冀、沪苏、成渝和青藏四个合并省区，通过加总合并省（市、自治区）后重新计算的方式得到指标数据，如京津冀地区的人均 GDP 指标，根据北京、天津、河北当年产出值的加总除以三地总人口数得到。最终整理得到 26 个省区分两个研究时段的样本数据，表 5-1 和表 5-2 给出了主要变量的描述性统计分析结果。

表 5-1　描述性统计分析（1991~2013 年）

变量	样本量	均值	标准差	最小值	最大值
concen	572	0.3275	0.0423	0.2076	0.4760
export	572	0.1386	0.1650	0.0149	0.9369
road	572	0.4387	0.3496	0.0157	1.6009
density	572	10.8169	3.7350	5.7845	25.4231
cgdp	572	0.3720	0.3161	0.0472	2.1778
agmanu	572	0.4326	0.2922	0.0680	1.8454
land	572	0.3683	0.4710	0.0339	1.9503
coast	572	0.3462	0.4762	0	1
minor	572	0.2308	0.4217	0	1

表 5-2　描述性统计分析（1999~2013 年）

变量	样本量	均值	标准差	最小值	最大值
concen	390	0.3396	0.0379	0.2322	0.4760
export	390	0.1431	0.1724	0.0149	0.9053
road	390	0.5380	0.3769	0.0203	1.6009
density	390	11.5546	4.0715	5.7897	25.4231
cgdp	390	0.4763	0.3308	0.0788	2.1778
agmanu	390	0.3504	0.2504	0.0680	1.8454
scale	390	0.8513	0.4924	0.2017	2.9916
land	390	0.3675	0.4706	0.0339	1.9503
coast	390	0.3462	0.4764	0	1
minor	390	0.2308	0.4219	0	1

第四节　研究结果分析与现象解释

由于数据可得性的限制，实证研究划分为不考虑规模经济和考虑规模经济两部分，这样做的好处在于能够同时考察其他变量回归结果稳健与否。除此之外，本节第三部分主要汇总面板门槛模型的回归结果，主要关注传统回归方法中涉及的非线性关系和交互作用。

一、不考虑规模经济的情形

在上文研究方法的讨论中，经济增长需要通过影响城市人口规模和人口密度间接作用于城市集中度，因此产出变量主要在交互项中出现。谢宇（2013）在其研究中指出，交互项与构成它的变量低次项之间常常存在着较强的相关关系，容易导致多重共线性。解决方式一般是首先对低次项进行"中心化"处理后再构造交互项，同时低次项也采用"中心化"之后的变量而非原始值代入回归方程。以人口密度 dense 为例，"中心化"后的变量为：

$$dens^* = dens - average(dens)$$

本书所做实证研究中，涉及交互项的变量均按照以上方式处理，不再在表格中特意注出。表5-3中列出的是根据式（5-38）回归得到的静态面板估计结果，其中列（1）、列（2）分别对应混合OLS和固定效应回归方法，根据Hauseman检验结果，该样本更适合采用随机效应模型进行拟合，因此列（3）至列（6）中给出的是基于随机效应模型得到的系数估计结果。对比列（2）和列（4）的估计参数 R^2 也可以看出，采用随机效应模型时整体拟合程度更高。

表5-3　静态面板估计结果（经济产出）

	(1) LOS	(2) FE	(3) RE	(4) RE	(5) re_iv	(6) re_iv
open	0.152***	0.104**	0.143***	0.132***	0.137***	0.130***
	(14.25)	(3.29)	(7.38)	(7.70)	(8.72)	(6.54)
trans	0.064***	0.124***	0.010	0.110***	0.002	0.123***
	(4.37)	(4.92)	(0.37)	(4.94)	(0.05)	(4.69)
trans²	-0.032***	-0.060***	-0.008	-0.055***	-0.001	-0.069***
	(-3.80)	(-3.74)	(-0.51)	(-3.80)	(-0.07)	(-3.78)
dens	0.003***	0.000	-0.002**	0.001	-0.002**	0.002
	(5.89)	(0.31)	(-3.14)	(1.42)	(-2.76)	(1.71)
cgdp			0.094***		0.098***	
			(6.05)		(4.77)	
cgdp²			-0.063***		-0.071***	
			(-3.76)		(-3.60)	

续表

	(1) LOS	(2) FE	(3) RE	(4) RE	(5) re_ iv	(6) re_ iv
$d \times c$	-0.009 *** (-5.82)	-0.005 ** (-2.87)		-0.005 *** (-3.51)		-0.031 * (-2.49)
$d \times c^2$	0.004 *** (4.01)	0.002 (2.04)		0.002 * (2.45)		0.024 * (2.52)
land	0.024 *** (6.45)	0.032 *** (3.94)	0.008 (1.07)	0.030 *** (4.05)	0.006 (0.57)	0.030 *** (3.85)
coast	0.002 (0.71)	— —	-0.003 (-0.39)	0.007 (0.79)	-0.002 (-0.19)	0.004 (0.53)
minor	0.006 (1.65)	— —	0.014 (1.49)	0.008 (0.71)	0.014 (1.40)	0.007 (0.90)
_ cons	0.283 *** (53.21)	0.269 *** (27.73)	0.307 *** (24.16)	0.266 *** (29.67)	0.310 *** (22.29)	0.279 *** (24.43)
N	572	572	572	572	572	572
R – sq	0.571	0.277	0.618	0.545	0.614	0.391

注：*、**、***分别代表在10%、5%、1%的显著性水平下显著；OLS、FE、RE回归括号中为t值，IV回归括号中为z值。所有估计中均使用稳健标准误。

具体而言，混合回归得到的核心变量系数估计结果均十分显著，但是在考虑内生性等问题的情况下，混合回归的结果就不够稳健。不过，虽然不同回归方法得出的系数估计值显著性水平存在一定差异，但符号和绝对值大小基本保持稳定，这说明时间效应、个体效应对于样本回归结果的影响并不是很大，城市集中度与经济增长之间的内生性问题也并不是很严重。列（3）、列（5）和列（4）、列（6）的区别在于，是否将人均实际产出变量作为交互项纳入回归方程，对比回归结果可见，在两种情况下经济产出的作用都十分显著，并且存在二次效应；但是当经济产出直接进入方程时，交通成本变量的显著性被明显削弱。也就是说，区域经济发展水平很可能与交通成本存在较强的相关关系。为了避免这种共线性问题对回归结果产生的干扰，本书认为采用列（6）的回归方程设计较为合理，以下分析也将重点基于列（6）中的结果展开。

首先，对外开放的正向作用十分显著。表5－3中的全部回归结果都表明，对外贸易的增长加剧了城市人口的集中分布，这一结果与理论假说4的预期相吻合。具体而言，不同回归方法得出的估计值都很相近，在0.104～0.152波动，按照列（6）的估计结果来看，出口占 GDP 的比重每增长 1 倍，城市集中度指数将提高 0.13，而研究时段内各省区城市集中度指数均值也只有 0.328 而已，由此可见，开放程度无疑会对区域的城市规模分布结构产生显著而深远的影响。在本章第二节的理论分析中曾指出，当贸易成本下降到一定程度时，内陆城市同样能够以较为低廉的价格得到贸易品，此时城市人口规模倾向于分散。关于这一假设的检验将通过门槛效应模型体现，但就目前的研究结果而言，我国整体仍处于"越开放，越集中"的阶段。

其次，城市集中度受到城际交通成本的影响，并且这种影响是非线性的。本书采用区域内部公路密度来衡量交通设施的完善程度，当公路密度增加时，交通和贸易成本相应下降。根据表 5 - 3 的回归结果，初期交通设施的进步将促进人口集中于大城市，但是在交通成本下降到一定程度时，城市人口开始向外分散，表现为二次项回归系数值为负且显著性水平较高。不过，正如列（3）、列（5）中的结果所示，在经济产出直接进入回归方程的情况下，交通设施的作用被掩盖，因此贸易成本的影响可能是有限的。

最后，经济发展的作用同样体现为二次型。表 5 - 3 中列（3）、列（5）中，在不考虑与人口密度交互作用的情况下，经济增长首先会拉动城市人口的集中，在达到一定发展阶段后开始呈现"抑制集聚，促进分散"的反向效果。考虑人口密度的间接影响时，交互项 d×c 的系数估计结果显著为负，表明当人口密度逐渐上升时，经济发展对于城市人口集中的正向促进作用有所减弱；相反，d×c^2 的估计结果为正，也就意味着当经济发展跨过一定门槛值后，区域内部人口密度即便增加，城市人口集中度指数也不会上升而是会下降，城市人口分布结构趋向于分散化。

表 5 - 4 中列出的是采用产业结构变量替代经济产出变量进入模型后得到的回归结果，与表 5 - 3 相似地，首先对全样本做混合 OLS 和固定效应回归作为参照，主要的分析结论基于随机效应回归结果展开。另外，与表 5 - 3 不同的是，由于产业结构变量只考虑第一产业、第二产业的相关关系，因此不构建二次项。

表 5 - 4　静态面板估计结果（产业结构）

	(1) OLS	(2) FE	(3) RE	(4) fe_ gmm	(5) re_ iv	(6) re_ iv
open	0.145*** (14.61)	0.131*** (4.00)	0.135*** (5.92)	0.136*** (6.53)	0.127*** (6.28)	0.136*** (8.1)

续表

	(1) OLS	(2) FE	(3) RE	(4) fe_ gmm	(5) re_ iv	(6) re_ iv
trans	0. 063 ***	0. 058	0. 066 *	0. 009	0. 007	0. 035
	(4. 78)	(2. 05)	(2. 24)	(0. 29)	(0. 21)	(1. 62)
trans^2	− 0. 035 ***	− 0. 031	− 0. 035 *	− 0. 017	− 0. 018	− 0. 020
	(− 4. 72)	(− 1. 94)	(− 2. 14)	(− 1. 24)	(− 1. 22)	(− 1. 71)
dens	0. 001 *	− 0. 001	− 0. 001	− 0. 004 *	− 0. 004 *	− 0. 001 **
	(2. 39)	(− 1. 99)	(− 1. 67)	(− 2. 21)	(− 2. 15)	(− 3. 03)
struc	− 0. 036 ***	− 0. 073 ***	− 0. 062 ***	− 0. 152 ***	− 0. 164 ***	− 0. 096 ***
	(− 5. 86)	(− 5. 30)	(− 3. 89)	(− 3. 74)	(− 3. 33)	(− 6. 01)
d × s	0. 004 **	0. 001	0. 002	− 0. 016	− 0. 020	
	(2. 81)	(0. 55)	(1. 07)	(− 1. 45)	(− 1. 54)	
land	0. 021 ***	0. 006	0. 020 **	− 0. 010	0. 009	0. 011
	(6. 2)	(0. 62)	(3. 12)	(− 0. 36)	(0. 67)	(0. 83)
coast	0. 004	—	0. 007	—	0. 007	0. 007
	(1. 21)	—	(0. 65)	—	(0. 57)	(0. 55)
minor	0. 010 **	—	0. 013	—	0. 017	0. 017
	(2. 73)	—	(1. 33)	—	(1. 2)	(1. 12)
_ cons	0. 282 ***	0. 292 ***	0. 279 ***		0. 292 ***	0. 289 ***
	(58. 39)	(27. 51)	(27. 81)		(24. 2)	(26. 19)
N	572	572	572	572	572	572
R − sq	0. 616	0. 382	0. 596	0. 175	0. 425	0. 549

注：*、**、*** 分别代表在10%、5%、1%的显著性水平下显著；OLS、FE、RE 回归括号中为 t 值，IV 回归括号中为 z 值。所有估计中均使用稳健标准误。

根据表5－4结果可知，产业结构与城市集中之间存在显著的相关关系，本书选择第一产业与第二产业增加值之比作为衡量产业结构变化的主要指标，系数回归结果均显著为负。也就是说，农业占比更高时，城市集中度指数较低，城市人口分布更加分散；制造业相对突出时，城市人口分布更加集中。需要注意的是，以产业结构替代经济产出衡量经济发展阶段时，回归结果中的交互项显著性很差，并且在使用工具变量控制其内生性后系数符号出现了变化。所以，有理由认为产业结构的调整将直接作用于城市人口的分布结构，区域总体人口密度的变化并不会对两者之间的互动关系产生影响。对比表5－4中列（5）、列（6）也可以看到，在剔除交互项后整体拟合程度由0.425上升到0.549，产业结构的系数估计绝对值降至 0.096，相对于包含交互项时的 0.164 显得更加合理。其余变量的系数估计值与符号方向与表 5 – 3 基本一致，说明静态面板估计结果总体较稳健。

在此基础上，表 5 – 5 和表 5 – 6 给出了将回归方程拓展至动态模型后得到的系数估计值及其显著性水平，考虑到系统 GMM 在估计效率方面较差分 GMM 更有优势，因此具体的分析过程主要基于前者得出的研究结果展开。

首先，在利用 GMM 进行估计之前需要检验扰动项是否存在自相关，以及需要进行过度识别检验。表 5 – 5 中 AR（1）及 AR（2）分别对应一阶和二阶自相关检验统计量对应的 p 值，过度识别检验通过 Hansen 统计量对应 p 值体现。根据表 5 – 5 和表 5 – 6 中的检验结果可知，差分 GMM 估计中扰动项一次项和二次项均不存在自相关，因此不适用；而所有采用系统 GMM 估计得到的检验结果均显示，可以在 5% 的显著性水平上拒绝"扰动项差分的一阶自相关系数为 0"，接受"扰动项差分的二阶自相关系数为 0"的假设[1]。因此，下文中的分析主要依据系统 GMM 估计结果展开，差分 GMM 仅作为对照和参考。过度识别检验原假设为"所有工具变量均有效"，表 5 – 5 中使用的工具变量包括被解释变量 concen 的二阶、三阶滞后项，cgdp 或交互项 d×c、d×c^2 的二阶滞后项，以及三个外生工具变量；表 5 – 6 中使用的工具变量具体包括被解释变量 concen 的二阶、三阶滞后项，struc 及其交互项 d×s 的二阶滞后项，以及三个外生工具变量。本书使用非官方命令 xtabond2 进行 GMM 估计，并使用异方差稳健的 Hansen 统计量检验工具变量有效性，根据回归结果，所有系统 GMM 估计均通过过度识别检验。

其次，加入被解释变量滞后项构建动态面板回归的主要目的一方面在于考察城市集中度指数是否存在跨期影响的情况，另一方面是为了检验其余核心变量的显著性和作用方向是否发生改变。由于表 5 – 3 中静态面板分析的结果并没有彻底解决经济增长是直接还是间接对城市集中度产生影响的问题，表 5 – 5 中通过逐步加入交互项的方式进一步加以明确。

表 5 – 5　动态面板估计结果（经济发展）

	(1) sys_ gmm	(2) sys_ gmm	(3) sys_ gmm	(4) sys_ gmm	(5) diff_ gmm
L. concen	0. 490 *** (23. 14)	0. 456 *** (20. 49)	0. 558 *** (27. 27)	0. 553 *** (26. 56)	0. 251 *** (6. 32)

----

[1]　具体指 AR（1）对应 p 值为 0. 000，AR（2）对应 p 值 > 0. 05。

续表

	（1） sys_ gmm	（2） sys_ gmm	（3） sys_ gmm	（4） sys_ gmm	（5） diff_ gmm
open	0.086 ***	0.072 ***	0.087 ***	0.053 ***	− 0.184 ***
	（6.91）	（6.34）	（12.05）	（3.71）	（− 7.63）
trans	0.055 *	− 0.040	0.073 **	0.076 **	0.673 ***
	（2.15）	（− 1.41）	（3.22）	（3.09）	（8.42）
$trans^2$	− 0.046 *	0.022	− 0.043 *	− 0.040 *	− 0.490 ***
	（− 2.23）	（0.99）	（− 2.39）	（− 2.11）	（− 6.80）
dens	− 0.002 ***	− 0.002 ***	− 0.000	− 0.001 *	− 0.003 ***
	（− 9.03）	（− 8.52）	（− 0.52）	（− 2.02）	（− 4.17）
cgdp	0.045 ***	0.075 ***			
	（13.63）	（10.50）			
$d \times c$		− 0.005 ***	− 0.002 ***	− 0.011 ***	− 0.032 ***
		（− 8.69）	（− 5.30）	（− 8.13）	（− 18.35）
$d \times c^2$				0.009 ***	0.038 ***
				（5.31）	（5.91）
land	0.028 ***	0.010 *	0.019 ***	0.017 ***	0.047
	（4.94）	（2.31）	（7.39）	（6.82）	（0.65）
_ cons	0.137 ***	0.182 ***	0.111 ***	0.120 ***	—
	（25.3）	（21.59）	（17.98）	（18.01）	—
N	546	546	546	546	520
AR （1）	0.000	0.000	0.000	0.000	0.550
AR （2）	0.190	0.112	0.479	0.538	0.214
Hansen	0.896	0.880	0.897	0.878	0.043

注：*、**、***分别代表在10%、5%、1%的显著性水平下显著；括号中为 z 值。

由表5-5可见，城市规模分布情况显著受到前一阶段的影响，存在较强的持续性，系数估计值大概在0.456~0.558小幅波动。对外开放和交通成本变量的估计结果符号与表5-3中基本一致，但是系数绝对值和显著性水平出现了些许变化：出口占比的正向影响依旧很明确，但交通基础设施的作用相对下降，结合表5-5中列（3）、列（4）来看只能满足5%的显著性水平，可能原因是在加入被解释变量滞后项后其余相关变量的重要程度被削弱。经济产出变量的显著性水平很高，就整体拟合程度而言列（3）结果最好，就各变量显著性程度而言列

（4）最好。与静态回归相比，产出系数的估计值和符号方向没有出现显著变化，也就再次佐证了经济发展既能够直接作用于城市集中程度，又与人口密度之间存在一定的互动关系。

表5-6　动态面板估计结果（产业结构）

	（1） diff_gmm	（2） sys_gmm	（3） diff_gmm	（4） sys_gmm	（5） diff_gmm	（6） sys_gmm
L. concen	0.108 ***	0.406 ***	0.109 ***	0.539 ***	0.106 ***	0.393 ***
	(4.01)	(19.19)	(4.23)	(34.13)	(3.95)	(20.04)
open	-0.058 *	0.101 ***	-0.064 **	0.072 ***	-0.055 *	0.106 ***
	(-2.43)	(10.90)	(-2.82)	(11.05)	(-2.33)	(8.96)
trans	0.780 ***	0.050 **	0.805 ***	0.031	0.781 ***	0.063 **
	(9.07)	(3.07)	(9.49)	(1.56)	(9.07)	(2.82)
$trans^2$	-0.591 ***	-0.033 **	-0.607 ***	-0.002	-0.594 ***	-0.046 **
	(-6.87)	(-2.72)	(-7.03)	(-0.11)	(-6.87)	(-2.59)
dens	0.003 ***	-0.001 ***	0.003 ***	-0.000	0.003 ***	-0.002 ***
	(5.10)	(-4.85)	(5.99)	(-1.21)	(5.40)	(-6.35)
struc	-0.007	-0.051 ***			-0.010	-0.057 ***
	(-0.52)	(-6.32)			(-0.93)	(-7.51)
d × s	0.001	0.002 *	0.001	0.011 ***		
	(0.37)	(2.30)	(0.58)	(9.16)		
land	-0.026	0.022 ***	-0.020	0.014 ***	-0.016	0.024 ***
	(-0.15)	(3.57)	(-0.12)	(5.95)	(-0.10)	(3.40)
_cons	—	0.163 ***	—	0.131 ***	—	0.163 ***
	—	(26.49)	—	(24.09)	—	(29.07)
N	520	546	520	546	520	546
AR (1)	0.069	0.000	0.080	0.000	0.080	0.000
AR (2)	0.629	0.189	0.575	0.098	0.627	0.232
Hansen	0.042	0.869	0.059	0.894	0.059	0.896

注：*、**、***分别代表在10%、5%、1%的显著性水平下显著；括号中为z值。

再次，表5-6同样基于动态面板数据考察了产业结构及其交互项的作用，不过顺序稍作调整，采用逐步剔除变量的方式进行回归。对比可见，差分GMM估计中由于扰动项并不存在一阶自相关，因此回归结果可能存在误差，事实上两种回归方法得到的系数估计结果和显著性水平的确大相径庭，甚至在变量符号方面都存在差异，以对外开放变量为例，差分 GMM 得出的结果认为出口的增长将促进城市人口的分散而非集聚，这一结论明显与前文中的分析相左，说明差分GMM 并不适用于该样本回归。具体而言，除产业结构变量外，其余变量的显著性水平和系数估计结果与表 5 - 4 相似，交通成本变量的显著性水平还有所提高。就产业结构变量而言，列（2）中结果显示交互项 d×s 仅在 10% 的显著性水平下显著。对比列（2）和列（6）的结果发现，在不包含交互项的情况下整体拟合程度反而更高，其余变量结果也无显著变化，将交互项纳入模型可视作"画蛇添足"，区域人口密度的变化并不会对产业结构和城市集中的关系造成影响。

最后，控制变量方面，是否靠海、是否少数民族地区在表 5 - 3 和表 5 - 4 的静态面板估计结果中均不显著，但是几乎所有回归结果都显示土地面积与城市集中度之间正向相关。也就是说，土地面积较大的区域城市人口反而更为集中，这一点似乎与理论预期不符，但是结合我国的实际情况来看也并不难理解。我国土地面积较大的省区多在胡焕庸线以北，如新疆、内蒙古、青藏区等分布着大量不适宜居住和耕种的沙漠、高原、盆地等，并且人口基数较小，因此反而容易集中在少数几个大城市；相反，东部、中部和南部尽管各省区面积较小，但人口基数大，地势相对平坦适宜居住，更有可能形成包含不同等级规模城市的完整城市体系。

二、考虑规模经济的情形

表 5 - 7 和表 5 - 8 汇报了在缩短研究年限至 1999 ~ 2013 年，并加入规模经济变量后的研究结果，同样分为静态和动态面板两种，分别采用面板工具变量法和系统 GMM 的研究方法进行回归分析，其中列（1）至列（3）使用经济产出变量，列（4）至列（6）使用产业结构变量。虽然新的回归仅在研究年限上做了调整，同时增加了一个规模经济变量，但是根据系统 GMM 的检验结果发现，只有表 5 - 8 列（3）满足显著性 5% 条件下"扰动项不存在二阶自相关"的前提，因此对于该样本的分析更多地应该建立在表 5 - 7 的回归结果之上。具体来说，主要结论可归纳为以下几点：

表 5 - 7　静态面板估计结果（规模经济）

	（1） re_ iv	（2） re_ iv	（3） re_ iv	（4） re_ iv	（5） re_ iv	（6） re_ iv
open	0.080 *** (4. 16)	0.083 *** (4. 20)	0.091 *** (4. 58)	0.099 *** (4. 99)	0.075 *** (2. 96)	0.081 *** (3. 22)

续表

	（1）	（2）	（3）	（4）	（5）	（6）
	re_ iv	re_ iv	re_ iv	re_ iv	re_ iv	re_ iv
trans	-0.053 ***	-0.043 **	-0.069 ***	-0.048 ***	-0.050 **	-0.041 **
	（-2.86）	（-2.21）	（-3.16）	（-2.71）	（-2.41）	（-2.19）
trans²	0.027 **	0.017	0.035 **	0.020 *	0.017	0.014
	（2.28）	（1.36）	（2.49）	（1.88）	（1.43）	（1.24）
dens	0.003 ***	0.005 ***	0.003 **	-0.002 ***	-0.002 **	-0.002 *
	（4.81）	（5.11）	（2.43）	（-2.88）	（-2.18）	（-1.87）
d × c	-0.010 **	-0.016 ***	-0.000			
	（-2.11）	（-2.83）	（-0.00）			
d × c²	0.004	0.008	-0.005			
	（0.90）	（1.75）	（-0.81）			
struc				-0.140 ***	-0.201 ***	-0.178 ***
				（-4.53）	（-4.32）	（-3.62）
scale		0.014 **	0.024		0.018 **	0.032
		（3.15）	（1.45）		（2.93）	（1.55）
scale2			-0.011 **			-0.006
			（-2.22）			（-0.95）
coast	0.026	0.018	0.025 **	0.025 ***	0.025 **	0.021 **
	（1.42）	（1.27）	（2.06）	（2.60）	（2.22）	（2.02）
_ cons	0.342 ***	0.358 ***	0.332 ***	0.324 ***	0.340 ***	0.345 ***
	（29.75）	（32.5）	（23.61）	（52.01）	（37.22）	（26.22）
N	390	390	390	390	390	390
R - sq	0.581	0.572	0.504	0.450	0.363	0.391

注：*、**、*** 分别代表在 10%、5%、1% 的显著性水平下显著；括号中为 z 值。所有估计中均使用稳健标准误。

第一，使用不同回归方法得到的规模经济变量符号一致，即一次项为正，二次项为负。也就是说，总体而言规模经济作用下城市人口更容易集聚于少数城市，但是这种正向效应在达到一定门槛值后开始减弱，并逐渐发展为负向作用。不过，需要明确的是在静态面板回归中，规模效应的作用显著性程度不高；虽然在动态面板回归对应的表 5-8 列（6）中估计结果显著性较好，但由于 AR（2）对应 q 值小于 0.05，扰动项之间可能存在自相关关系，因此回归结果并不保证准确。比较稳妥的解释是，规模经济能够较好发挥作用的区域中往往存在少量大厂商，吸引就业人口流入其所在城市，带动城市规模的扩大；通常情况下，这些大厂商的选址和分布并不会均匀分散于各个城市，而是集中于个别大城市，因此随着规模效应不断发挥作用区域内城市规模差异扩大，城市集中度指数提高。但是相较之下，规模经济并非影响城市规模分布的主要因素，政策选择方面可以不考虑通过这一机制调整城市集中度水平。

表 5-8　动态面板估计结果（规模经济）

	(1)	(2)	(3)	(4)	(5)	(6)
L. concen	0.050 **	0.061 **	0.035	0.227 ***	0.235 ***	0.275 ***
	(2.23)	(2.12)	(0.99)	(13.73)	(14.07)	(9.92)
open	0.214 ***	0.220 ***	0.270 ***	0.109 ***	0.072 ***	0.094 ***
	(7.66)	(7.37)	(11.96)	(5.38)	(4.76)	(4.66)
trans	-0.202 ***	-0.209 ***	-0.230 ***	-0.066 ***	-0.034	-0.030
	(-4.08)	(-4.04)	(-4.15)	(-3.03)	(-1.18)	(-1.37)
$trans^2$	0.116 ***	0.118 ***	0.138 **	0.035 **	0.016	0.019
	(3.51)	(3.43)	(3.28)	(2.25)	(0.82)	(1.08)
dens	0.007 ***	0.006 ***	0.005 ***	-0.001 ***	-0.001 **	-0.002 ***
	(8.77)	(7.11)	(4.68)	(-5.15)	(-2.58)	(-3.71)
$d \times c$	-0.028 ***	-0.027 ***	-0.031 ***			
	(-9.25)	(-8.81)	(-7.68)			
$d \times c^2$	0.015 ***	0.015 ***	0.017 ***			
	(4.26)	(4.12)	(6.03)			
struc				-0.067 ***	-0.079 ***	-0.084 ***
				(-9.00)	(-6.71)	(-6.77)
scale		0.008	0.050 *		0.013 ***	0.056 ***
		(1.03)	(1.96)		(3.01)	(4.52)
scale2			-0.031 **			-0.021 ***
			(-2.49)			(-3.60)
land	0.048 **	0.056 **	0.070 ***	0.012	0.029 *	0.027 **
	(2.79)	(2.97)	(3.51)	(0.99)	(1.96)	(2.00)
coast	0.025 *	0.025 *	0.036 **	0.012	0.021 **	0.015
	(2.10)	(1.91)	(2.93)	(0.92)	(2.03)	(1.30)

续表

	（1）	（2）	（3）	（4）	（5）	（6）
_ cons	0.427 ***	0.429 ***	0.448 ***	0.254 ***	0.248 ***	0.248 ***
	（17.39）	（16.43）	（20.31）	（23.88）	（18.44）	（25.36）
N	364	364	364	364	364	364
AR（1）	0.000	0.000	0.001	0.000	0.000	0.000
AR（2）	0.048	0.031	0.084	0.017	0.018	0.023
Hansen	0.179	0.150	0.120	0.210	0.171	0.137

注：＊、＊＊、＊＊＊分别代表在10%、5%、1%的显著性水平下显著；括号中为 z 值。

第二，与上文中不包含规模经济的情况不同，这一部分的回归结果发现交通成本变量的符号发生了显著变化，一次项符号由正变负，二次项符号则由负变正，并且二次项的显著性降低。比较可能的解释是，在以 1991～2013 年作为研究年限时，我国总体的交通基础设施完善程度较低，尤其是 20 世纪 90 年代初，重点依赖陆路运输、人口流动极为困难，在这一时期增加交通运输投入、降低运输成本能够极大地促进农村地区、偏远地区人口"走出去"，因此城市集中度变为正向增长趋势。但是在剔除前 8 年的样本数据后，受近年来我国交通运输水平飞速提高的影响，平均交通成本已经降到一个较低的水平，此时部分大城市已经开始产生辐射效应，更低廉的运输价格和更快捷的运输方式推动城市人口逐渐向外分散。换句话说，我国近年来应该已经跨过门槛值进入城际交通设施负向作用于人口分布集中度的阶段，这一推测是否成立可通过下文中面板门槛模型的实证回归结果证实。

第三，在被解释变量方面我们可以看到，表 5-8 中滞后项的系数估计值大小有所调低，在列（1）至列（3）的回归中显著性水平也很低，说明城市规模分布结构近年来变化幅度较大，侧面反映我国城镇化过程可能正在经历结构性变迁。其余核心变量方面，对外开放、产业结构变量的回归结果十分稳健，经济产出的相关交互项中，静态面板回归结果显著性偏低，尤其是二次交互项显著性水平明显下降，不过表 5-8 中列（3）的结果与前文基本一致，可以证实经济发展阶段与城市规模分布之间存在先上升后下降的"钟形"关系。控制变量方面，与上文存在的差异之处在于，是否沿海的虚拟变量在回归结果中变得显著。也就是说随着开放程度的不断加深，沿海区位在塑造城市规模分布结构过程中开始发挥作用，我国沿海地区的城市集中度明显高于内陆地区。

总体而言，剔除前 8 年样本数据后得到的回归结果较为稳健，但 8 年来无论是经济发展还是城镇化进程都已经发生了剧变，导致交通运输等个别变量回归结果出现不一致，本书试图对此做出解释，并在下文中通过面板门槛模型实证结果重新解答上述问题。

三、面板门槛模型回归结果

经过传统的静态、动态面板回归分析，已经可以基本明确的是，交通成本和经济产出变量与城市集中度之间存在非线性相关关系，此外，人口密度变量可能会对这种互动作用产生影响。因此，接下来将通过应用面板门槛模型，进一步探讨在不同模型设定下门槛效应是否存在，以及门槛值的具体位置。得出门槛值后与原始数据对比，可以初步判断不同省区所处发展阶段。

本书采用 Hansen（1999，2000）提出的模型进行分析，该方法的优势主要在于能够通过数据本身寻找划分机制，避免了主观设定门槛导致的偏误。门槛个数可提前设定，但最多不超过 3 个，本书利用"拔靴法"（bootstrap）模拟 LM 检验 F 统计量的渐进分布及其临界值（重复 300 次）后发现，大部分被检验回归中存在一重门槛，少数存在二重门槛，但所有回归都不存在三重门槛，为统一标准便于分析，本书给出所有二重门槛设定下的回归结果。

与上文相似，回归按照研究时段划分为两部分，表 5 - 9 和表 5 - 10 为使用 1992 ~ 2013 年样本数据估计得到的结果，表 5 - 11 和表 5 - 13 为缩短研究年限至 1999 ~ 2013 年后得出的回归结果，其中，表 5 - 9、表 5 - 11 列出门槛估计值（也就是门槛位置）及其显著性水平，表 5 - 10、表 5 - 13 为具体的系数估计结果。

表 5 - 9　门槛估计值及其显著性（1992 ~ 2013 年）

	(1)	(2)	(3)	(4)	(5)
Regi_ Var	trans	open	cgdp	cgdp	struc
Thre_ Var	trans	trans	cgdp	dens	dens
Th - 1	0.804 *	0.421 *	0.120 ***	0.439 ***	20.743
Th - 21	0.804	0.368	0.115 ***	0.439	20.743
Th - 22	0.143	0.180	0.182 ***	6.645	8.894
Single	50.20	39.57	89.79	69.61	8.72
Double	20.34	29.23	50.21	15.30	5.34
Triple	20.58	35.56	22.75	11.94	8.99

注：*、**、*** 分别代表在 10%、5%、1% 的显著性水平下显著；Single、Double、Triple 分别对应一重、二重、三重门槛 LM 检验得到的 F 值。Regi_ Var 表示区制变量，也就是本书重点考察的可能与被解释变量存在非线性关系的解释变量；Thre_ Var 表示门槛变量，该变量可以与区制变量相同，也可不同。

首先，结合表 5 - 9 和表 5 - 10 的回归结果可见，公路里程密度等于 0.804 时存在一个门槛，在里程密度低于 0.804 时，公路密度的增加带动城市人口向少数大城市聚集，城市集中度指数提高；当里程密度超过 0.804 时，这种正向作用消失，取而代之的是城市人口分布密度降低。

其次，本书构建的三部门城市体系模型中曾提到，交通运输成本较低是港口城市规模较大的重要原因之一，随着内陆地区贸易成本的下降，人口向沿海城市集中的步伐也会相应放缓。因此表 5 - 10 列（2）考察了上文中不曾涉及的一个问题，即交通成本的变化是否会对出口和城市集中的相关关系产生影响。根据结果可见，当选择公路密度作为门槛变量、出口占比作为区制变量时，同样存在一重门槛。结合表 5 - 10 列（2）的系数估计结果可知，当交通设施完善程度很低时（公路密度小于 0.421），区域出口贸易的增加并不会引起城市人口的集中，可能原因是交通成本过高阻碍了城市人口的转移和流动，同时不利于市场机制发挥作用；但是当公路密度增加到一定程度后，对外开放与城市集中度的正向关系变得十分显著。由此可见，尽管对外开放程度对于城市规模分布结构的调整具有重要意义，但交通基础设施在其间发挥的中介作用也不容小觑。

表 5 - 10　面板门槛效应估计结果（1992 ~ 2013 年）

	(1)	(2)	(3)	(4)	(5)
Regi_ Var	trans	open	cgdp	cgdp	struc
Thre_ Var	trans	trans	cgdp	dens	dens
psa_ 1	0.308 ***	− 0.150 ***	0.239 ***	0.177 ***	− 0.077 ***
	(5.42)	(− 3.13)	(14.88)	(8.10)	(− 10.53)
psa_ 2	− 0.104 **	0.130 ***	0.170 ***	0.113 ***	− 0.064 ***
	(− 2.14)	(5.15)	(10.62)	(8.99)	(− 7.98)
psa_ 3	− 0.086 ***	− 0.047	0.112 ***	0.035 ***	− 0.082 ***
	(− 9.62)	(− 1.63)	(5.41)	(4.28)	(− 9.77)
open	0.110 ***		0.149 ***	0.096 ***	0.130 ***
	(5.98)		(9.09)	(5.32)	(7.31)
trans			0.043 **	0.013	0.042 ***
			(2.52)	(0.72)	(2.80)
trans^2			− 0.016	− 0.012	− 0.025 ***
			(− 1.64)	(− 1.17)	(− 2.69)
dens	0.000	0.002 ***	− 0.001		
	(0.94)	(5.90)	(− 1.00)		

续表

	(1)	(2)	(3)	(4)	(5)
d × c	-0.004 ***	-0.007 ***			
	(-3.27)	(-5.23)			
d × c²	0.001	0.002			
	(1.15)	(2.42)			
_ cons	0.278 ***	0.298 ***	0.340 ***	0.322 ***	0.333 ***
	(55.60)	(60.81)	(55.69)	(53.04)	(50.69)
N	572	572	572	572	572
R - sq	0.476	0.459	0.641	0.610	0.522

注：*、**、***分别代表在10%、5%、1%的显著性水平下显著；括号中为t值。pas_ 1 ~ pas_ 对应不同区间内区制变量的系数估计结果。

再次，经济增长层面的研究结果显示，区域产出水平的系数估计值不但是非线性的，甚至显著存在两重门槛值。不过，经济产出对于城市集中度的影响始终为正向，意味着目前我国仍处于增长促进集中的阶段，当人均实际 GDP 低于1150 元时，平均产出每增加 1 万元会造成城市人口集中度提高 0.239；当人均实际 GDP 超过 1150 元但低于 1820 元时，集中度指数随单位产出的增加上升0.170；人均实际 GDP 高于 1820 元时，经济增长的正向作用进一步下降至0.112[1]。与之相似，区域人口密度增加时，经济增长对城市人口集中的促进作用会受到阻碍：当区域人口密度低于 0.439 时，每单位产出值（万元）的增加会引起人口集中度指数上升 0.177；人口密度跨过该门槛后，经济增长的正向效应降至 0.113。

最后，表 5-10 列（5）重新检验了产业结构的作用，与上文得出的结论相似，制造业比重的增加会引起城市人口的集聚，但区域人口密度的变化不会对两者之间的互动关系产生影响。

表 5-11　门槛估计值及其显著性（1999~2013 年）

	(1)	(2)	(3)	(4)	(5)
Regi_ Var	trans	open	cgdp	cgdp	scale
Thre_ Var	trans	trans	cgdp	dens	scale

---

[1]　人均实际 GDP 根据 1978 年基期计算。

续表

	（1）	（2）	（3）	（4）	（5）
Th－1	0.055	0.055	0.183 **	6.497 ***	0.355 ***
Th－21	0.363	0.055	0.183	6.497 ***	0.355
Th－22	1.058	0.832	0.089	8.044 ***	0.481
Single	10.81	8.65	40.36	51.38	33.62
Double	9.06	3.45	10.80	37.21	7.63
Triple	10.30	3.95	6.74	16.01	3.06

注：*、**、*** 分别代表在10%、5%、1%的显著性水平下显著；Single、Double、Triple 分别对应一重、二重、三重门槛 LM 检验得到的 F 值。Regi_ Var 表示区制变量，也就是本书重点考察的可能与被解释变量存在非线性关系的解释变量；Thre_ Var 表示门槛变量，该变量可以与区制变量相同，也可不同。

表5－11和表5－13报告的是在缩短时间年限并加入规模经济变量后得到的面板门槛效应估计结果。与表5－9、表5－10相比，系数估计值较为稳健，但是门槛效应显著性存在较大差异，具体而言变动主要体现在以下几个方面：

第一，交通成本的门槛效应变得不再显著。本书在前一部分的回归结果分析中曾提到，缩短研究年限后交通成本变量符号发生了显著变化，推测可能原因是近年来我国已经跨过门槛值。事实上，根据表5－11列（1）给出的估计结果可以发现，公路密度对城市集中度的影响仍然是先正后负的，但是门槛位置向前调整至0.363。根据公路里程密度原始数据可见（见表5－12），1999年以前各省区公路里程密度均值在0.250公里/平方公里以下，并且增长缓慢；但是1999年以后该指标数值增长很快，到2005年已经突破门槛值，达到0.382；2007～2013年，公路里程密度更是由0.675飞速增长至0.807，因此交通设施的系数回归结果出现显著变化也就不奇怪了。

表5－12　公路里程密度均值　　　　　　单位：公里/平方公里

年份	1992	1993	1994	1995	1996	1997	1998
均值	0.205	0.211	0.217	0.227	0.232	0.239	0.250
年份	1999	2000	2001	2002	2003	2004	2005
均值	0.273	0.295	0.304	0.315	0.322	0.335	0.382
年份	2007	2008	2009	2010	2011	2012	2013
均值	0.675	0.696	0.718	0.747	0.764	0.785	0.807

第二，经济增长与城市集中之间开始出现负相关关系。在表5－13的回归结果中，尽管产出变量的影响存在多重门槛，但是每个区间内这种影响的方向均为

正向。基于 1999 ~ 2013 年的研究则表明，经济增长的疏散作用初现端倪，尽管门槛效应未能通过显著性检验，但是表 5 - 13 列（3）中第三区间的回归结果仍为"钟形"关系假设的成立提供了证据。

第三，区域人口密度的作用正在不断加强。表 5 - 13 列（4）的检验结果认为，人口密度在 6.497、8.044 两处存在门槛，对应表 5 - 13 列（4）的回归结果可知，区域人口密度达到一定高值后，经济产出的增长对于城市人口空间分布结构的作用发生转变，由促进集中转向推动分散。这一结果与理论预期基本一致，结合表 5 - 13 列（5）中规模经济的系数估计值来看，区域经济增长与城市人口集中是一个相互影响的循环过程，当城市人口规模扩张到一定程度时，规模经济带来的边际收益开始递减，交通拥堵、环境污染、生活成本飙高等负效应则不断攀升，最终导致城市人口的相对分散分布和中小规模城市的增长。

表 5 - 13　面板门槛效应估计结果（1999 ~ 2013 年）

	(1)	(2)	(3)	(4)	(5)
Regi_ Var	trans	open	cgdp	cgdp	scale
Thre_ Var	trans	trans	cgdp	dens	scale
psa_ 1	0.365 **	0.313 ***	0.155 ***	0.213 ***	0.092 ***
	(2.56)	(3.84)	(3.16)	(9.14)	(6.50)
psa_ 2	- 0.063 ***	0.093 ***	0.083 ***	0.096 ***	- 0.017
	(- 4.28)	(4.43)	(4.21)	(6.11)	(- 1.40)
psa_ 3	- 0.030 ***	0.026	- 0.009	- 0.004	- 0.033 ***
	(- 4.30)	(0.40)	(- 0.80)	(- 0.78)	(- 3.82)
open	0.094 ***		0.091 ***	0.076 ***	0.055 ***
	(4.83)		(4.67)	(4.17)	(2.92)
trans			- 0.050 ***	- 0.053 ***	- 0.045 ***
			(- 3.02)	(- 3.70)	(- 3.03)
trans^2			0.024 *	0.026 ***	0.017 **
			(2.55)	(3.25)	(1.98)
dens	0.003 ***	0.002 ***	0.001 *		0.003 ***
	(5.55)	(5.40)	(1.79)		(5.01)
d × c	- 0.008 ***	- 0.006 ***			- 0.007 ***
	(- 6.54)	(- 5.15)			(- 6.25)
d × c^2	0.003 ***	0.002 ***			0.002 ***
	(3.30)	(2.79)			(2.83)

续表

	（1）	（2）	（3）	（4）	（5）
＿cons	0.347 ***	0.331 ***	0.347 ***	0.351 ***	0.364 ***
	（81.50）	（101.60）	（60.96）	（69.26）	（60.85）
N	390	390	390	390	390
R－sq	0.620	0.599	0.616	0.593	0.428

注：*、**、***分别代表在10%、5%、1%的显著性水平下显著；括号中为t值。pas_1～pas_对应不同区间内区制变量的系数估计结果。

第五节　本章小结

在本书构建的研究体系中，影响城市集中的主要因素可以归纳为区际差异、城市差距和城际联系三个层次，本章研究的是区际因素的影响，主要内容又分为三个小节：文献回顾、理论模型和实证分析。

查阅文献资料可以发现，已有研究大多聚焦经济发展和对外开放两种类型的区域因素对城市规模分布的影响。理论研究大多认可上述两大因素能够显著影响一国或区域内部经济活动的分布情况，但是具体到作用方向和实证研究结果方面，不同学者所持观点往往大相径庭。

在理论建模部分，本书在亨德森的城市体系理论框架下，参考 Michaels 等（2012）、Fajgelbaum 和 Redding （2014） 的研究，提出一个开放条件下的三部门模型，通过产业结构的调整、不同产业部门劳动生产率的变化和城镇化率的提高反映区域经济增长，同时考察引入贸易开放条件对城市规模分布和人口密度的影响。基于该理论模型可以得出以下假说：①规模经济与城市人口密度之间存在先上升后下降的"钟形"关系；②区域产业结构与城市化率显著相关；③区域产业结构与人口密度显著相关；④区域的对外开放程度显著影响城市人口集中度。

按照理论模型框架的要求，实证研究中需要体现不同变量之间的交互作用以及非线性相关关系，同时还要排除可能的内生性问题。本书参考 Henderson（2000） 的实证研究设计构建回归方程，同时结合面板工具变量法、动态系统 GMM 估计和固定效应门槛回归，考察理论推导得出的几个假说是否成立。实证部分将城市集中度指数作为被解释变量，涉及的核心变量包括对外开放、交通成本、产业结构、产出水平、人口密度和规模经济，同时增加多个控制变量。此外，为避免反向因果关系的干扰，实证研究中选择第一产业生产率、城乡收入比、城镇固定资产投资占比作为工具变量。

实证研究结果主要包括三部分内容：

（1）不考虑规模经济时得到的静态面板回归结果显示，对外贸易的增长显著加剧了城市人口的集中分布。城市集中度受到城际交通成本的影响，并且这种影响是非线性的，初期交通设施的进步将促进人口集中于大城市，但是在交通成本下降到一定程度时，城市人口开始向外分散。经济发展的作用同样体现为二次型，经济增长首先会拉动城市人口的集中，在达到一定发展阶段后开始呈现"抑制集聚，促进分散"的反向效果。产业结构与城市集中之间存在显著的相关关系，农业占比更高时，城市集中度指数较低，城市人口分布更加分散；制造业相对突出时，城市人口分布更加集中。动态 GMM 估计结果认为，城市规模分布情况显著受到前一阶段的影响，存在较强的持续性。对外开放的正向影响依旧明显，但交通成本的作用相对下降，此外，动态回归结果证明了经济发展既能够直接作用于城市集中程度，又与人口密度之间存在一定的互动关系。

（2）缩短面板数据时限后的研究结果发现，规模经济作用下城市人口更容易集聚于少数城市，但是这种正向效应在达到一定门槛值后开始减弱，并逐渐发展为负向作用。除此之外，交通成本变量的符号发生了显著变化，推测可能的原因是近年来更低廉的运输价格和更快捷的运输方式推动城市人口逐渐向外分散。另外被解释变量滞后项的系数估计结果显著性有所降低，说明城市规模分布结构近年来变化幅度较大，侧面反映了我国城镇化过程可能正在经历结构性变迁。其余变量的研究结果与第一部分较为相似，此处不多加赘述。

（3）面板门槛模型主要应用于非线性相关关系的检验，以及"第三变量"对因变量和自变量之间相关关系的影响。本书利用该模型得到的新发现包括：第一，当交通设施完善程度很低时，区域出口贸易的增加并不会引起城市人口的集中；但是当公路密度增加到一定程度后，对外开放与城市集中度的正向关系变得十分显著。第二，区域产出水平的系数估计值不但是非线性的，甚至显著存在两重门槛值；不过，总体而言，经济产出对于城市集中度的影响为正向，但其疏散作用已经在部分地区初现端倪，从而为钟形关系的假设提供了证据。第三，区域人口密度的作用正在不断加强。

第六章　城市差距对城市集中度的影响

　　基于第五章的研究可知，城市的发展和城市集中情况直接与其所处区域的自然条件、地理位置、经济水平、对外贸易等因素联系在一起。但是，区域条件是决定城市集中程度的唯一要素吗？显然并非如此，根据第四章的研究结果，同样是沿海开放省份，福建、山东的城市人口更为集中，浙江、广东、沪苏区则相对分散。以 2016 年分地区人均 GDP 作为衡量标准来看，内蒙古、福建的经济水平十分相似，分别为 74069 元和 73951 元[①]，但事实上，两地的城市集中度指数近年来在向着相反方向变动，内蒙古的城市人口正在以 1.16% 的速度集聚，而福建省则存在 3.61% 的相对分散。由此可见，区域层面的影响因素尽管在塑造城市系统过程中发挥着重要作用，但区域内部城市之间的具体差异同样扮演着不可或缺的角色。本章试图通过理论与实证相结合的方式，在现有文献基础上构建模型、提出假设，利用我国地级市层级和 26 个省区的面板数据，探讨城市差距对城市集中度的影响。

第一节　城市规模增长率差异的来源

　　城市集中度的变化可以解释为区域内部不同规模等级城市增长率的差异，如果大城市增长更快，则城市人口倾向于集中化发展；反之亦反。那么有哪些关键因素影响了城市规模增长率的差异，进而导致城市集中程度在空间中呈现出显著差异呢？在本书第二章的文献梳理中可以看到，已有诸多学者从不同城市之间的

---

　　① 数据来源于《中国统计年鉴》（2017）。

工资溢价、劳动力池、就业机会、技能提升、交通便利、基础设施等层面入手试图解释城市差距对人口聚集的影响。Duranton 和 Puga（2013）试图通过构建经济模型寻找城市扩张过程中发挥作用的决定性变量，本书首先在其模型上进行了一些简化，同时加入一定制约条件使其更符合发展中国家的实际情况，其次采用根据灯光数据计算的城市规模指标，选用恰当的面板数据分析工具实证检验不同变量的显著性程度和作用方向，考察理论与实证研究结果的契合程度，为下一步实证研究的开展提供依据和基础。

一、理论模型

本书采用的城市增长模型起步于 Alonso – Muth – Mills 单中心城市模型（Alonso，1964；Muth，1969；Mills，1967，1972），该模型简明扼要地描绘了城市内部通勤成本、地租和城市规模之间的关系，在此基础上可进一步引入城市基础设施、集聚效应等其他影响因素，逐渐增加模型的复杂程度，使其能够更好地反映现实中的城市扩张过程。

考虑一个线性分布的单中心模型，所有的生产和消费活动都发生在 $x = 0$ 的点，也就是市中心（Central Business District，CBD）。假设代表居民的效用函数为 $U(A, u(h, z))$，取决于城市中提供的便利设施 A（urban amenity）、个人对于住房 h 和其他品类商品的消费 z。假设住所与市中心的距离为 x，单位距离的通勤成本为 τ，名义工资为 w，那么可用于消费的收入为 $w - \tau x$。假设距离市中心 x 处的房屋租金为 $P(x)$，那么在预算约束下效用函数可表达为：

$$U(A, v(P(x), w - \tau x)) \qquad (6-1)$$

其中，$\dfrac{\partial U}{\partial A} > 0$，$\dfrac{\partial U}{\partial v} > 0$，$\dfrac{\partial v}{\partial P(x)} < 0$，$\dfrac{\partial v}{\partial (w - \tau x)} > 0$

假设该城市中所有居民的收入和偏好都相同，对于城市基础设施的可得性也完全一致，同时可以在城市间自由流动，那么城市居民的均衡效用水平无疑也将趋于一致，即：

$$v(P(x), w - \tau x) = \bar{v} \qquad (6-2)$$

上式两边对 x 同时求导可得：

$$\frac{\partial v(P(x), w - \tau x)}{\partial P(x)} \frac{dP(x)}{dx} - \tau \frac{\partial v(P(x), w - \tau x)}{\partial (w - \tau x)} = 0 \qquad (6-3)$$

整理可得：

$$\frac{dP(x)}{dx} = -\frac{\tau}{h(x)} < 0 \qquad (6-4)$$

上述等式又被称为 Alonso – Muth 等式。也就是说，在效用最大化条件下，居民居住地距离市中心越远，花费的房屋租金越低，但通勤成本越高，两者是此消彼长的关系。进一步假设建筑行业使用每单位土地生产的房屋面积为 $f(x)$，距离市中心 x 处的地租等于 $R(x)$，单位建造成本为 $c(R(x))$，零利润条件下有边际成本等于边际收益：

$$P(x) = c(R(x)) \tag{6-5}$$

同理，等式两端对 x 求导可得：

$$\frac{dP(x)}{dx} = \frac{\partial c(R(x))}{\partial R(x)} \frac{dR(x)}{dx} \tag{6-6}$$

也就是：

$$\frac{dR(x)}{dx} = \frac{dP(x)}{dx} f(x) < 0，其中，f(x) = \frac{\partial R(x)}{\partial c(R(x))} \tag{6-7}$$

由式（6-7）可知，不仅房屋租赁价格随距离递减，土地地租价格也遵循这一规律。假设城市范围内最低地租价格为 $\underline{R}$，有 $\underline{R} = R(\bar{x})$，可以由此确定城市容纳的人口规模 N：

$$N = \int_0^{\bar{x}} d(x) dx \tag{6-8}$$

式（6-8）中的 $d(x)$ 指距离 x 处的人口密度，依据式（6-6）和式（6-7）可以改写为：

$$d(x) = \frac{f(x)}{h(x)} = \frac{\frac{dR(x)}{dx} / \frac{dP(x)}{dx}}{-\tau / \frac{dP(x)}{dx}} = -\frac{1}{\tau} \frac{dR(x)}{dx} \tag{6-9}$$

代入式（6-8），整理后得到市中心的地租价格 $R(0) = \underline{R} + \tau N$，同理市中心房屋租金 $P(0) = c(\underline{R} + \tau N)$。由于分布在城市不同地点的居民最终效用水平一致，因此式（6-9）可调整为：

$$v(P(x), w - \tau x) = \bar{v} = v(P(0), w) = v(c(\underline{R} + \tau N), w) \tag{6-10}$$

如果不存在城市间的人口流动，也就是假定城市规模 N 不变，由式（6-10）可求得不同地点房租价格 $P(x)$ 的表达式；但是，如果考虑一个开放的城市系统，城市人口可自由迁移，那么在均衡条件下不同城市间居民效用水平应该保持一致，假设为 $\bar{U}$。如果不同城市提供的便利设施和公共服务水平完全一致，都等于 A，那么相同的效用水平 $\bar{U}$ 即意味着相同的消费效用水平 $\bar{v}$：

$$\bar{v} = v(c(\underline{R} + \tau N), w) \tag{6-11}$$

其中，$\frac{\partial \bar{v}}{\partial c(\underline{R} + \tau N)} < 0$，$\frac{dv}{dw} > 0$，$\frac{dc}{d\tau} > 0$，$\frac{dc}{dN} > 0$

均衡时城市规模 N 可写为变量 $\bar{v}$、$\underline{R}$、w、τ 的表达式。由于 $\bar{v}$ 是一定值，效用水平与名义工资之间正相关，与房租成本之间负相关。也就是说，名义工资越高的城市房价也会相应较高，"工资溢价"可视作对高生活成本的一种补偿。此外，房价又取决于城市人口规模和单位通勤成本，这里暂时假定每个城市的通勤成本在短时间内保持稳定，那么当城市提供更高的名义工资时，会吸引更多人口迁入推动城市规模的扩张。同理，假设名义工资稳定的情况下，城市内部交通基础设施的进步有助于降低通勤成本，缩短通勤时间，那么相应地城市人口将有所增加。交通成本变动对城市规模的影响可以直观地反映在图 6－1 中。

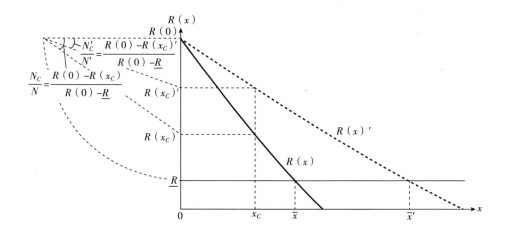

图 6－1　通勤成本变动对地租和城市边界的影响

资料来源：Duranton G，Puga D. The growth of cities［A］//Philippe Aghion and Steven Durlauf. Handbook of Economic Growth［Z］. 2013，2.

假设某城市交通基础设施改善，从而单位通勤成本 τ 下降，这一微小的变动不会影响整个城市体系的均衡，因此该城市居民的效用水平如式（6－11）所示保持稳定。由于部分住在市中心的居民不需要支出通勤成本，为保证他们的效用水平不变，市中心地租 $R(0) = \underline{R} + \tau N$ 也不能发生变化，那么只有扩大城市人口规模 N 才能抵消交通基础设施改善对市中心地租的冲击。并且，由图 6－1 可知，通勤成本的下降不仅吸纳了更多城市人口，同时推动了城市边界由 $\bar{x}$ 向外扩张到了 $\bar{x}'$。通勤成本变动与城市规模增长之间的动态相关关系可以写为：

$$\Delta_{t+1,t}\log N_i = \beta_0 - \beta_1 \Delta_{t+1,t}\log \tau_i + \varepsilon_{it} \tag{6-12}$$

其中，$\Delta_{t+1,t}$ 表示时变因子，$\Delta_{t+1,t}\log N_i$ 即为城市 i 在 $t \sim t+1$ 时期对数人口规模的变动情况，β_1 为通勤成本对城市规模的弹性，ε_{it} 是随机误差项。假设城市 i

达到新的均衡时的人口规模为 N_i^*，考虑到城市规模的调整并非一蹴而就，而是循序渐进的，那么调整速度，也就是城市规模的扩张速度无疑还将依赖初始规模，不同时期城市规模的变化满足：

$$N_{it+1} = N_i^{*\lambda} N_{it}^{1-\lambda} \qquad (6-13)$$

式（6-13）中，新增参数 λ 表示城市规模收敛到均衡解的速度，当 $\lambda = 0$ 时每个城市人口规模固定，完全无法转移，当 $\lambda = 1$ 时城市人口完全自由流动，城市规模可在同一时期内切换到新的均衡状态。对式（6-13）两边取对数可得：

$$\Delta_{t+1,t} \log N_i = \lambda (\log N_i^* - \log N_{it}) \qquad (6-14)$$

由式 $\bar{v} = v\ (c\ (\underline{R} + \tau\ N)\ ,\ w)$ 可知，稳定状态下 τN_i^* 应该是一个常数，进一步取对数可得：

$$\log N_i^* = \beta_0 - \beta_1 \log \tau_{it} \qquad (6-15)$$

对参数做归一化处理后，可将式（6-15）进一步改写为：

$$\Delta_{t+1,t} \log N_i = \lambda\beta_0 - \lambda \log N_{it} - \lambda\beta_1 \log \tau_i + \varepsilon_{it} \qquad (6-16)$$

需要注意的是，相比式（6-15）、式（6-16）中不仅增加了初始规模变量，通勤成本也由原来的差值形式调整为了绝对值形式。根据式（6-16）可得出关于城市规模增长率的第一个假说：交通设施质量的改善和通勤成本的下降，将显著影响城市规模的增长速度。

如上文所述，单中心城市模型中，提高名义工资水平与降低通勤成本产生的效应十分相似，只是作用方向相反，因此紧接着可以确定第二个假说：城市规模的变化率同时取决于城市中名义平均工资的提高。将名义工资纳入回归方程中可得：

$$\Delta_{t+1,t} \log N_i = \lambda\beta_0 - \lambda \log N_{it} - \lambda\beta_1 \log \tau_i + \lambda\beta_2 w_i + \varepsilon_{it} \qquad (6-17)$$

另外，如果放松城市间便利设施和公共服务水平一致的假设，也就是允许 A_i 存在差异，那么最终均衡时需要满足等式：

$$\bar{U} = U(A_i,\ v(P(x),\ w - \tau x)) = U(Ai,\ v(c(\underline{R} + \tau N_i),\ w)) \qquad (6-18)$$

根据效用函数有 $\partial U/\partial A > 0$，$\partial U/\partial v > 0$。那么消费效用 v 对城市规模 N 求导就有：

$$\frac{\partial v}{\partial N_i} = \frac{\partial v}{\partial P(x)} \frac{\partial c(R(x))}{\partial R(x)} \tau < 0 \qquad (6-19)$$

结合式（6-18）可得：

$$\frac{dN_i}{dA_i} = -\left(\frac{\partial U}{\partial A_i}\right) \Big/ \left(\frac{\partial U}{\partial v} \frac{\partial v}{\partial N_i}\right) > 0 \qquad (6-20)$$

由式（6-20）可知，对于便利设施水平较高的城市，即便名义工资相对较低，居民仍可实现均等的效用水平。假定城市名义工资和通勤成本不变，当便利设施水平提高时，同样会吸引更多人口迁入，直至城市规模扩张造成的负效应抵消便利设施和福利水平提高带来的正效应为止。与式（6-17）类似地，这一过程可表达为：

$$\Delta_{t+1,t}\log N_i = \beta_0 + \beta_1 \Delta_{t+1,t} A_i + \varepsilon_{it} \tag{6-21}$$

采用与式（6-17）相似的处理过程改写上式，同时合并通勤成本和名义工资后可得：

$$\Delta_{t+1,t}\log N_i = \lambda\beta_0 - \lambda\log N_{it} - \lambda\beta_1 \log \tau_i + \lambda\beta_2 w_i + \lambda\beta_3 A_i + \varepsilon_{it} \tag{6-22}$$

由此得出关于城市规模变化率的第三个假说：城市规模的变化速度与城市便利设施条件的改善显著相关，考虑到城市便利设施和福利水平显著影响居民生活质量，本章下一部分内容中将通过衡量生活质量差异来判断城市提供的居住舒适度是否在城市规模分布过程中起到决定性作用。至此，这一部分提出的三个核心假说可以归纳如下：

假说1：交通设施质量的改善和通勤成本的下降将显著影响城市规模的增长速度。

假说2：城市规模的变化率同时取决于城市中名义平均工资的提高。

假说3：城市规模的变化速度与城市便利设施条件的改善和居民生活质量的提升显著相关。

二、实证方法

根据第四章的研究可知，我国城市规模分布存在空间溢出效应，以发展最为成熟的长三角、珠三角、京津冀三大城市群来看，存在高—高、高—低两种不同类型的城市聚集体。因此，在考虑城市规模的扩张速度及其影响因素时，有必要检验相邻城市之间是否存在相互影响的情况，如果存在空间效应，那么常用的OLS估计结果是有偏差的（陈强，2014）。这一部分首先介绍实证研究中采用的相关变量及其数据来源，在此基础上构建空间权重矩阵，检验核心变量间是否存在空间自相关，最后简要介绍空间计量模型及其选择依据。实证研究的结果和分析将在本节下一部分给出。

（一）变量选择和数据来源

根据上一节中构建的城市增长模型可知，城市规模的扩张速度可能取决于其初始规模、通勤成本、名义工资和便利设施等几个核心影响因素，其中，城市初始规模、通勤成本与增长速度负相关，名义工资、便利设施与增长速度正相关。

但是在实证研究中，直接衡量通勤成本较为困难（尤其是在考虑机会成本的情况下），往往采用交通设施条件的改善来代替该项指标。因此，上文中的式（6 – 22）可改写为以下形式：

$$\Delta_{t+1,t}\log N_i = \lambda\beta_0 - \lambda\log N_{it} + \lambda\beta_1\log\gamma_i + \lambda\beta_2 w_i + \lambda\beta_3 A_i + \varepsilon_{it} \qquad (6-23)$$

其中，变量 γ_i 表示交通基础设施水平。此外，为了使回归结果更为直观，简单改写上式中的变量及回归系数符号，得到以下基本回归方程：

$$rate\_size_{it} = \beta_0 - \beta_1 size_{it-1} + \beta_2 wage_{it} + \beta_3 trans_{it} + \beta_4 amnt_{it} + \varepsilon_{it} \qquad (6-24)$$

式中，$rate\_size_{it}$ 表示城市规模变化率；$size_{it-1}$ 表示滞后一期的城市规模，用以控制城市规模初始水平；$wage_{it}$ 表示城市提供的名义工资水平；$trans_{it}$ 表示交通基础设施水平；$amnt_{it}$ 则表示城市便利设施条件；ε_{it} 为误差项。如果上文构建的城市规模增长模型能够较好地拟合我国的情况，那么系数估计结果 β_i 都应该为正数。

变量的选择并非易事，如前所述，我国的城市统计资料尚不完善，尤其在城市规模的衡量方面可能存在着准确度不足的问题。本书基于灯光数据构建城市集中度指标，也正是出于避免城市规模统计口径变化干扰实证研究的目的。因此，本书沿用灯光数据作为研究基础，参考杨孟禹、张可云（2016）研究中构建的城市规模指数指标，计算城市规模及其变化率。具体而言，城市规模指数的计算公式如下：

$$size_{it} = \frac{H_{it}}{H_{it} + L_{it}} \qquad (6-25)$$

其中，H_i 为大于全国各地级及以上城市灯光亮度中位数的光斑所代表的实际面积，L_i 为小于全国各地级以上城市灯光亮度中位数的光斑所代表的实际面积。该指数介于 0 ~ 1，数值越接近 1 代表城市规模越大。因为我国地级市行政区界内仍分布着范围不小的农村和农地区域，通过区分高亮区、低亮区能够较好地识别城市经济活动的实际所在，同时避免了部分城市的蔓延式增长过程对实证结果的影响。灯光数据的其余选取、筛查和校准过程与前文相似，此处不再重复。基于此，城市规模的变动率根据下式计算得出：

$$rate\_size_{it} = \frac{size_{it} - size_{it-1}}{size_{it-1}} \qquad (6-26)$$

不过，为了确保回归结果的稳健性，本书在实际操作中增加城市市辖区年末总人口（pop）和市辖区年末单位从业人员数（emp）作为衡量城市规模的替代变量，其中单位从业人员数尽管不是衡量城市规模的最恰当指标，但是该指标能够较好地反映我国不同城市的包容性增长和就业情况，因此也应该纳入考量过程。

除上述部分指标根据灯光数据结果计算外，其余变量均直接选自《中国城市统计年鉴》，指标统计范围控制在市辖区，具体包括：

（1）职工平均工资（*wage*），反映名义收入水平。根据陆铭等（2011）的研究，我国劳动力收入水平与产出水平尚存在差距，因此不宜直接使用人均GDP衡量收入。

（2）人均城市道路面积（*road*），体现城市交通基础设施水平。

（3）每万人拥有公共汽车量（*bus*），反映城市公共交通设施供给量，但是需要注意的是，万人拥有的公交车数量的增加可能增加城市拥堵程度。

（4）每万人拥有医院、卫生院床位数（*bed*），这是城市便利设施的一种，体现医疗服务的稀缺程度和可获得性。

（5）建成区绿化覆盖率（*tree*），这是便利设施的一种，与城市居民生活质量密切相关。

除上述解释变量外，本书还加入代表东部和中部地区的虚拟变量*east*和*centra*，用以控制区域差异。综合考虑数据可得性的基础上，本书选择制度环境相对稳定的研究时段——2005～2013年，避开几次可能系统性影响城市规模变动的改革时间点。为保证统计资料连续性和研究结果的可靠性，删除了缺失数据较多的城市，并采用插值法补齐剩余数据后，得到275个城市9年内的完整面板数据作为这一部分实证分析的基础。此外，考虑到被解释变量城市规模变动率可能存在负值，选择线性函数归一化方法代替对数函数转换的方式处理数据[①]，以避免生成大量缺失值影响空间计量方法的应用。最后，由于不同变量间量纲差异较大，对除虚拟变量外的其余解释变量采用相似地归一化方法进行处理。

（二）空间自相关和计量模型

地理学第一定律指出，"所有的事物都与其他事物相关联，并且距离越近，这种相关性越强"（Tobler，1970）。根据第四章的研究结果，我国城市规模分布之间存在较强的空间联系，因此解释变量城市规模必然存在着空间滞后效应。在此前提下，直接使用不考虑空间效应的计量模型对上述模型进行回归得出的结果可能是有偏的。空间计量经济学经过30余年的发展已经日渐成熟，常用的空间计量模型包括空间滞后模型（Spatial Lag Model，SLM）、空间误差模型（Spatial Error Model）、空间杜宾模型（Spatial Durbin Model，SDM）和空间杜宾误差模型（Spatial Durbin Error Model，SDEM）等，根据存在空间依赖性的变量或误差项不

---

① 线性函数归一化的数据处理方法为：$\hat{x}_{it} = (x_{it} - \min x_t)/(\max x_t - \min x_t)$。

同，应当选择的空间计量模型也有所区别。为确保本书使用的空间计量模型能够恰当地反映变量间的空间溢出效应，首先检验核心变量的空间自相关性。基于地级市之间的相邻关系（Queen's contiguity）构建空间权重矩阵，表6-1报告了不同变量在研究时段内各年份的全局莫兰指数（global Moran's I）及其双边检验结果。

通过莫兰指数 I 的取值可以判断空间自相关性的方向和大小，取值大于 0 表示正自相关，说明城市之间同时存在高—高集聚和低—低集聚；取值小于 0 则证明存在负自相关，表现为高水平城市被低水平城市包围或相反。由表6-1可知，所有被检验变量均存在较强的空间正向自相关性。也就是说规模较大、增长速度较快、平均工资水平较高且基础设施相对完备的城市倾向于在空间上集聚；同理，相对落后的城市之间也存在"抱团取暖"的情况。

表6-1 全局空间自相关性检验（Moran's I）

年份	rate_ size	wage	road	bed	tree
2005	0.391***	0.345***	0.224***	0.195***	0.146***
	(10.449)	(9.251)	(6.120)	(5.346)	(4.827)
2006	0.305***	0.327***	0.186***	0.172***	0.186***
	(8.320)	(8.775)	(5.247)	(4.741)	(5.561)
2007	0.412***	0.295***	0.177***	0.150***	0.188***
	(11.136)	(7.918)	(4.911)	(4.143)	(5.569)
2008	0.119***	0.249***	0.205***	0.129***	0.178***
	(3.430)	(6.703)	(5.711)	(3.684)	(5.180)
2009	0.123***	0.251***	0.183***	0.233***	0.183***
	(4.066)	(6.759)	(5.121)	(6.451)	(5.121)
2010	0.182***	0.222***	0.157***	0.107***	0.135***
	(5.049)	(5.996)	(4.568)	(2.994)	(3.964)
2011	0.397***	0.207***	0.187***	0.085***	0.173***
	(10.653)	(5.610)	(5.219)	(2.399)	(4.963)
2012	0.308***	0.201***	0.118***	0.102***	0.182***
	(8.564)	(5.447)	(3.362)	(2.845)	(5.056)
2013	0.338***	0.163***	0.150***	0.123***	0.114***
	(9.162)	(4.447)	(4.519)	(3.430)	(3.291)

注：*、**、***分别代表在10%、5%、1%的显著性水平下显著；括号中为 z 值。

根据变量的自相关性检验结果，在被解释变量和解释变量都存在空间相关性的情况下，应该考虑使用空间杜宾模型（王周伟等，2017）。其模型形式如下：

$$y_{it} = \rho w'_{1i}y_t + x'_{it}\beta_1 + w'_{2i}x_t\beta_2 + u_i + \lambda_t + \varepsilon_{it} \tag{6-27}$$

其中，$w'_{1i}y_t = \sum_{j=1}^{n} w_{ij}y_{jt}, w'_{2i}x_t = \sum_{j=1}^{n} w_{ij}x_{jt}$

$\varepsilon_{it} \sim N(0, \sigma^2 I_n)$

模型中包含两个空间权重矩阵 W_1 和 W_2，w'_{1i} 和 w'_{2i} 分别为矩阵的第 i 行，对应因变量和自变量的空间相关关系，可以设置为相同或不同的矩阵，本书采用相同的相邻关系矩阵；β_2 为外生变量的空间自相关系数；u_i 表示个体效应，λ_t 为时间效应，ε_{it} 是满足正态独立同分布的随机扰动项。另外，对于固定效应的空间自回归模型，可以先做组内离差变换，去掉个体效应 u_i 之后再应用最大似然估计方法（Maximum Likelihood Estimation，MLE）；对于随机效应的空间自回归模型，可以先做广义离差变换，然后再进行 MLE 估计，具体应该采用面板混合估计、固定效应还是随机效应模型，可通过一般的 Hauseman 检验确定（陈强，2014）。

最后，由于存在空间滞后项时，回归系数将不再简单地反映自变量对因变量的影响，解释变量的空间相关项矩阵 W_2 和非空间相关项系数 β_1 都无法完整地反映解释变量的作用效应，因此需要通过 LeSage 和 Pace（2010）提出的偏微分方法将影响来源划分为直接效应和间接效应两个方面。其中，直接效应为某个城市 i 中第 k 个解释变量的变化导致自身被解释变量 y 的改变；间接效应则是指解释变量的空间溢出效应，即某城市 i 的周边地区（如城市 j）第 k 个解释变量的单位变化对城市 i 的因变量 y 的影响，两种效应的加总即解释变量 k 的系数估计结果，又称为总效应。

三、结果分析

本书利用 2005～2013 年中国 275 个地级及以上城市数据研究城市特征对城市规模变化率的影响，以期为下一阶段的实证研究奠定基础。首先在不考虑空间溢出效应的情况下对方程式（6-24）进行回归，表 6-2 中列（1）至列（3）为采用混合 OLS 方法的估计结果，为保证研究结果的稳健性，列（1）至列（3）中城市规模 *size* 的衡量方式分别对应城市灯光高亮区占比、市辖区年末总人口和就业人口三种口径。混合回归的基本假设是不存在个体效应，每个个体都拥有完全相同的回归方程。但通常情况下这一假设是不成立的，尤其是本书采用全国 275 个地级市作为样本，不同城市之间在经济、社会、文化、环境等不同层面都存在较大差异，因此应该在混合 OLS 回归的基础上进行统计检验。根据 Hauseman 检验结果，固定效应模型的结果更为准确，因此本书表 6－2 中列（4）至列（6）报告了采用双向固定效应模型得出的回归结果、显著性水平以及相关参数。

第一，根据混合 OLS 回归结果，城市规模对扩张率存在微小的负向影响，回归系数低于 0.1，而且这种影响并不显著。也就是说，在不考虑个体效应的情况下，不同规模等级城市的增长速度之间并不存在显著差异。在固定效应回归中，除第（6）列城市就业人口数量与规模扩张速度之间存在较强的正相关性以外，其余两组回归结果均不显著，说明城市总体规模的大小确实并非决定城市增长的最主要因素，但就业机会的增加可能会大幅促进城市扩张。

第二，表 6－2 中所列回归结果无一例外地显示工资水平的提升有助于城市规模扩张。其中，混合 OLS 回归得到的系数估计值约在 0.109 左右，固定效应模型得到的系数估计值则高于 0.340，满足 1% 的显著性水平。因此，前述理论模型中的假说 1 得以证实。

表 6－2　城市规模增长率的来源分析（混合 OLS 及固定效应模型）

模型变量	(1)	(2)	(3)	(4)	(5)	(6)
	OLS	OLS	OLS	FE	FE	FE
size	− 0.001	− 0.020	− 0.020	− 0.022	0.107	0.722 ***
	(− 0.09)	(− 0.89)	(− 0.75)	(− 0.71)	(1.65)	(5.64)
wage	0.103 ***	0.109 ***	0.109 ***	0.343 ***	0.340 ***	0.350 ***
	(5.34)	(5.68)	(5.3)	(6.73)	(6.65)	(6.82)
road	0.028	0.024	0.025	0.156 **	0.155 **	0.182 ***
	(0.63)	(0.54)	(0.55)	(2.23)	(2.23)	(2.65)
bus	− 0.347 ***	− 0.343 ***	− 0.339 ***	− 0.331 ***	− 0.327 ***	− 0.326 ***
	(− 2.80)	(− 2.76)	(− 2.72)	(− 5.08)	(− 5.02)	(− 5.04)
bed	0.170 ***	0.169 ***	0.170 ***	0.407 ***	0.409 ***	0.401 ***
	(9.06)	(8.88)	(9.11)	(12.58)	(12.63)	(12.34)
tree	0.048 ***	0.048 ***	0.048 ***	− 0.001	− 0.000	− 0.006
	(2.84)	(2.86)	(2.85)	(− 0.03)	(− 0.00)	(− 0.31)
east	− 0.012 **	− 0.012 *	− 0.012 *			
	(− 1.98)	(− 1.94)	(− 1.93)			
central	− 0.009	− 0.009	− 0.009			
	(− 1.59)	(− 1.57)	(− 1.56)			

模型 变量	(1)	(2)	(3)	(4)	(5)	(6)
	OLS	OLS	OLS	FE	FE	FE
_ cons	0.245 ***	0.244 ***	0.243 ***	0.070 ***	0.060 ***	0.032
	(28.01)	(27.65)	(26.5)	(3.45)	(3.04)	(1.51)
样本量	2475	2475	2475	2475	2475	2475
R^2	0.074	0.074	0.074	0.159	0.159	0.164
F 值	28.96	29.11	29.08	115.49	117.56	124.07

注：*、**、*** 分别代表在 10%、5%、1% 的显著性水平下显著；括号中为 t 值。混合 OLS 回归结果控制时间效应，固定效应模型中既控制时间效应也控制个体效应。所有估计中均使用稳健标准误。

第三，本书选择市辖区人均道路面积和每万人拥有公交车数量作为衡量市内通勤成本的两个变量，回归结果差异较大。根据混合 OLS 回归结果，人均道路面积对于城市规模扩张的正向影响并不明显，但是在固定效应模型中这种作用反而较为突出，系数估计结果高于 0.155。每万人拥有公交数量则一致体现为显著负效应，这一结果乍看之下可能与预期不符，但实际上有其存在的合理性。因为公交车作为一种路面通勤手段，其保有数量越多可能意味着路面拥挤程度越高，从而通勤时需要消耗的时间成本和机会成本更高，导致回归结果中出现显著的负向相关性。总体而言，实证结果与"通勤成本的下降有助于城市规模加速扩张"的假说较为吻合。

第四，城市医疗条件和居住环境对规模扩张存在较为显著的正向影响。其中，每万人拥有医院床位数尽管不能完整地反映城市医疗水平和质量，但已经体现出与城市规模增长速度的正相关关系，并且在控制个体效应后体现得更为明显，回归系数在 0.401 ~ 0.409 浮动。建成区绿化率虽然在混合 OLS 估计中表现出显著的正向作用，但在固定效应模型中变得不再显著，说明生态环境因素目前仍不是拉动城市人口迁移的最主要因素。根据这一部分的研究结果基本可以确定本节第一部分中提出的假说 3 成立。

第五，除上述城市特征因素外，表 6 - 2 中混合 OLS 模型的部分还报告了地区虚拟变量的回归结果[①]，可以看到，东部、中部地区城市扩张速度相对较慢，但中部地区这一负向的系数估计值不显著，而且虚拟变量的系数回归结果绝对值很小，说明在研究时段内不同地区间城市规模扩张速度并不存在突出差异。应该

---

① 由于地区虚拟变量不随时间变化，因此在固定效应模型估计过程中被消掉了。

说，全国城市体系的增长过程总体较为稳健，但在不同因素影响下可能呈现差异。

接下来，在考虑空间溢出效应的情况下，采用空间杜宾模型对式（6-24）重新进行回归。Hauseman 结果更倾向于支持固定效应模型，因此在表6-3和表6-4中不再报告混合面板模型的估计结果。

首先，根据表6-3中汇报的 ρ（rho）在1%水平上显著为正，可知被解释变量间的确存在空间自相关。另外，根据表中 Wx 列的回归结果可以看到，城市就业人口、名义工资水平和医疗基础设施存在显著的空间溢出效应，但其余变量的空间滞后性并不显著，这一结果证明采用空间杜宾模型进行估计是恰当的，但同时也说明了 Moran's I 指数只能作为分析空间相关关系的第一步，具体的作用方向和大小还需要通过空间计量手段予以明确。

表6-3　城市规模增长率的来源分析（空间面板杜宾模型）

模型变量	(1)		(2)		(3)	
	Main	Wx	Main	Wx	Main	Wx
size	-0.028	0.028	-0.540	-0.187	1.321**	0.459**
	(-0.08)	(0.30)	(-0.97)	(-1.15)	(2.24)	(2.09)
wage	0.512***	0.1660***	0.530***	0.166***	0.513***	0.165***
	(3.07)	(3.26)	(3.07)	(3.33)	(3.14)	(3.34)
road	0.164	0.022	0.173	0.023	0.235	0.040
	(0.87)	(0.42)	(0.92)	(0.44)	(1.23)	(0.75)
bus	-0.054	0.076	-0.063	0.070	-0.065	0.071
	(-0.24)	(0.90)	(-0.29)	(0.83)	(-0.30)	(0.84)
bed	0.728***	0.193***	0.733***	0.194***	0.704***	0.189***
	(8.29)	(5.56)	(8.42)	(5.59)	(8.01)	(5.42)
tree	-0.071	0.016	-0.078*	0.013	-0.079*	0.016
	(-1.53)	(0.51)	(-1.71)	(0.43)	(-1.71)	(0.49)
rho	0.69634***		0.69527***		0.69385***	
	(27.05)		(26.99)		(26.63)	
sigma2_e	0.008863***		0.008869***		0.008867***	
	(9.89)		(9.90)		(9.89)	
样本量	2475		2475		2475	
R^2	0.2617		0.2663		0.2697	

注：*、**、***分别代表在10%、5%、1%的显著性水平下显著；括号中为 z 值。采用双向固定效应模型，因此既控制时间效应也控制个体效应；所有估计中均使用稳健标准误。

其次，表6-3中列（1）至列（3）的差别在于城市规模的衡量口径不同，可以看到列（3）中采用就业人口衡量城市规模时，存在正向作用且显著性水平较高。这一结论与上文中仅采用固定效应模型的结果十分相似。列（1）和列（2）回归结果较为接近，证明灯光数据能够较好地反映城市人口规模。各变量系数估计结果符号方向与不考虑空间溢出效应时较为相似，城市规模、每万人公交车数量对城市扩张速度存在负向作用；工资水平、人均道路面积和每万人病床数三项指标的系数估计结果为正；建城区绿化率的作用方向并不稳定。但是具体来看，在考虑空间效应的情况下，不同变量的显著性出现了变化，最为明显的是交通基础设施的作用效果明显削弱了，以万人公交车数量为例，回归系数绝对值下降到了0.054~0.065，并且无法满足最低标准的显著性水平。之所以在纳入空间权重矩阵后出现显著性水平的下降，其具体原因可以通过分析直接效应和间接效应得出。

最后，分析表6-4中对两种效应的分解可以得到一个有趣的发现，即城市规模的扩张速度实质上更多地取决于周边城市的相关属性。城市自身规模较大时，发展速度相对较慢，而城市周边地区规模较大时，反而能够刺激该城市的扩张。也就是说，我国城市系统中存在着规模竞争的情况。类似地，当某城市周边地区能够提供较高的名义工资时，有助于该城市的规模扩张。这一发现反映了我国城市体系总体而言存在较强的扩散效应，即城市规模较大、经济水平较高的城市能够显著地带动周边城市发展。除此之外，城市中公交车数量增长对城市规模扩张的负效应始终存在，并且空间外溢性不明显，说明通勤成本的影响大体上局限在城市内部；单就吸引城市人口流入而言，城市本身和周边地区的医疗条件都很重要，这类福利设施水平的影响能力较强，波及范围很广。

表6-4 直接效应与间接效应

	(1)		(2)		(3)	
	Direct	Indirect	Direct	Indirect	Direct	Indirect
size	-0.038	0.010	-0.023	-0.517	0.038	1.284 **
	(-0.93)	(0.03)	(-0.33)	(-1.02)	(0.36)	(2.32)
wage	0.035	0.477 ***	0.037	0.493 ***	0.032	0.481 ***
	(0.88)	(3.32)	(0.90)	(3.34)	(0.81)	(3.40)
road	0.038	0.126	0.040	0.133	0.046	0.189
	(1.11)	(0.77)	(1.18)	(0.81)	(1.33)	(1.14)

续表

	(1)		(2)		(3)	
	Direct	*Indirect*	*Direct*	*Indirect*	*Direct*	*Indirect*
bus	-0.091*	0.037	-0.088*	0.025	-0.090*	0.024
	(-1.73)	(0.18)	(-1.68)	(0.12)	(-1.69)	(0.12)
bed	0.079***	0.649***	0.081***	0.652***	0.076***	0.628***
	(4.08)	(7.79)	(4.18)	(7.89)	(3.94)	(7.52)
tree	-0.040	-0.031	-0.041	-0.038	-0.043	-0.036
	(-1.51)	(-0.63)	(-1.52)	(-0.78)	(-1.58)	(-0.72)
样本量	2475	2475	2475	2475	2475	2475

注：*、**、***分别代表在10%、5%、1%的显著性水平下显著；括号中为 z 值。采用双向固定效应模型，因此既控制时间效应也控制个体效应；所有估计中均使用稳健标准误。

综合而言，本节首先通过理论建模提出三个假说，分析城市特征对规模增长速度的影响，其次先后采用固定效应模型和空间杜宾模型进行实证分析，得出结论较好地证实了理论假说的适用性。根据上述研究可知，城市名义工资、基础设施条件和福利待遇等因素能够显著影响城市规模的扩张速度，进而作用于区域范围内的城市规模分布。因此本章下一部分将通过构建收入差异指数和生活质量指数，分析城市差距如何左右城市人口的转移和流动过程。此外，本书通过应用空间计量模型得到一些有趣的结论，如城市规模的扩张很大程度上取决于相邻城市的特征变量，诸如收入水平、基础设施等，针对这一问题，本书第七章将从城市联系的视角出发，探讨地理邻近和贸易活动等因素对于城市集中度的影响。

第二节　城市差距对城市集中的影响

根据上一节的研究结果可知，平均工资和基础设施是影响城市规模扩张速度的两个重要因素，其中基础设施的作用力度甚至更胜一筹，城市规模本身与其变化率之间并不存在显著的相关关系。现有研究大多认为，大城市能够提供更高水平的名义工资，以及更为完善的基础设施和公共服务，因此每年吸引着大批人口流入（Hsieh，2015；踪家峰、李宁，2015）。那么是否可以由此推断，区域内城市之间平均工资水平和设施服务的落差越大，大城市的规模增长速度相对越快，小城市的成长受到制约，从而区域中城市人口分布的集中程度呈不断提高趋势？上述问题是本节关注的重点，也是与上一节内容一脉相承、密切联系的"硬币的另一面"。

与上文类似地，本节参考 Hsieh（2015）的模型框架，通过引入一个城市系统模型，简单阐述高工资、优福利对于城市规模的影响，其次构建相关指标综合衡量城市居民生活质量（Quality of Life，QOL），最后采用实证方法检验不同城市间收入水平和生活质量的差距对于区域内城市人口分布情况的影响。当然，在我国户籍制度有所松动的背景下，无法排除城市人口跨区域流动的可能性，因此，本书在实证过程的第一部分先以全国数据为基础做时间序列分析；但与此同时，"离土不离乡"的思想在我国仍十分普遍，当区域内部存在条件优渥的大城市时，周边地区人口即便迁移也通常更倾向于选择"离家近"的城市，本节最后一部分采用省级面板数据检验上述分析逻辑和理论观点是否具备其合理性。

一、城市系统空间均衡模型

本书参考 Hsieh（2015）的模型框架，基于一个标准的 Rosen – Roback 范式考察城市系统中劳动力的空间供需平衡过程。其中劳动力需求取决于企业，企业的生产由基础设施、专业化和多样化程度、集聚经济、知识溢出、中间品和企业家精神等要素决定；劳动力的供给则主要取决于工资、住房和福利。模型的基本假设包括：①所有就业人群都没有自己的房产，只能租房居住；②所有就业人群对于地理位置的偏好都是同质的，并且能够完全自由流动；③不同城市的全要素生产率（Total Factor Productivity，TFP）和便利设施是不同的，但都是外生的；④所有城市生产同质的产品，不存在城市的专业化；⑤劳动力需求弹性是同质的。其后在拓展模型中将逐一放松这些假设。

假设城市 i 生产某种贸易品的产出为：$Y_i = A_i L_i^\alpha K_i^\eta$，其中 A_i 为全要素生产率，L_i 为劳动力数量或城市规模，K_i 指资本，$\alpha + \eta < 1$。全要素生产率 A_i 囊括了有助于企业成长的所有要件，如便捷的货运通道、有利的自然条件、政府的优惠措施等。个人间接效用函数表达式为：$V = W_i Z_i / P_i^\beta$，取决于名义工资 W_i、城市舒适度 Z_i 和房价 P_i，β 表示住房花费在总支出中所占份额。均衡时就业量满足：

$$L_i \propto (A_i / W_i^{1-\eta})^{\frac{1}{1-\alpha-\eta}} \tag{6-28}$$

式（6-28）说明，在假设较为严格的前提下，城市就业量与当地 TFP 成正比，与名义工资成反比，参数值大小取决于劳动需求弹性。这一结果与本章第一节的理论模型预期不尽相同，与现实情况也难以吻合，不过在放松假设后名义工资的作用又会发生变化。将个人间接效用函数代入上式可得：

$$L_i \propto (A_i Z_i^{1-\eta}/P_i^{\beta(1-\eta)})^{\frac{1}{1-\alpha-\eta}} \tag{6-29}$$

也就是说，更高的 TFP，更舒适的居住环境，以及更低的房价会吸引更多的就业量，进而推动城市规模的向外扩张。假设房价与城市规模之间存在正向关系：$P_i = L_i^{\gamma_i}$，γ_i 为反映这种相关性程度的参数，γ_i 越大，城市规模扩张引起的房价上涨幅度越高。由此，均衡工资水平可写为：

$$W_i \propto \left(\frac{A_i^{\beta \gamma_i}}{Z_i^{1-\alpha-\eta}}\right)^{\frac{1}{(1-\eta)(1+\beta\gamma_i)-\alpha}} \tag{6-30}$$

上式蕴含的经济意义在于，城市为生产者提供的基础设施越好，相应地劳动力名义工资越高；但是对于消费者而言城市福利水平越高，相应地名义工资会有所降低，因为工资与福利待遇之间存在互补关系。

在此模型基础上，放松劳动力完全自由流动的假定更接近我国的实际情况，那么假设城市 i 中劳动力 j 的间接效用函数修正为：$V_{ji} = \varepsilon_{ji}(W_i Z_i/P_i^{\beta})$，参数 ε_{ji} 代表城市 i 对于个体 j 的独特吸引力，因此劳动力不会全部聚集到同一个城市。参考 Kline 和 Moretti（2013）的研究，假设 ε_{ji} 服从分布：

$$F_g(\varepsilon_1, \cdots, \varepsilon_N) = \exp\left(-\sum_i^N \varepsilon_i^{-\theta}\right) \tag{6-31}$$

其中，参数 $1/\theta$ 的大小体现个人对城市特征的偏好，如果 $1/\theta$ 较大，意味着只有在城市之间的名义工资水平和便利设施条件落差很大时，城市人口才会出现迁移；如果 $1/\theta$ 较小，则说明居民对城市特征并不很敏感，较小的收入和福利落差就会引起城市人口的大幅转移。据此，可以进一步得到城市规模的反向均衡公式：

$$W_i \propto P_i^{\beta} L_i^{\frac{1}{\theta}}/Z_i \tag{6-32}$$

换言之，在放松劳动力自由流动假说后，城市规模表现为与名义工资、基础设施的正相关性，以及与房价的负相关性，相较于基础模型中得出的结论，该结果明显更为合理。同时，在完全竞争和规模报酬不变的假设下，均衡时城市工资与福利水平负向相关。

为检验上述推断的稳定性，进一步放松基础模型中关于城市 TFP 和便利设施外生给定的假设，认为城市便利设施供给与就业规模有关：

$$Z_i = \overline{Z}_i L_i^{-\rho} \tag{6-33}$$

其中，$\overline{Z}_i$ 为外生给定的部分，如城市的天气；$L_i^{-\rho}$ 为随着城市人口规模变化的部分，如交通拥堵和污染情况。假定厂商生产函数和居民效用函数不变，均衡时的城市规模由式（6-34）给出：

$$L_i \propto \left(\frac{A_i \overline{Z}_i^{1-\eta}}{P_i^{\beta(1-\eta)}} \right)^{\frac{1}{(1-\eta)(1+\rho)-\alpha}} \tag{6-34}$$

经典的 AMM 模型认为大城市提供较高的工资是对交通拥堵、环境污染、房价上涨等负效应的补偿。但是在新经济地理学派看来，大城市通过发挥集聚效应提供更为多样化的产品（Glaeser，2011），如果将消费的多样性也视作城市便利设施的一部分，那么对消费者或城市就业人口而言，在大城市工作不但能够获得更高的名义工资，同时享有更加完善的服务和福利，因此城市人口将不断集聚直至小城市完全消失。

理论模型根据其假设不同产生大相径庭的结论不足为奇，但是根据上述讨论可以得出的基本观点是，收入水平和生活质量是城市居民在选择居住地时考虑最多的两大因素，此处所指的生活质量是在排除收入影响后，城市提供给其所有居民的机会均等的服务和福利，如教育和医疗、公共绿地、图书馆、博物馆、干净的空气和水、商品和消费选择的多样性、道路和公共交通等。本书的实证研究建立在上述理论模型基础之上，但切入点有所不同，考察的是城市之间名义工资和生活质量的差距是否会影响到城市规模分布情况，同时关注工资水平和生活质量之间是否存在此消彼长的互补关系，意在为理论分析提供来自中国的实证证据。

二、收入水平和生活质量

根据上文的理论分析，开展实证分析的前提是相对客观、准确地衡量城市间名义工资水平和生活质量的差距。其中，工资或收入数据相对容易获得，但是生活质量或城市宜居性涉及诸多方面，不仅取决于客观因素，同时与个人主观价值取向存在密切联系，因此需要通过构建恰当的指标体系来度量。以下将简单回顾涉及收入差距和生活质量评估的国内外文献，对文献中采用的研究方法和得出的实证结果作评述和总结，以便与本书的研究结果形成对照。

（一）收入差距与城市规模分布

在城市化的相关研究中，不少学者更关注城乡收入差距现状、演化过程及其影响因素（程开明，2011；李顺毅，2015；李森圣、张宗益，2015），但事实上，即便是城市之间已经出现了不容忽视的收入分化问题。在城镇化率不断走高的同时，李实和罗楚亮（2011）的研究发现，我国城市居民的收入差距也在持续扩大，收入差距对经济增长以及社会公正提出了严峻的挑战。万广华（2013）的研究更指出，近年来我国城乡之间的收入差距在缩小，而城市内部的收入差距在扩大。理论上，城市规模与劳动力收入之间普遍存在正向相关关系，根据本书引入的城市系统空间均衡模型推断，更高的工资是对牺牲城市宜居性的一种补偿。除此之外，现有文献中对于这一现象的解释还包括：其一，部分学者认为，大城市由于存在集聚经济，能够促进劳动力的生产效率提高，根据均衡条件下边际产出等于边际成本的假设，平均工资水平相应更高（Moretti，2004）；其二，另一些学者认为大城市竞争激烈，只有高素质、高技能劳动力才能在竞争中脱颖而出，其余劳动力可能会被淘汰转而选择较小规模的城市。以上两种解释在张天华等（2017）的研究中被称为是集聚效应和选择效应。

那么，按照以上逻辑，城市间较大的收入差距是否会助推城市人口的集中化分布呢？答案极有可能是肯定的。国内文献中关于城市规模分布的研究并不多，就作者所知，尚未见在此基础上考察城市间收入水平差异的实证研究，但已有数篇文献探讨城市规模分布与城乡收入差距之间的关系，其中涉及的研究方法和结论对本书的分析有较大帮助。李森圣和张宗益（2015）采用包括首位度在内的多维度方法测算城市集中度，通过使用联立方程模型考察城乡收入差距的影响，得出结论认为城市规模分布趋向大城市集聚导致城乡收入差距恶化。同一时期发表的李顺毅（2015）的研究也得出了相似的结论，认为在一个地区的城市体系中，大城市过度扩张、中小城市发育不足的失衡结构，将扩大城乡收入差距。不过，以上文献不约而同地将城市规模分布结构视为解释变量、收入差距视为被解释变量，即先入为主地判定了两者之间的因果关系。然而根据本书的理论模型，实际上收入差距才是造成城市规模分布差异化的原因之一，而不是相反。由此可见，本书通过引入城市间收入差距，一方面丰富了城市化的相关研究内涵，另一方面提供了反向研究视角，即便不能称为对全新领域的探索，也应该算得上是对现有研究空缺的补充和拓展。

（二）生活质量评价与城市发展

在 Rosen – Roback 空间均衡模型中，城市便利性被放在了天平的另一端，劳动力为了追求更高的工资，就要放弃一定的生活质量与福利；如果想要拥有宜居的环境，就不能奢望过高的工资（Hoch，1972；Rosen，1979；Roback，1982）。理论模型中的均衡总是在集聚效应与拥挤效应的权衡取舍间达成，然而现实中的城市发展过程似乎很难遵循理论预期的路径。在大城市工作无疑能够获得更高的平均名义工资，但城市规模与生活质量之间的关系尚不明确，因此也是学术研究关注和争论的焦点。Diamond（2016）和 Ahlfeldt 等（2015）分别对美国和德国的都市区进行研究，得出结论认为城市人口密度的提升有助于便利设施的改善，不过这种帮助较为有限。Albouy（2008）以美国的数据为例，指出在剔除收入影响和房价等生活成本后，大城市劳动力的实际工资水平低于预期，生活质量则高于预期，并且城市间生活质量差异并不是很显著。踪家峰和李宁（2015）也认为，大城市中尽管提供了较高的名义工资，但是经过房价调整后实际工资偏低，高的城市宜居性补偿了低的城市房价调整工资，城市宜居性已经超越工资收入成为中国居民选择城市居住的最重要因素。

分析以上文献可以得出的几点结论是：第一，分析城市居民生活质量时，最好首先剔除收入水平的影响，考察在同等收入下能够获得的商品或服务价值差异才能真正意义上区别不同城市的宜居程度；第二，生活质量与生活成本密切相关，因此包括房价、物价水平等都会对研究结果造成干扰，比较妥当的做法是采用生活成本指数对收入进行平减。国内研究中，高虹（2014）、张天华等（2017）都在其研究中考虑到了上述问题并提出了行之有效的解决办法。

研究城市宜居程度的意义不言自明，早在 20 世纪 70 年代，Easterlin（1974）、Andrews 和 Withey（1976），以及 Campbell 等（1976）已经证明城市居民生活质量与 GDP 增长并不同步。但是具体到衡量方法层面，现有国内文献中构建的生活质量评价指标体系存在很多问题，具体包括：第一，选取的研究时段太窄，大部分研究只选取横截面数据进行评价和对比，如范柏乃（2006）、杨雪和刘迪（2009）、张亮等（2014）、曾文等（2014）的研究，无论是在全国范围内，还是选取个别省份，都没有考虑城市生活质量的动态演化过程，因此难以判断其发展趋势，更无从分析城市间生活质量差异是否倾向于扩大或收敛。第二，覆盖的城市样本太小，以中国经济实验研究院城市生活质量研究中心每年发布的中国城市生活质量指数（CCLQI）为例，该指数仅涵盖中国 35 个省会城市和计划单列市，尽管评价方法和指标选择较为客观、合理，但由于样本数量有限而无法应用于更广泛的研究。第三，评价方法过于局限，令人颇感意外的是，在国外相关研究中已经普及的数据包络分析方法（Data Evelopment Analysis，DEA），竟从未应用于我国的居民生活质量评估中。González 等（2016）的研究指出，尽管 DEA 方法最早多用于投入产出效率的衡量，但是随着该方法在构建复合指标体系和确定分项指标权重时具备的独特优势被一一发掘（Cherchye et al.，2007），其在经济、社会、政治、文化等其他社科领域也变得颇受青睐。日本学者 Hashimoto 和 Ishikawa（1993）最早采用 DEA 方法评估生活质量水平，其后相似文献不断涌现，Mariano 等（2015）总结回顾了 DEA 方法在人类社会发展进程相关研究中的应用。

基于此，本书将参考 González 等（2016）的研究，应用 DEA 方法构建衡量城市居民生活质量的复合指标体系，计算地级及以上城市生活质量指数，结合收入差距分析生活质量差异对区域内城市规模分布，也即城市集中度的影响。

三、指标构建和评价方法

　　实证分析的大体思路如下：首先，参考高虹（2014）的做法计算依据房价调整后的城市居民收入水平，由本节第一部分的模型推导可知，均衡城市规模与调整的工资水平、城市宜居程度呈正相关关系。其次，在得到调整工资的基础上，构建生活质量指标评价体系，考虑到收入水平可能对城市宜居性的评估产生干扰，引入 DEA 方法将调整后的平均工资收入视作投入变量，其余指标正向化处理后视作产出变量，保证在剔除收入影响的前提下客观、合理地评价城市便利性和基本公共服务水平。再次，根据以上步骤得出各地级市调整工资、生活质量指数，根据省级行政区或城市群标准划归不同区域后，分别计算收入差距和生活质量差距，并简要对比分析。最后，运用三阶段最小二乘法检验区域范围内城市间工资水平和生活质量差距对于城市规模分布的影响，被解释变量为第三章中计算得出的城市集中度指数。这一部分重点介绍数据处理、指标选择、评价方法和数据来源，实证结果和分析讨论留待下一部分呈现。

　　（一）名义工资的调整

　　如前所述，本章的重点内容是考虑城市间在收入水平和生活质量上的差距对区域城市规模分布的影响。但是根据理论模型的推导结果，房价因素对于城市规模有较大影响，我国的实际情况也恰恰如此，房价成本构成了生活成本中的较大比例，甚而不少年轻人都被称作"房奴"。因此，利用房价指数对收入水平进行平减是保证研究结果准确性的必要步骤。本书参考高虹（2014）的方法，通过 EPS 统计数据平台收集《中国区域经济统计年鉴》中提供的商品房销售额和商品房销售面积数据，采用两者比值作为商品房价格指数的参考。劳动力收入水平方面，选择市辖区职工平均工资和全市城镇居民可支配收入两种口径，分别采用房价数据平减劳动力收入，得到较为准确的调整工资水平。

　　（二）生活质量的评价

　　有了调整工资作为基础，城市居民的生活质量指标体系构建相对而言会更容易一些。已有文献的出发点往往包括两种：一是以主观感受为主的侧重心理学、社会学的微观个体调查（邢占军，2006）；二是以客观数据作为衡量标准的经济学研究（张亮等，2014；曾文等，2014）。当然也有部分研究综合考虑了两个角度，最典型的如 CCLQI 指数（张连城等，2012）。本书的考察重点是城市便利设施带来的城市居民生活质量改善，以及与之相关的城市人口迁移问题，因此采用客观指标更符合主题。此外，选择客观指标更便于进行城市之间的比较研究，主观调查涉及过多的个人色彩，研究结果往往波动性较强，在跨时段研究中可能并不适用。综合以上原因，本书根据现有年鉴中提供的相关指标构建生活质量评价体系，具体的取舍过程参考国内外现有指标体系，如表 6 - 5 所示。

表 6 - 5　现有城市居民生活质量指标体系对比

Stiglitz 等 （2010）	OECD	González 等 （2016）	CCLQI	幸福指数	张亮等 （2014）
物质条件	财富收入	物质生活	收入水平	收入状况	收入水平
医疗健康	健康水平	医疗健康	生活改善	城市交通	消费支出
文化教育	教育质量	文化教育	生活成本	教育发展	生态环境
自然环境	生态环境	生态环境	人力资本	医疗卫生	居住条件
社会保障	社会保障	安全程度	社会保障	社会保障	基础设施
公民权益	公民权益	公共管理	生活便利	就业水平	教育文化
社会关系	社交活动	社会交往	生态环境	污染防治	医疗卫生
个人活动	劳逸结合	个人活动	收入差距	环境质量	

资料来源：笔者整理。

对比表 6-5 中列出的国内外生活质量指标体系选取基准可以发现，收入水平、医疗健康、文化教育、生态环境和社会保障是所有指标体系中基本都会涉及的五个主要层面，国内外评价标准相对一致。但是在其余几个层面的指标选择上，中西方文化背景和观念的差异就体现出来了，国外学者注重的个人发展、公民权益和社会交往等影响生活质量的因素在国内文献中没有体现。这种差异一方面反映了不同制度体系和文化渊源对个人价值观念的影响，另一方面也取决于统计资料和相关指标的可测性、可得性。本书综合考虑上述因素，构建如表 6 - 6 所示包括收入水平、消费支出、文化教育、医疗卫生、基础设施、环境质量、社会保障七个一级指标、17 个二级指标的生活质量评价体系。与上述已有指标体系的显著不同之处在于，在实际操作过程中，收入水平指标被视作投入指标，其余指标经过正向化处理后视作产出指标[①]，这样获得的生活质量指数得分是在控

[①] DEA 方法对指标的量纲没有要求，因此这里简单地对负向指标取倒数作为产出指标。

制了收入影响之后得到的结果，能够较为客观地反映城市宜居程度。

表6-6　城市居民生活质量评估指标体系

一级指标	二级指标	方向	符号
收入水平（2）	房价调整职工平均工资（元）	+	I_1
	房价调整城镇居民人均可支配收入（元）	+	I_2
消费支出（2）	社会消费品零售总额占 GDP 比重（%）	+	O_1
	城镇居民人均生活消费性支出（元）	+	O_2
文化教育（3）	普通中学师生比（%）	+	O_3
	每万人在校大学生数（人）	+	O_4
	每百人公共图书馆藏书（册、件）	+	O_5
医疗卫生（2）	每千人医院、卫生院床位数（张）	+	O_6
	每万人医生数（执业医师＋执业助理医师）（人）	+	O_7
基础设施（2）	人均城市道路面积（平方米）	+	O_8
	每万人拥有公共汽车（辆）	+	O_9
环境质量（3）	单位 GDP 工业二氧化硫排放量（吨/亿元）	－	O_{10}
	单位 GDP 工业废水排放量（万吨/亿元）	－	O_{11}
	建成区绿化覆盖率（%）	+	O_{13}
社会保障（3）	城镇登记失业率（%）	－	O_{14}
	城镇职工基本养老保险参保人数占比（%）	+	O_{15}
	城镇职工基本医疗保险参保人数占比（%）	+	·O_{16}

　　另外，由于涉及城市数量较多，本书统一通过 EPS 全球统计数据/分析平台中囊括的《中国城市统计年鉴》和《中国区域经济统计年鉴》获取数据，其中部分数据存在较严重的缺失，如城镇登记失业率、城镇职工基本养老保险参保人数等社会保障相关指标缺少 2011 年以前数据。考虑到社会保障工作是决定城市居民生活质量的重要因素，贸然删除这一部分指标可能对评价结果产生影响，为此，本书采取两种估计策略：其一，缩减研究年限至 2011～2013 年，采用全指标数据进行 DEA 分析得出城市生活质量指数；其二，不考虑数据缺失严重的指标[①]，采用其余指标估计得出 2005～2013 年的长时段生活质量指数结果。其余个别缺失数据按照插值法补齐，广州市 2011～2013 年的城镇职工参保人数经查阅

[①]　除上文提及的三个社会保障指标外，还包括一个文化教育指标——每万人在校大学生数。

相应年份统计公报后完善。最后，考虑到市辖区是城市经济活动的主要场所，因此在选择指标时尽量限定在市辖区范围内，少数缺少市辖区口径的指标如城镇居民人均生活消费性支出、工业二氧化硫和工业废水排放量、城镇登记失业率等用全市指标代替。

（三）DEA 方法简述

Charnes、Cooper 和 Rhodes（1978）最早在 Farrell 效率测度理论的基础上应用线性规划方法评估了生产技术前沿面，此后 DEA 方法被不断发展和应用于各种不同领域。简单来讲，DEA 方法是一种非参数应用数学规划分析方法，用以处理多投入多产出决策单元（Decision Making Unites，DMU）的相对效率评价问题。非参数方法的优点在于不事先假设生产函数形式，不限制投入产出之间的相关关系，而是通过评价结果判断其前沿面和可能存在的提升空间，从而避免了参数方法对生产函数设定不准确而引起的结果误差。不同于 OLS（Ordinary Least Squares）模型以变量均值为基础，DEA 方法中发展的函数形式来自所有决策单位中的"生产前沿面"或者说"最佳实践者"，也就是给定产出条件下最有效率地利用投入的决策单位。模型中其实包含了如下假定：如果处于前沿面的生产者能够以特定投入组合得到一定水平的产出，那么其他拥有相同规模的生产者也应该实现同样的投入产出结果，若未能达到这一标准，该厂商至少在某一方面是无效率的。

如上文所述，DEA 方法作为非参数方法，其主要优势在于无须假设特定的生产函数形式。此外，运用 DEA 模型测度相对效率还包括以下几方面优点：一是能够有效地检测其他方法未能体现的投入产出关系；二是处理多投入多产出问题的能力；三是针对每个决策单元都能具体分析其非效率的来源，并提出需要改进的方向和数量；四是在构建指标体系时无须主观确定权重，且投入产出量纲不同不会对结果准确性造成影响。不过，DEA 方法目前也还存在一些不足之处，如评价结果对指标选取十分敏感、处理大规模指标时准确性不足等。最为常用的 DEA 分析方法包括假定规模报酬不变的 CCR 模型、调整规模收益的 BCC 模型、调整权重的 CCWH 模型和调整投入产出的改进 DEA 模型等。

以下简要介绍基本的 CCR 模型，以及在此基础上有所拓展的超效率 DEA（Super DEA）模型。假设规模收益不变，共有 R 个决策单元，每个决策单元对应 m 种投入、n 种产出，其投入、产出向量为：

$$x_j = (x_{1j}, x_{2j}, \cdots, x_{mj})^T, \quad y_j = (y_{1j}, y_{2j}, \cdots, y_{nj})^T \qquad (6-35)$$

对应投入与产出的可变向量权重为：

$$v = (v_1, \ v_2, \ \cdots, \ v_m)^T, \ w = (w_1, \ w_2, \ \cdots, \ w_n)^T \qquad (6-36)$$

那么第 j 个决策单元的效率水平值为:

$$EI_j = \frac{w^T y_j}{v^T x_j} = \frac{\sum_{p=1}^{n} w_p y_{pj}}{\sum_{q=1}^{m} v_q x_{qj}} \qquad (6-37)$$

CCR 模型的基本原理反映在图形中如图 6-2 左图所示。假设模型考察五个决策单元 A、B、C、D、E,采用 X_1、X_2 两种投入生产相同产出,其中 A、B、C、D 投入产出有效率,也就是落在了生产前沿面上,效率值均为 1,而决策单位 E 无效率,其相应有效率的点为 E_1 点,效率值 $\theta = OE_1/OE < 1$。

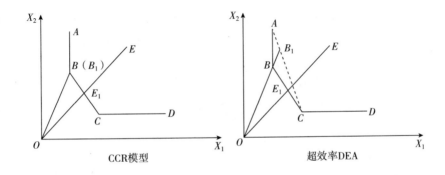

图 6-2 DEA 方法图示

在决策单位数量较大时,传统的 DEA 评价极有可能产生不止一个有效单位,但事实上这些弱有效决策单位并非完全相同,彼此之间在规模和投入产出比例方面存在较大差异,限制在 0~1 的效率评价结果将无法捕捉有效单位之间的区别。Andersen 和 Petersen(1993)提出的超效率 DEA 方法能够弥补这一缺陷。超效率 DEA 模型的基本思路是在评价效率值时将决策单元本身排除在外,仅与其余单元的线性组合进行比较,通过该方法得出的大于 1 的效率值可以理解为该决策单元在现有条件下即使单方面增加投入也依然可以保持其有效性。

类似地,可以通过图 6-2 右图来直观地解释超效率 DEA 评价过程与基本 DEA 模型的差别所在。同样假设存在 A、B、C、D、E 五个决策单位,投入变量 X_1、X_2 保持不变,产出由相应点所在位置标示,其中 A、B、C、D 四个决策单元均达到效率标准,因而落在生产前沿面上。以决策单位 B 为例,在超效率 DEA 评价过程中其自身被排除在外,因此生产前沿面变为 AC 线,点代表决策单

位 B 有效率时相应的投入组合，但事实上该决策单位在实际生产过程中投入量更少，位于 B 点，因此其超效率评价值 $\theta^s = OB_1/OB > 1$。

（四）城市差距的度量方法

由于本书研究的是区域内部城市间收入水平和生活质量差异对城市集中度的影响，按照上文中研究方法得出的是分城市数据，还需要进一步统一为区域层级的差异数据。这里主要采用基尼系数和泰尔指数两种方式度量城市差距，其中基尼系数的计算公式为：

$$gini_{it} = 1 - \frac{2\sum_{i=1}^{n}\sum_{j=1}^{i}y_{jt} - \sum_{i=1}^{n}y_{it}}{n\sum_{j=1}^{n}y_{jt}} \qquad (6-38)$$

式中，n 为区域 i 中包含的城市数量，y_{jt} 是将全部城市按照变量值大小排序后，t 年第 j 个城市对应的数值。基尼系数是学术界衡量收入差距时应用最为广泛的指标，按照惯例，基尼系数在 0.2 ~ 0.4 说明分配较为合理，小于 0.2 表示平均主义严重，大于 0.4 则说明不平等情况较为严重。

泰尔指数的计算公式为：

$$theil_{it} = \sum_{j=1}^{n}\left(\frac{x_{ij,t}}{x_{it}}\right)\ln\left(\frac{x_{ij,t}}{x_{it}} \Big/ \frac{p_{ij,t}}{p_{it}}\right) \qquad (6-39)$$

其中，$theil_{it}$ 表示 i 区域 t 年的泰尔指数；$j = 1, \cdots, n$ 表示 i 区域中的城市；$x_{ij,t}$ 是需要衡量不平等程度的变量，本书中为 i 区域 j 城市 t 年的平均收入水平或生活质量指数；$p_{ij,t}$ 为相应城市人口规模。两组指数均为值越大，城市间相应变量差距越大。泰尔指数的优势在于能够同时区分来自组内和组间的差异，其中组间差异的部分可用于全国数据的时间序列回归分析。根据各城市收入水平和生活质量数据，按照一定的划分标准确定区域范围后，即可运用 Stata 软件中提供的 ineqdeco 软件包计算上述两个指数结果。

四、城市差距的测度结果

依据以上研究方法，本书最终筛选得到 285 个地级市及以上层级城市数据，经整理计算区域内城市间收入水平和生活质量差异后，得到 24 个省级层面面板数据可用于进一步回归分析。这一部分主要包括三部分内容，首先给出各城市调整后收入水平分布和生活质量指数初步估计结果，并进行简单对比和趋势分析；在此基础上，采用基尼系数和泰尔指数得到全国及不同区域内部城市差距的度量，对全国数据做时间序列回归，初步判断城市差距对规模分布的影响；最后，利用面板数据的三阶段最小二乘法进行回归，检验城市差距如何作用于区域内城市人口的转移，进而引起城市集中度的变化。

（一）城市收入与生活质量

图6-3中显示的是2013年全国285个地级市及以上城市的职工平均名义工资分布情况，显然，北京、上海、广州、深圳等经济发达城市，以及鄂尔多斯、克拉玛依等资源城市排名遥遥领先。但是，在根据本书介绍的方法以房价对名义工资进行平减后可以看到（见图6-4），"北上广深"等地由于房价超高，平减工资实际上低于全国平均水平。

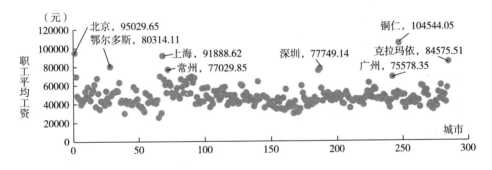

图6-3　各城市职工平均工资（2013年）

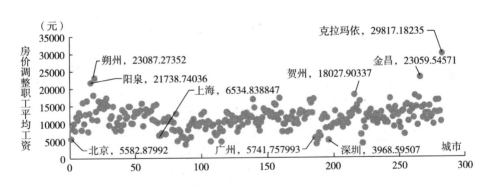

图6-4　各城市房价调整后职工平均工资（2013年）

不过，不能排除的一种情况是，"北上广深"等大城市凭借高名义工资吸引了大量外来务工人员，他们的主要诉求并非在这些城市落地生根，因此高房价对于他们而言并非最主要的生活成本。因此，在计算名义工资差距时，本书将分别按照原始值和调整后收入水平进行计算，以保证回归结果能够恰当地反映客观现实。

在房价调整名义收入基础上，利用超效率 DEA 方法计算得到城市生活质量指数结果，按照投入变量的不同区分为调整工资和调整收入两类，考虑到版面限制，仅列示前 30 位结果于表 6 - 7 和表 6 - 8 中。

表 6 - 7 前 30 位城市生活质量指数（基于完整指标计算）

城市	生活质量指数（调整工资）				生活质量指数（调整收入）			
	2011 年	2012 年	2013 年	排序	2011 年	2012 年	2013 年	排序
三亚市	20.6612	44.8430	68.0272	1	24.7525	53.1915	72.9927	1
深圳市	8.5324	8.4674	5.7937	2	5.9952	6.5189	5.4025	2
北京市	0.8704	0.9217	1.0696	4	1.1851	1.3380	1.3881	3
福州市	0.8787	1.2318	1.7455	5	0.8224	1.3151	1.3827	4
温州市	0.8449	1.3310	1.3353	32	0.8907	1.3201	1.3249	5
鄂尔多斯市	0.4402	0.4028	0.6241	7	0.6150	0.5812	0.9592	6
珠海市	1.1875	1.0933	1.0783	3	1.0240	1.0199	0.9385	7
衡水市	0.1759	0.1865	0.5815	26	0.2408	0.2504	0.8594	8
汕头市	0.5393	0.6536	0.7803	22	0.6700	0.7377	0.8434	9
广州市	0.7873	0.8390	0.8197	16	0.7714	0.9767	0.8383	10
乌鲁木齐市	0.3613	0.3586	0.5216	10	0.6748	0.6516	0.8283	11
肇庆市	0.4218	0.4681	0.6593	9	0.4673	0.5446	0.7540	12
十堰市	0.4780	0.4640	0.5962	18	0.6524	0.6719	0.7529	13
上海市	0.5733	0.5459	0.6389	41	0.7885	0.7237	0.7447	14
秦皇岛市	0.5245	0.5599	0.6131	19	0.5133	0.7814	0.7379	15
杭州市	0.8678	0.9882	0.8297	51	0.8635	0.9545	0.7357	16
丽水市	0.5755	0.4546	0.5360	44	0.7704	0.6872	0.7280	17
海口市	1.0001	0.7827	0.7677	33	1.0668	0.7526	0.7136	18
金华市	1.3559	0.5799	0.7276	28	1.1745	0.5148	0.6952	19
衡阳市	0.4624	0.5418	0.5973	56	0.5901	0.6391	0.6908	20
太原市	0.6397	0.6329	0.5622	39	0.8212	0.8729	0.6855	21
厦门市	0.6426	0.7082	0.8408	12	0.5384	0.6455	0.6818	22
宣城市	0.2765	0.2294	0.5541	57	0.3406	0.3396	0.6780	23
宁德市	0.3967	0.5255	0.6135	95	0.4160	0.6488	0.6744	24
赣州市	0.4034	0.5202	0.4744	50	0.4907	0.6927	0.6676	25

续表

城市	生活质量指数（调整工资）				生活质量指数（调整收入）			
	2011 年	2012 年	2013 年	排序	2011 年	2012 年	2013 年	排序
泉州市	0.5375	0.8232	0.9423	74	0.3915	0.6407	0.6593	26
云浮市	0.2028	0.1037	0.4611	14	0.2903	0.3299	0.6586	27
唐山市	0.2386	0.2757	0.6846	6	0.2884	0.3671	0.6542	28
梅州市	0.2425	0.2404	0.5776	24	0.4189	0.4813	0.6524	29
成都市	0.4751	0.4636	0.5568	15	0.5772	0.5846	0.6462	30
平均值	0.3352	0.3657	0.4337	—	0.3710	0.4325	0.4512	—

注：三亚市得分与其他城市相差较大，因此平均值在剔除三亚市基础上计算。

具体而言，表6-7是根据完整指标计算的短研究时限结果，其中列（2）至列（4）对应的是房价调整职工平均工资作为投入变量时得到的生活质量指数，列（6）至列（8）为房价调整城镇居民可支配收入作为投入变量时得到的结果，城市按照2013年指数得分进行排序。对比发现，采用两种投入变量得到的结果相似度较高，三亚市、深圳市分别居于首位和次位，北京、福州、珠海、肇庆、广州、乌鲁木齐、鄂尔多斯等城市排名较为靠前。说明特大城市、沿海城市和资源较为丰富的城市通常能够提供较高的生活质量，吸引人口迁入的主要原因可能并非来自高收入水平。

表6-8中列出的是在不包含社会保障指标的情况下，基于调整工资估计得出的生活质量评分①。对比表6-7和表6-8的结果可以发现，即便是在不包含社会保障指标的情况下，三亚、深圳、温州、北京、福州、广州、汕头等市的生活质量指数排名仍然靠前。不过，也有部分城市的指标得分在此过程中发生了变化，如唐山、肇庆、鄂尔多斯、乌鲁木齐等地在剔除社会保障指标后的得分结果明显下降，说明这些地市的社保工作质量较高，但不完整的指标体系可能会对其评估结果造成影响。所以在回归分析中，仍然有必要用到上述两种评估结果，不论是指标的损失还是研究时限的缩减都可能对结果造成影响。

另外，根据表6-8可以较为清晰地看到近年来不同城市的生活质量水平变化过程，三亚市指数值上升很快，主要是因为三亚在环境质量方面远胜于全国其他地区；深圳市近年来则表现得较为稳定，指标得分最低值为2007年的3.775，最高则在2011年达到了8.532。

---

① 基于调整可支配收入得出的结果与之较为相近，考虑到版面限制不予列出。

表6-8 前30位城市生活质量指数（基于调整工资与剔除缺失指标后计算）

年份\城市	2005	2006	2007	2008	2009	2010	2011	2012	2013
三亚市	0.764	1.478	9.479	7.553	8.375	12.255	20.661	44.843	68.027
深圳市	6.349	6.223	3.775	4.219	5.316	6.964	8.532	8.467	5.794
温州市	0.816	1.163	1.142	1.028	1.137	1.716	0.845	1.329	1.335
东莞市	2.591	0.630	0.760	3.275	2.796	3.042	2.693	1.259	1.183
珠海市	0.733	0.879	0.823	0.857	0.928	0.822	0.796	0.826	1.078
北京市	0.800	0.976	0.985	0.950	1.045	0.904	0.870	0.716	0.997
福州市	0.566	0.903	0.814	0.892	0.788	0.654	0.641	0.794	0.948
广州市	0.630	0.737	0.761	0.748	0.729	0.637	0.680	0.610	0.820
杭州市	0.602	0.805	0.751	0.640	0.727	0.730	0.735	0.674	0.801
厦门市	0.740	0.988	0.939	0.818	0.557	0.658	0.512	0.537	0.796
汕头市	0.465	0.952	0.858	0.856	0.791	0.594	0.539	0.651	0.768
台州市	0.400	0.640	0.650	0.601	0.599	0.515	0.424	0.618	0.756
眉山市	0.162	0.290	0.247	0.223	0.205	0.204	0.210	0.266	0.714
南京市	0.519	0.760	0.692	0.608	0.523	0.562	0.535	0.471	0.685
苏州市	0.455	0.673	0.717	0.507	0.660	0.569	0.527	0.420	0.680
舟山市	0.455	0.677	0.630	0.465	0.640	0.551	0.544	0.521	0.679
莆田市	0.393	0.679	0.744	0.487	0.492	0.491	0.351	0.426	0.657
海口市	0.742	4.062	2.403	0.895	1.438	0.629	0.647	0.612	0.649
绍兴市	0.397	0.667	0.642	0.534	0.573	0.562	0.478	0.480	0.642
上海市	1.790	0.832	0.705	0.544	0.563	0.690	0.573	0.535	0.639
金华市	0.401	0.805	0.636	0.622	0.482	0.422	1.356	0.553	0.631
宁波市	0.438	0.748	0.670	0.560	0.644	0.639	0.551	0.498	0.630
佛山市	0.615	0.598	0.552	0.497	0.572	0.562	0.555	0.472	0.629
鄂尔多斯市	0.231	0.347	0.500	0.369	0.411	0.617	0.440	0.403	0.624
西安市	0.954	0.967	0.786	0.611	0.483	0.348	0.297	0.462	0.617
宁德市	3.671	0.526	0.510	0.419	0.413	0.379	0.397	0.434	0.614
秦皇岛市	0.397	0.532	0.525	0.429	0.484	0.428	0.465	0.322	0.613
衡阳市	0.281	0.288	0.311	0.220	0.433	0.480	0.417	0.463	0.597
十堰市	0.283	0.410	0.467	0.397	0.409	0.433	0.415	0.400	0.596
泉州市	0.477	0.777	0.704	0.545	0.546	0.534	0.439	0.498	0.591
平均值	0.362	0.512	0.446	0.372	0.387	0.346	0.304	0.323	0.411

注：三亚市得分与其他城市相差较大，因此平均值在剔除三亚市基础上计算；城市按照2013年生活质量指数结果排序后筛选。

除去这两个城市指标得分略显异常外，其余城市总体得分大多没有超过 3，其中东莞市在研究末期出现下降情况。北京、广州、杭州、厦门等地大体趋势相似，在经历 2010～2012 年的小幅下跌后，生活质量水平于 2013 年有所回升。

（二）城市差距的度量结果

首先关注城市间收入水平差距的计算结果，如前所述，本书采用泰尔指数和基尼系数两种方法度量不同变量之间的差异程度。图 6 - 5 中给出的是全国 285 个地级及以上城市收入差距的泰尔指数计算结果，分为未调整工资差距、调整工资差距、未调整可支配收入以及调整可支配收入四种类型，对应前文所述的职工平均工资、城镇居民可支配收入以及根据各市房价平减后得出的相应工资、收入。

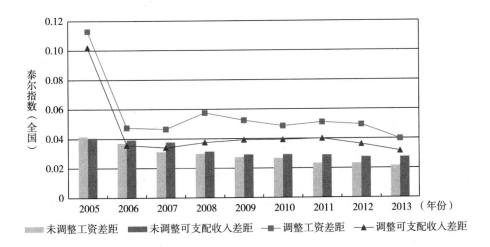

图 6 - 5　工资和收入差距：泰尔指数（全国）

令人颇感意外的是，在研究时段内未调整的工资和收入差距普遍较小。以 2005 年最为显著，其后除 2006 年、2007 年两年未调整可支配收入差距较大外，其余年份的调整后工资和收入泰尔指数值均较高。由此可见，尽管我国城市间名义工资和收入水平存在差距，但并没有预期中那么高，而是保持在合理范围内。这一结果反倒体现了不同城市间房价的巨大差异，以及在房价影响下实际可支配收入与名义收入之间的出入。另外，观察图 6 - 5 中不同类型泰尔指数值的变化趋势可以发现，未经房价平减的工资和收入水平差距整体呈不断缩减趋势，而经过调整后的计算结果则在经历 2008 年、2011 年的小幅上升后才开始下降。说明在 2008 年和 2011 年前后，我国部分城市房价出现大幅波动，直接影响调整工资和收入水平变动趋势。但总体而言，我国不同城市居民名义工资和收入水平都在趋向于收敛。

除此之外，泰尔指数提供了城市间工资和收入差距的具体来源，按照省份对城市所属区域分组后得到的差距来源结果如表6-9所示。对比发现，不论是否经过调整，工资和收入差距主要来自组内而非组间。换句话说，各省内城市间工资和收入差距要显著高于不同省份之间的相应差异。以工资差距为例，2013年全国285个城市的工资泰尔指数总值为0.0216，其中组内差距0.0159，组间差距仅为0.0057，约为组内差距的1/3。所以，仅从名义工资水平的角度看，我国区域间差异并不是很突出，需要客观面对的现实问题主要来自区域内部城市之间。

表6-9　组内和组间差距：泰尔指数（全国）

衡量标准	类型	2008 年	2009 年	2010 年	2011 年	2012 年	2013 年
工资差距	组内	0.0209	0.0186	0.0197	0.0166	0.0170	0.0159
	组间	0.0089	0.0087	0.0071	0.0067	0.0061	0.0057
调整工资差距	组内	0.0426	0.0336	0.0315	0.0314	0.0306	0.0225
	组间	0.0149	0.0187	0.0171	0.0197	0.0189	0.0172
收入差距	组内	0.0203	0.0196	0.0196	0.0189	0.0181	0.0177
	组间	0.0110	0.0097	0.0097	0.0099	0.0094	0.0097
调整收入差距	组内	0.0252	0.0250	0.0233	0.0225	0.0200	0.0168
	组间	0.0122	0.0141	0.0159	0.0175	0.0161	0.0147

图6-6显示的是根据基尼系数计算的各城市工资和收入差距情况，结果与泰尔指数十分相似，但是可以看到，基尼系数对于调整前后的工资和收入水平变化并没有泰尔指数敏感。由于基尼系数更关注中等收入水平的变化，因此可以推测居民平均收入水平处于中游的城市商品房价格也相对较为稳定，房价的大幅波动可能主要体现在高名义工资城市。除此之外，基尼系数的变化趋势等与泰尔指数保持一致，并且近年来基本都低于0.2，理论上甚至可能存在太过平均的问题。

再来看生活质量差距，同样采用泰尔指数和基尼系数两种算法，图6-7显示的是基于完整样本得出的衡量结果，指标显示我国城市间生活质量差距正在拉大，尤其是根据泰尔指数计算得出的生活质量差距在2009年以后甚至呈指数级增长，这样的飞速扩张趋势实在令人匪夷所思。但事实上，联系上一节的生活质量指数得分就不难理解出现此番结果的原因，三亚、深圳两市的超效率指数较其

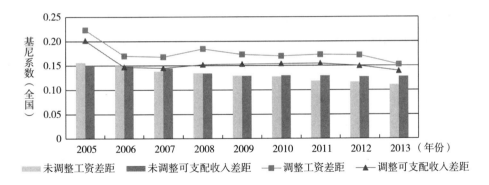

图 6 - 6　工资和收入差距：基尼系数（全国）

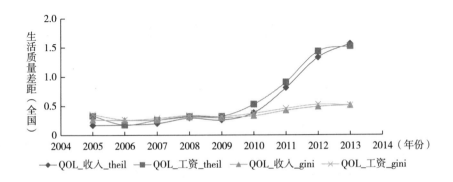

图 6 - 7　生活质量差距（全国：完整样本）

他城市过高，尤其是三亚市在研究时段末期的生活质量指数均值高达 30.832，2013 年甚至达到了 68.027，深圳市在整个研究时段的生活质量指数均值也高达 6.182，尽管不及三亚市离谱，但相比全国 0.304 ~ 0.446 的平均值而言也已经是超高水准了。本书的主要研究目的是考察全国范围内的城市差距，而非单独探讨个别城市的发展情况，因此有必要在剔除三亚和深圳两市后，重新度量生活质量差距，从而有效地避免异常值对估计结果产生干扰。

　　如图 6 - 8 所示，在剔除三亚和深圳后计算的泰尔指数和基尼系数结果均出现了较大变化。一方面，经过调整后的指数值明显缩小，在全样本条件下，2013 年全国城市生活质量泰尔指数逼近 1.6，调整后该结果下降至不足 0.1；基尼系数值落差相对较小，但也从调整前的 0.5 左右回落到了调整后的 0.2 上下。另一方面，调整后的指数发展趋势出现变化，剔除两市后，其余城市生活质量差距表现为在波动中趋同，尤其是在 2011 ~ 2013 年城市生活质量平均化的趋势特别明显，说明我国在基本公共服务均等化方面所做的工作的确取得了一定成效。此外值得注意的是，图6-8中基尼系数得分除2013年外基本都在0.2以上，说明即便控制了收入差异，不同城市提供给其居民的生活质量或便利性程度仍然存在较大差距。

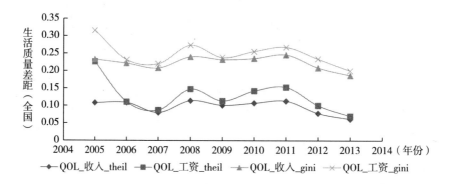

图6-8 生活质量差距（全国：剔除三亚与深圳）

最后，表6-10给出了按照东、中、西三大地带分组后根据完整指标体系计算得到的城市生活质量差距，横向对比可见，三大地带城市生活质量均表现出显著的收敛趋势。其中东部最为均衡，三年间的泰尔指数得分保持在0.11以内，基尼系数得分则普遍低于0.25；西部地区城市间生活质量差异相对较小，2011年对应的泰尔指数得分较高，基于调整工资计算的指标值达到0.1316，不过到2013年该值已经下降至0.0444；相比之下，中部地区各城市差异较为明显，在研究时限初期，中部地区对应的调整工资生活质量差距就达到了0.2027，远高于其余两个大区，基尼指数更是超过了0.3，这一结果表明中部地区不同规模等级城市之间提供的基础设施和便利服务水平存在较大差距，可能对城市规模分布的协调发展造成不利影响。不过一个利好在于，与全国整体发展趋势相类似地，各区域内部的城市生活质量差距在随时间流逝不断缩减，到2013年，三大地带根据调整收入计算的基尼系数值已经全部低于0.2，泰尔指数值降至0.1以下。

五、实证分析和结果讨论

上文中已经通过DEA分析和指数计算得到不同区域城市间名义收入、房价调整收入以及生活质量的差距，接下来通过实证分析方法考察城市差距对城市人口集中分布程度的影响。根据第一部分的理论分析，可构建如下基本回归方程：

表 6 - 10　三大地带城市生活质量差距

指数	区域	调整收入生活质量差距			调整工资生活质量差距		
		2011 年	2012 年	2013 年	2011 年	2012 年	2013 年
泰尔指数	东部	0.105	0.1106	0.0383	0.1005	0.1097	0.0308
	中部	0.1313	0.0967	0.0695	0.2027	0.1266	0.0822
	西部	0.1151	0.0670	0.0511	0.1316	0.0752	0.0444
	全国	0.1341	0.1036	0.0641	0.1845	0.1292	0.0751
基尼系数	东部	0.2494	0.2407	0.1531	0.2453	0.2387	0.1393
	中部	0.2652	0.2361	0.1991	0.3212	0.2708	0.2142
	西部	0.2487	0.2060	0.1744	0.2562	0.2166	0.1640
	全国	0.2721	0.2419	0.1915	0.3067	0.2682	0.2028

注：表中所列结果基于剔除三亚、深圳后的城市样本计算。

$$concen_t = \beta_0 + \beta_1 aj\_earn_t(earn\_dif_t) + \beta_2 qol\_dif_t + \varepsilon_t \qquad (6-40)$$

其中，$concen_t$ 为第三章中根据灯光数据计算得到的城市集中度；$earn\_dif_t$ 代表城市间平均收入差距，本书通过职工平均工资差距 $wage\_dif$ 和城镇居民可支配收入差距 $income\_dif$ 来衡量；aj_earn_t 为根据城市房价减后的城市平均收入差距，同样包括调整工资差距和调整收入差距两种；qol_dif_t 表示采用不同类型收入作为投入变量得出的城市生活质量差距——qol_wage 和 qol_income，也可以视作城市宜居程度或便利性的代理变量；β_i、β'_i 为变量回归系数，ε_t 是误差项。由于 aj_earn_t 是在 $earn\_dif_t$ 基础上经房价调整得出的，两者之间可能存在较强的共线性，因此在实证分析时两个变量不会出现在同一个回归方程中。

在此基础上，考虑到理论层面看城市生活质量和收入水平的差异与城市规模之间的互动关系并没有明确方向，三者之间可能存在"反向因果关系"。根据我国的实际情况来看，随着区域中个别城市规模的不断扩张，城市集中度提高，同时由于增长极的形成，城市间收入水平可能进一步拉大，生活质量和公共服务也将出现变化。因此，有必要设定联立方程模型，通过面板数据的实证分析来检验城市规模分布与城市差距之间的互动关系。具体的表达式如下：

$$concen_{it} = \beta_0 + earn\_dif_{it} + qol\_dif_{it} + urban_{it} + scnd_{it} + fix_{it} + forest_{it} + \varepsilon_{it} \quad (6-41)$$

$$earn\_dif_{it} = \tilde{\beta}_0 + concen_{it} + urban_{it} + cgdp_{it} + third_{it} + fix_{it} + fdi_{it} + \tilde{\varepsilon}_{it} \qquad (6-42)$$

$$qol\_dif_{it} = \hat{\beta}_0 + concen_{it} + earn\_dif_{it} + density_{it} + cgdp_{it} + fix_{it} + water_{it} +$$
$$forest_{it} + \hat{\varepsilon}_{it} \qquad (6-43)$$

式中，核心变量意义与基本方程相同，与基本方程相类似地，$earn\_dif_{it}$ 可

用 aj_earn_{it} 替代以考察房价成本对研究结果的影响，为了简化回归方程，式中省略了代表变量回归系数的 β_i。

此外，联立方程组中还增加了诸多控制变量，具体包括：①城镇化率（$urban$），即城镇人口占区域总人口数量比重；②人口密度（$density$），根据灯光数据计算，方法为区域灯光总量除以行政区土地面积；③区域经济发展（$cgdp$），选取省级行政区人均生产总值反映区域经济水平，将 2005 年作为基年按照 GDP 平减指数处理；④产业结构，包括第二产业增加值占比（$scnd$）和第三产业增加值占比（$third$）；⑤基础设施投资（fix），通过城镇固定资产投资占产出比重衡量；⑥对外贸易（fdi），按照当年美元兑人民币汇率中间价折算后得到的进出口总额占总产出比重；⑦自然资源供给（$water$），通过人均水资源量反映；⑧地貌特征（$forest$），森林覆盖率一方面能够体现区域生态环境状况，另一方面与城市建设用地面积存在此消彼长的相关关系，因此可作为反映地貌特征的外生变量纳入模型中。

具体而言，实证过程分为两个阶段，考虑到全国层面数据样本量较少，加入过多控制变量可能会影响核心变量的显著性，因此首先采用全国时间序列数据对基本方程式（6-40）进行回归，得到全国层面的初步结果后，利用省级层面的面板数据采用三阶段最小二乘法对联立方程组式（6-41）~式（6-43）进行估计，通过更换名义收入和调整收入变量、以基尼系数替代泰尔指数等方式，可以得到较为稳健的回归结果。

（一）全国层面的时间序列回归结果

基本变量的描述性统计分析如表 6-11 所示。表 6-12 和表 6-13 中所列为基于全国时序数据的回归结果，分别对应泰尔指数和基尼系数两种方法计算的城市差距，其中列（1）至列（3）对应职工平均工资及以此为基础计算的调整工资和城市生活质量，列（4）至列（6）对应以城镇居民可支配收入为基础计算的相关变量。根据表 6-12 中的回归结果可见，从全国层面来看，城市间名义工资差距与城市集中度之间存在显著的正向相关关系，系数估计值在 5.839~7.059 浮动。也就是说，工资差距的泰尔指数每增加 0.1，区域中城市集中度指数会提高 0.5~0.7。这一结果与实际情况也较为相符，人口往往趋向于集中在名义工资或收入水平更高的城市中，这种集中通过规模经济又会进一步推高大城市的产出效率，从而形成循环因果效应。表 6-13 中的系数估计结果虽然数值较小，约为 2.570~3.792，但是同样显著性水平较高，因此有理由认为，在不控制其他特征变量的情况下，全国范围内城市人口的迁移主要受到名义工资差距的驱动。

表 6-11　基本变量描述性统计分析

变量	根据泰尔指数计算				根据基尼系数计算			
	均值	标准差	最小值	最大值	均值	标准差	最小值	最大值
concen	0.3908	0.0459	0.3002	0.4508	0.3908	0.0459	0.3002	0.4508
wage_ dif	0.0290	0.0067	0.0216	0.0415	0.1313	0.0154	0.1107	0.1565
income_ dif	0.0323	0.0053	0.0274	0.0406	0.1354	0.0094	0.1270	0.1502
aj_ wage	0.0561	0.0218	0.0398	0.1128	0.1762	0.0195	0.1524	0.2234
aj_ income	0.0439	0.0219	0.0315	0.1018	0.1551	0.0182	0.1389	0.2017
qol_ wage	0.1278	0.0465	0.0698	0.2264	0.2484	0.0340	0.2001	0.3155
qol_ income	0.0968	0.0189	0.0614	0.1141	0.2234	0.0189	0.1870	0.2458

反观其他两个核心变量，调整名义收入和生活质量差距对于城市规模分布的影响不甚明显，并且生活质量差距的回归系数符号也并不稳定，仅依据全国层面的时间序列分析可能无法确定两者之间是否存在相关关系。

表 6-12　全国时序数据回归结果（根据泰尔指数计算）

解释变量	(1)	(2)	(3)	(4)	(5)	(6)
earn_ dif	5.839 ***	5.909 ***		7.059 ***	6.284 ***	
	(4.21)	(3.18)		(3.65)	(3.34)	
aj_ earn			1.351			0.825
			(0.92)			(1.19)
qol_ dif		−0.017	−0.071		0.751	0.953
		(−0.06)	(−0.10)		(1.43)	(1.18)
cons	0.221 ***	0.221 ***	0.324 ***	0.163 **	0.115	0.262 **
	(5.38)	(4.98)	(7.25)	(2.57)	(1.70)	(3.47)
R^2	0.7173	0.7175	0.3356	0.6556	0.7431	0.4057

尽管生活质量差距的影响尚不明确，但表 6-12、表 6-13 中列（1）、列（2）、列（4）、列（5）的 R^2 值较高，平均达到 0.7 左右，说明模型整体拟合程度较高。也就是说，城市间名义收入的差距已经能够解释大约 60% 的形成城市人口规模分布现状的原因。在明确这一点的基础上，下文将对省级面板数据进行更为细致的实证检验。

表6-13　全国时序数据回归结果（根据基尼系数计算）

解释变量	(1)	(2)	(3)	(4)	(5)	(6)
earn_ dif	2.652***	2.570***		3.792**	3.679**	
	(5.10)	(3.90)		(3.29)	(3.69)	
aj_ earn			2.935			1.136
			(1.82)			(1.23)
qol_ dif		0.070	−0.850		0.910	0.550
		(0.24)	(−0.92)		(1.83)	(0.62)
cons	0.043	0.036	0.085	−0.123	−0.311	0.917
	(0.62)	(0.46)	(0.70)	(−0.79)	(−1.83)	(0.49)
R^2	0.7878	0.7897	0.5221	0.6078	0.7482	0.3430

注：*、**、***分别代表在10%、5%、1%的显著性水平下显著；括号中为t值。所有估计中均使用稳健标准误。

（二）省级层面的联立方程模型结果

表6-14所示为省级面板数据估计中用到的控制变量描述性统计分析，为避免数据量纲差异对回归结果的影响，事先对少数变量的单位做出一定调整。此外，由于本书在计算城市集中度时对省级行政区进行了合并处理，将四个直辖市归入相邻省份，因此需要对控制变量做相应处理。以京津冀的城镇化率为例，计算方式为北京、天津、河北三地当年常住人口分别乘以相应城镇化率后加总得到区域城市人口，再除以区域总人口，得区域城镇化率值，其余指标的处理方式相似。

表6-14　控制变量描述性统计分析

变量	单位	符号	均值	标准差	最小值	最大值
城镇化率	%	*urban*	0.477	0.099	0.269	0.701
人口密度	—	*denstiy*	13.531	4.149	6.581	25.423
地区人均生产总值	万元	*cgdp*	2.807	1.509	0.512	7.800
第二产业增加值占比	%	*scnd*	0.493	0.050	0.371	0.615
第三产业增加值占比	%	*third*	0.387	0.046	0.286	0.514
城镇固定资产投资占比	%	*fix*	0.573	0.174	0.237	1.022
进出口总额占比	%	*fdi*	0.128	0.215	0.001	1.029
人均水资源量	千立方米	*water*	1.809	1.346	0.136	5.125
森林覆盖率	%	*forest*	0.311	0.170	0.029	0.660

如前所述，由于核心变量之间可能存在内生性问题，为了防止传统 OLS、GLS 等得到的估计结果有偏，需使用两阶段最小二乘法或三阶段最小二乘法进行估计。相比两阶段最小二乘法，三阶段最小二乘法在回归过程中考虑了联立方程的相关性，且提高了大样本估计的有效性，因此更适合本节的研究。表 6 - 15 所示为基于泰尔指数和可支配收入得到的联立方程估计结果，列（1）中方程一至方程三是采用一般 OLS 估计方法对每个方程分别估计得到的系数估计值及其显著性水平，列（2）中方程一至方程三则是三阶段最小二乘法的估计结果。对比可见，两种估计方法得出的结果之间存在一定差异，说明一般的 OLS 回归确实不适用于联立方程模型的分析。

表 6 - 15　联立方程模型回归结果（基于泰尔指数、可支配收入计算）

	(1) OLS			(2) 3SLS		
	方程一	方程二	方程三	方程一	方程二	方程三
concen		0.094 ***	0.041		- 0.001	- 0.088
		(3.52)	(0.35)		(- 0.01)	(- 0.32)
earn_ dif	0.926 ***		0.551	2.861 ***		1.202
	(5.24)		(1.61)	(5.05)		(1.03)
qol_ dif	0.026			0.144		
	(0.73)			(1.2)		
urban	0.111 ***	0.037 **		- 0.070	0.053 ***	
	(4.71)	(2.97)		(- 1.34)	(3.78)	
density			0.003 *			0.003 *
			(2.30)			(2.09)
cgdp		0.001	- 0.006		- 0.000	- 0.007
		(1.33)	(- 1.61)		(- 0.33)	(- 1.75)
scnd	0.140 ***			0.185 ***		
	(4.01)			(4.60)		
third		0.044 **			0.018	
		(2.98)			(1.15)	
fix	- 0.033 **	- 0.025 ***	- 0.067 **	0.046 *	- 0.020 ***	- 0.048
	(- 2.88)	(- 5.66)	(- 2.92)	(2.07)	(- 4.78)	(- 1.18)
fdi		0.009			0.027 **	
		(1.78)			(3.02)	

	(1) OLS			(2) 3SLS		
	方程一	方程二	方程三	方程一	方程二	方程三
water			0.011***			0.012***
			(4.07)			(4.24)
forest	−0.029**		−0.054*	−0.023*		−0.061*
	(−3.02)		(−2.53)	(−2.23)		(−2.45)
_*cons*	0.230***	−0.042***	0.049	0.212***	−0.009	0.079
	(13.35)	(−3.57)	(1.16)	(8.49)	(−0.34)	(1.00)
R^2	0.5766	0.6666	0.1803	0.2856	0.6366	0.1655
F值（chi2）	47.43	69.63	6.54	204.72	427.59	45.79

注：*、**、***分别代表在10%、5%、1%的显著性水平下显著；括号中为z值。

具体而言，列（2）方程一中给出的回归结果与上文中全国层面的时间序列回归颇为相似，名义收入差距的扩大将助长城市集中度的提高，回归系数值为2.861，且在1%的显著性水平下显著，生活质量差距的影响相对较小并且不够显著。方程二和方程三中核心变量的回归系数显著性也不是很理想，说明城市差距与集中度之间的作用方向大体上应该是单向的，也就是城市差距的扩大引起城市人口的集中分布，而不是相反。

为进一步确定上述结论是否成立，将名义收入差距替换为房价调整后的可支配收入差距并重新回归，估计结果列于表6-16中。对比发现，调整收入差距和生活质量的系数估计值都变得更加显著了，出现这种情况的最可能原因即原有变量之间存在共线性，通过房价平减和DEA方法剔除收入影响后，生活质量差距对城市规模分布的影响就体现出来了。表6-16列（2）方程一中的估计结果表明，生活质量差距越大，城市人口分布的集中程度越高，这一结论与理论预期相符，说明追求更高的生活质量是推动城市人口流动的重要原因之一。

不过有意思的是，表6-16中调整收入水平与城市集中度之间的关系为负相关。也就是说，调整收入差距越小，城市人口分布越集中。这个结果看似与理论预期不一致，但实际上是符合逻辑的，因为本书在处理数据时采用房价去平减收入水平，平均商品房价格显著更高的大城市调整后平均收入反而低于其他城市（见图6-4），此时计算得到的调整收入差距实际上反映了城市居民在剔除生活成本之后的收入差距。如果不考虑生活成本时不同城市提供的收入相似，那么显然能够提供更高生活质量和便利设施的大城市会成为城市居民的首选，相应地城市集中度也就更高。

在替换收入差距变量后，如表 6-16 列（2）方程一所示，生活质量差距对城市集中表现为正向影响，系数估计值为 0.806，虽然影响力度不及收入差距，但是显著性水平同样较高。此外，在表 6-16 列（2）方程二、方程三的回归结果中可以看到，城市人口的集中程度是会影响到城市调整收入和生活质量差距的，对后者的影响尤为明显。

如果不构建联立方程模型，那么两者之间的这种相关性可能很容易被忽视。事实上，上述结果证明，城市规模分布不但会对一个区域的整体经济发展造成影响，还与城市之间的空间不平等程度存在密切联系，这种不平等不仅表现在名义收入和生活成本上，还进一步体现在城市居民的生活质量和幸福感差异上。根据表 6-16 的回归结果，区域中城市集中度指数值每提高 1 个点，城市间居民生活质量差距就会上升 0.48 个点。

表 6-16　联立方程模型回归结果（基于泰尔指数、房价调整可支配收入计算）

	(1) OLS			(2) 3SLS		
	方程一	方程二	方程三	方程一	方程二	方程三
concen		0.003	0.163		0.492 *	0.480 ***
		(0.05)	(1.91)		(2.04)	(4.78)
aj_ earn	-0.249 *		1.296 ***	-1.734 ***		0.476
	(-2.43)		(10.66)	(-3.48)		(0.80)
qol_ dif	0.118 *			0.806 ***		
	(2.55)			(3.72)		
urban	0.190 ***	0.015		0.167 ***	-0.034	
	(10.15)	(0.48)		(6.29)	(-0.82)	
density			0.004 ***			0.002 *
			(3.45)			(2.01)
cgdp		-0.001	-0.006 *		-0.001	-0.007 **
		(-0.62)	(-2.03)		(-0.35)	(-2.69)
scnd	0.123 ***			0.074		
	(3.35)			(1.82)		
third		0.016			0.073	
		(0.44)			(1.45)	

续表

	(1) OLS			(2) 3SLS		
	方程一	方程二	方程三	方程一	方程二	方程三
fix	-0.064 ***	-0.028 **	-0.051 **	-0.040 *	-0.025 *	-0.039
	(-6.29)	(-2.60)	(-3.15)	(-2.05)	(-2.10)	(-1.76)
fdi		-0.016			-0.069 *	
		(-1.30)			(-2.47)	
water			0.006 **			0.009 **
			(2.71)			(2.97)
forest	-0.033 **		-0.000	-0.063 ***		-0.018
	(-3.21)		(-0.02)	(-3.60)		(-0.66)
_ *cons*	0.234 ***	0.031	-0.041	0.259 ***	-0.130	-0.108 *
	(12.77)	(1.09)	(-1.24)	(7.81)	(-1.55)	(-2.19)
样本量	216	216	216	216	216	216
R^2	0.5340	0.0494	0.4633	0.0731	0.2043	0.3001
F 值 (chi2)	39.92	1.81	25.65	126.89	13.12	77.15

注：*、**、***分别代表在10%、5%、1%的显著性水平下显著；括号中为 z 值。

控制变量方面，结合表6-15和表6-16中列（2）方程一可见，城镇化率、区域工业化水平、城镇固定资产投资和森林覆盖率等变量显著影响城市集中水平，但作用方向和显著性水平不尽相同。

首先，城镇化率的上升可能会助长城市集中度的提高，这是因为在城镇化水平较高的区域，城乡之间的人口转移速度已经相对放缓，农村的剩余劳动力基本已经实现了城市化，因而人口的迁移更多地体现在城市人口向个别城市的集中。

其次，工业化程度越高的地区城市人口越容易集中在少数大城市，这一点很好理解，因为规模经济往往在第二产业体现得最为明显，侧重于发展工业的地区容易形成高度集中的城市人口分布情况。

再次，城镇固定资产投资增加的影响方向其实并不明确，要视投资落实的城市规模而定，如果一个区域内固定资产主要投向大城市，那么可能会带动城市集中度的提高；反之亦反。

最后，森林覆盖率越高的地区，城市集中度相对越低，可能的原因来自两个方面：其一，森林覆盖率较高说明区域内部生态系统保存较完善，相应地城市建设造成的破坏较少，因此不太可能出现超大规模城市，典型的例子如云南、广西等地；其二，森林覆盖率与区域内部地形地貌有关，中部平原地势平坦，因此耕地面积广大，东部山区则保有更多林地，山区的地形决定了城市建设用地规模受到限制，进而影响到城市集中水平。

以上给出的是基于泰尔指数和可支配收入数据得到的估计结果，表6－17给出了采用其余衡量方法时得到的联立方程系数回归值，考虑到本书研究重点在于考察影响城市集中的主要因素，因此为节约版面只列示方程一的估计结果。总体来看，回归系数结果和显著性水平较为稳定，本书关注的核心变量——名义收入、调整收入和生活质量的符号方向始终保持一致，大部分情况下满足1%的显著性水平。控制变量层面，城镇化率和森林覆盖率的显著性水平最高，前者表现为正向影响，后者则相反；但相较之下，产业结构、固定资产投资的估计结果不够稳健，无法依据少数显著性较强的结果得出可靠结论。

表6－17　方程一回归结果

	泰尔指数		基尼系数			
	（1）wage	（2）aj_wage	（3）income	（4）aj_income	（5）wage	（6）aj_wage
earn_dif	0.901		0.840***		0.476**	
	(1.60)		(4.62)		(2.69)	
aj_earn		-5.042***		-0.876**		-1.610**
		(-5.53)		(-2.78)		(-2.67)
qol_dif	0.560***	1.601***	0.090	0.493*	0.589***	1.306***
	(5.42)	(7.93)	(0.78)	(2.37)	(4.48)	(4.72)
urban	0.155***	0.198***	-0.030	0.180***	0.161***	0.206***
	(5.57)	(4.60)	(-0.59)	(7.53)	(5.44)	(5.72)
scnd	0.049	-0.083	0.176***	0.096*	0.068	0.058
	(1.54)	(-1.43)	(4.42)	(2.18)	(1.85)	(0.92)
fix	0.050	-0.059	0.023	-0.069***	0.069*	-0.013
	(1.76)	(-1.43)	(0.95)	(-3.43)	(2.09)	(-0.34)
forest	-0.049**	-0.134***	-0.018	-0.053**	-0.045**	-0.078***
	(-3.19)	(-4.83)	(-1.82)	(-3.27)	(-2.99)	(-3.68)
_cons	0.172***	0.412***	0.175***	0.274***	0.049	0.212**
	(5.27)	(7.74)	(4.94)	(5.23)	(0.91)	(2.82)
样本量	216	216	216	216	216	216
R^2	0.6932	0.8124	0.3531	0.1447	0.8064	0.7374
chi2	117.17	79.12	200.41	147.45	121.48	97.87

注：*、**、***分别代表在10%、5%、1%的显著性水平下显著；括号中为z值。

综上所述，实证检验发现，城市人口的集中分布程度与城市名义收入差距、城市生活质量差距之间存在显著的正向关系，并且这种作用是双向的，城市集中度的提高会导致城市间收入水平和生活质量差距的进一步拉大。替换收入差距变量后重新回归得到的结果发现，区域内剔除房价成本后的收入差距越小。也就是说，在城市提供的实际收入相近时，生活质量便成为了推动城市人口集中的最关键因素。最后，内生变量城镇化率和外生变量森林覆盖率都会显著影响城市集中程度，说明城市人口的规模分布是在经济、社会、自然、地理等多重因素共同作用下形成的，检验和识别这些因素是制定城市发展战略、协调城市规模分布、权衡城市系统效率与平等的先决条件和重要依据。

第三节　本章小结

本章继续探讨影响城市集中的另一个主要因素——城市差距。不过针对这一问题可以分为两个角度进行考察：一是从城市角度出发，考虑城市的不同特性对城市规模变化率的影响；二是从区域视角出发，研究区域内部城市之间差距的大小对城市人口集中程度的影响。事实上以上两种思路考察的是同一个问题的两面，只是城市所处的区域范围由全国缩小到了省级层面。两部分内容采用的都是理论分析结合实证研究的基本结构，但是具体的模型框架和实证方法选择各自不同，为的是更好地贴合研究内容和目的。

第一部分首先在 Duranton 和 Puga（2013）的模型上进行了一些简化，同时加入一定制约条件使其更符合发展中国家的实际情况，均衡条件下得出以下三个假说：①交通设施质量的改善和通勤成本的下降将显著影响城市规模的增长速度；②城市规模的变化率同时取决于城市中名义平均工资的提高；③城市规模的变化速度与城市便利设施条件的改善和居民生活质量的提升显著相关。

其次根据灯光数据计算城市规模指标及其变动率，确定解释变量。

最后通过全局莫兰指数检验发现，所有变量均存在较强的空间正向自相关性，因此选择空间杜宾模型，利用 2005～2013 年中国 275 个地级及以上城市数据进行实证分析，研究城市特征对城市规模变化率的影响。总体而言，采用空间计量模型得出的实证结果较好地证实了理论假说的适用性，根据研究可知，城市名义工资、基础设施条件和福利待遇等因素能够显著影响城市规模的扩张速度，进而作用于区域范围内的城市规模分布。此外，一个有趣的发现在于，城市规模的扩张速度实质上更多地取决于周边城市的相关属性：城市自身规模较大时，发展速度相对较慢，而城市周边地区规模较大时，反而能够刺激该城市的扩张。也就是说，我国城市系统中存在着规模竞争的情况。

第二部分同样首先通过引入一个城市系统空间均衡模型，简单阐述高工资、优福利对于城市规模的影响。但是与第一部分的不同之处在于，这一部分中需要构建指标体系测度城市居民生活质量，并在此基础上量化城市之间的收入水平与生活质量差距。本书对比诸多生活质量指标体系的构建方式后，选定应用 DEA 方法，将调整后的平均工资收入视作投入变量，其余生活质量相关指标进行正向化处理后视作产出变量，得出城市生活质量的评价值。城市差距的度量方面，采用基尼系数和泰尔指数两种方式相结合的办法进行计算。

基于以上方法得出的初步结果显示，在剔除房价等生活成本后，"北上广深"等地的名义收入并不及全国平均水平；另外，三亚、深圳、温州、北京、福州、广州、汕头等市的生活质量指数排名靠前，与预期存在一定差距。城市差距方面，全国范围内不同城市居民名义工资和收入水平都在趋向于收敛，区域间差异并不是很突出，需要客观面对的现实问题主要来自区域内部城市之间。另外，调整后的生活质量差异指数发展趋势表现为在波动中趋同，说明我国在基本公共服务均等化方面所做的工作的确取得了一定成效。

实证过程分为两个阶段，首先采用全国时间序列数据对基本方程进行回归，得到全国层面的初步结果后，利用省级层面的面板数据采用三阶段最小二乘法对联立方程组进行估计，同时通过更换名义收入和调整收入变量、以基尼系数替代泰尔指数等方式得到较为稳健的回归结果。根据第一阶段的回归结果，从全国层面来看，城市间名义工资差距与城市集中度之间存在显著的正向相关关系，但调整名义收入和生活质量差距对于城市规模分布的影响不甚明显。

基于省级面板数据的联立方程模型回归结果显示，城市人口的集中分布程度与城市名义收入差距、城市生活质量差距之间存在显著的正向关系，并且这种作用是双向的，城市集中度的提高会导致城市间收入水平和生活质量差距的进一步拉大。控制变量方面，城镇化率、区域工业化水平、城镇固定资产投资和森林覆盖率等变量都显著影响城市集中水平，侧面反映了城市规模分布是经济、社会、自然、地理等诸多因素共同作用的结果。

第七章　城际关系对城市集中度的影响

　　城市的空间分布实际上是具有结构性的。"同一区域内不同城市的相互作用，影响着区域城市体系的特征和变化趋势"（高鸿鹰、武康平，2007）。经济往来、竞合关系、交通设施等渠道因素在城市群的发展和城市规模体系的形成过程中发挥至关重要的作用，国内外学者基于城市关系的探讨和研究更证明了这一点，如Dobkins 和 Ioannides（2001）考察了美国 1900～1990 年城市的变化，发现在此期间出现的新城市，如果邻近其他城市，则发展较快，而且相邻城市的增长率是紧密相互依存的。这符合"城市群"的概念，同时也证明了确实存在城市间的空间相互作用。王小鲁（2010）在其研究中指出，单个城市处在邻近城市组成的空间结构中，其规模收益会发生很大的改变。例如，长江三角洲、珠江三角洲这两个地区，经济发展状况良好，大城市集中，而小城市和小城镇由于毗邻大城市，而且交通方便，能够享受城市间的溢出效应，因此经济发展水平也十分突出，全国"百强镇"几乎无例外地集中在这两个地区。

　　为了明确城市之间相互作用对城市人口规模分布的影响，本章将通过引入中心流理论和企业网络模型，分别由理论和实证角度考察城市间的空间联系强度对城市规模分布情况的影响。

第一节　作用机制分析

　　本书第二章中曾简要介绍了由 Christaller（1933）提出、Lösch（1940）予以发展的中心地理论及其相对应的城市等级体系形成机制。然而，随着现代科技的发展和对城市、城市群与区域研究工作的深入，越来越多的学者发现中心地理论并不能够完全解释现代城市规模的分布格局。中心地理论强调城市之间地理上的邻近关系，一个中心城市提供的服务往往只能辐射到周边城市，并存在"距离衰减效应"。但是，通信技术的不断变革、互联网经济时代的到来都意味着城际联系已经不再囿于地理距离的限制和"面对面交流"的需求。在这种情况下，Taylor 带领的 GaWC（全称 Globalization and World Cities）团队提出的中心流理论（Taylor et al.，2010；Derudder and Taylor，2017），能够较好地补充中心地理论存在的缺陷与不足，在"垂直"的城市等级体系中加入"水平"的同等级城市链锁效应，交叉形成解释当前城市网络格局的理论基础。

一、中心流理论如何区别于中心地理论

中心流理论的大体框架诞生于 2010 年，应该说尚处在萌芽状态，其理论体系的有效性和普适性是否能够得到认可并不断发展壮大，仍是一个未知数。不过，该理论的创始人 Taylor 及其研究团队已经在城际关系的量化工作方面积累了大量成果，为理论的生根发芽奠定了坚实的经验基础。

城市网络及城际关系的研究兴起于世界城市这一概念的提出（Geddes，1915），Friedmann 等（1982，1986）认为，此类城市是大部分跨国公司总部所在地，也是经济全球化所导致的原料采购、部件生产、组装、研发与设计等部门分工与合作的管理、控制与调配中心。因此，作为管理、控制、调配中心的世界城市与其他生产过程所在的城市需要产生联系进而形成完整的生产过程，这种城市联系方式即为世界城市体系的网络化结构模式。随后，在全球经济一体化的时代背景下，Sassen（1991）以金融一体化为出发点，提出了高级生产性服务业（Advanced Producer Services，APS）的概念并运用到世界城市的研究当中。20 世纪末期，GaWC 团队借鉴 APS 的扩张模式，以其总部、区域中心、办事处等在全球城市体系中的分布情况，构建商务企业的连接关系，将企业汇总起来得出全球城市的网络构成关系，提出的链锁网络模型（Interlock Network Model，又译为连锁网络模型），推动城市网络量化分析取得了突破性进展。目前，国内已有不少研究采用 APS 算法衡量大中型城市间的网络联系和规模等级结构（谭一洺等，2011；王聪等，2013），研究范围也开始由国际视野下调至区域、城市群层面（路旭等，2012；李涛等，2017）。

然而，方法的革新尽管有助于准确地描述现实，但理论基础的匮乏却始终制约着学者们对城际关系的变动和发展过程做出解释：为何与其他城市联系最为紧密的城市往往规模也最为庞大？同等级城市间始终保持相对稳定的城际联系吗？

不同等级城市间的互动机制为何存在差异？中心城市更倾向于建立"本地化联系"还是"跨地区联系"？随着信息化与全球化的不断发展，跨区域交流往来的持续增加，传统的中心地理论已经不能很好地回答上述问题，而新兴的新经济地理理论则更多地侧重于城市属性的探讨，此时，中心流理论的出现可谓是填补了现有城市研究理论体系的空白，通过对城市之间"流"[①] 传导的研究，反映出城市系统成员间的相互依赖关系及其对城市乃至区域整体发展的影响。

具体而言，中心流理论与中心地理论在研究视角、空间尺度和研究对象等诸多方面存在显著差异，但是由于其理论主体仍围绕城市展开，两者之间又必然存在联系，"简单来说，中心流理论既不完全否定，也没有延伸拓展中心地理论，而是与后者互为补充、各有侧重"（Taylor et al.，2010）。中心地理论建立在地理空间范围的基础之上，认为不同等级规模城市提供的商品种类存在差异，其中高等级商品需要更大规模的消费者群体作为支撑，因此中心城市及其腹地产生联系，并最终形成城市等级体系的根本原因在于差异化的商品和服务供给，可以视作一种"垂直"的、"本地化"（localized）的互动机制[②]。中心流理论与之不同之处在于，其重点关注的是相同等级规模城市之间形成的"水平"的、"跨区域"（或者说 non - localized）的城际联系，这种联系往往较少受到地理邻近程度的限制，但是与城市人口规模、经济体量、政治地位等诸多因素密切相关。在现代社会中，只有以上两种机制相结合才能完整还原城市网络的发展过程。

Taylor 等（2010）指出，中心流理论的研究主体是"城市性"（cityness），相对应于中心地理论中的"城镇性"（townness）。这里的"城市"与"城镇"需要区别开来，前者往往是指中心地理论中的高等级中心地，而后者多为低等级腹地，受规模和地域限制，基本完全依附于中心地，难以与外界直接产生跨区域联系。中心流理论承认"镇"的存在，也基本肯定中心地理论在解释一定区域范围内不同规模城市之间形成的等级关系的有效性，但是对于高等级中心地"城市"而言，仅考虑其与腹地之间的"垂直"关系是片面的、不完全的，还应当考虑与其他区域乃至其他国家高等级中心地"城市"之间的"流"传递效应。仔细研究可以发现，城市之间建立联系的方式与区域经济学中创新或技术传递的两种途径极为相似：等级式和波浪式（见图 7 - 1）。

---

① 城市之间的"流"可以表现为任何形式，可以简单划分为人口、物质和信息三种类型。

② 此外，在早期 Chirstaller 的研究中，这种互动机制只能是单向作用的，即只有高等级中心地向低等级腹地提供商品和服务，不存在相反的情况。不过，经过数十年的发展，目前大多改进后的中心地理论模型都认为存在低等级腹地向高等级中心地提供商品和服务的可能性，只是种类和数量相对较少。

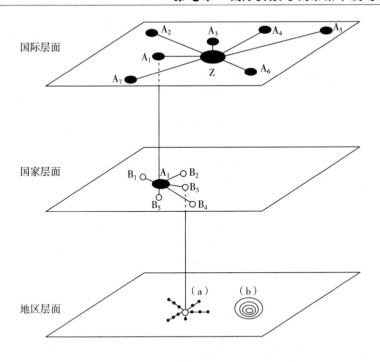

图 7 – 1　信息传递的两种途径

资料来源：陈秀山，张可云．区域经济理论［M］．北京：商务印书馆，2003.

其中，等级式扩散以城市规模为特征，波浪式扩散则依赖地理距离上的"接近性"。这一特点也恰好反映了城市之间建立联系的本质即传递各种不同的"流"，包括信息、知识、创意、人才、资本、货物等。在实际情况中，具体采用哪一种传播方式取决于区域发展状况、传播的内容以及所考察的区域范围大小等。陈秀山和张可云（2003）在其著作中总结认为，"一般来说，发展水平较低的区域主要依靠建立在人际联系基础上的波浪式扩散，随着联络交流体系的发展，等级式扩散的前提条件得到改善"。与之相似的是，Taylor 及其团队同样认为，经济发展水平越高的城市，其等级式联系相对越多，并且在发展过程中表现为不断加强的趋势；相较之下，经济发展较为落后的城镇更多地依赖波浪式联系与其他城镇建立关系。

二、城际联系如何作用于城市规模分布

根据以上分析可知，与创新传递的方式相类似地，城市之间构建联系的方式也包括两种类型，不仅是地理上邻近的城市之间存在更多的贸易往来或是合作和竞争关系，规模上较为相似的城市之间也存在大量的物质流、货币流和信息流的交换。那么，城际联系的变化是否会对城市规模分布情况造成影响？这种影响具体是如何发挥作用的？本书这一部分内容将试图通过深入分析中心流理论及其外延内容，对上述问题作一逻辑上的梳理及预测。

尽管"中心流"是一个相对较新的提法，但其理论基石实际上主要来源于Jacob（1970）的早期研究，他曾明确指出，"城际关系通过进口替代的方式影响经济增长，是城市规模扩张的核心因素"。这里提到的"进口替代"正是中心流理论中城际关系促进城市规模扩张的关键所在，因为存在进口替代的作用，中心城市由地方化经济①（localization economies）逐渐转向城市化经济（urbanization economies）。由中心地理论可知，在传统的城市等级体系中，高级别中心城市提供的商品和服务种类更多，因此其辐射的人口规模更大，假设城市体系中生产的产品和服务种类始终不变，那么生产规模的扩张也并不会打破不同等级城市间的规模比值关系。相反地，在中心流理论中，高级别大城市通过两种方式实现经济增长和城市扩张：一种是在原有的产品和服务种类基础上不断扩大生产，但不会创造新的工作岗位；另一种则是通过研发和生产"进口产品"② 实现进口替代，增加本地经济绝对量的同时实现多样化发展。自 Jacob（1969）提出城市化经济的观点以来，已有不少实证研究试图检验地方化经济和城市化经济分别对于生产率的影响，多数学者倾向于接受制造业部门中地方化效应更显著，而服务部门的城市化经济效应比较明显的观点（Moomaw，1981；Nakamura，1985；Henderdon，2003）。

在此基础上，随着产品和服务渐趋多样化，高等级城市之间的跨区域联系不断增加，原有的内向型、本地化发展模式被现有的外向型、城市化发展模式所替代。区域中心城市一方面需要更多的劳动力进入以填补新的工作岗位，另一方面需要吸纳更多常住居民以消化其生产和提供的产品、服务，因此高等级城市规模将一再扩大，制造业部门随城市发展逐渐退出到中小城市，服务业占比相应提高。我国的上海、北京两大一线城市的成长过程基本与上述理论相契合，现阶段北京、上海已经几乎找不到制造业的身影，而是以总部经济带动城市发展，同时辅以生活性服务业，满足常住人口的多样化需求。

然而需要注意的是，北京和上海作为单独的两个城市来看具备诸多相似性，但是当它们分别置身于所处城市群时，城市规模分布的差异就体现得格外明显。

---

① 又称马歇尔经济，最早由 Marshall（1890）提出。

② 此处进口产品指的是通过与国内其他城市贸易得到的非本地生产产品，并非国外进口产品。

其中，京津冀城市群中除天津外，其余城市在人口容量、经济规模等方面与北京存在较大落差；长三角城市群则显得更为均衡，现已形成以上海为中心，杭州、南京为次中心，苏州、宁波、合肥、无锡等三级城市支撑，舟山、金华、扬州、嘉兴等小城市蓬勃发展的良好态势。由此可见，中心城市的规模等级相似不意味着城市人口的分布结构也趋于一致，城际联系方式的不同可能是推动上述差异形成的原因之一，理论上可以分为四种情况探讨（见表7-1）。

表7-1　城市联系与城市规模分布的四种关系类型

中心城市	内部联系	
外部联系	（多，多）整体高速发展型	（多，少）差异化高速发展型
	（少，多）整体低速发展型	（少，少）差异化低速发展型

第一，整体高速发展型。中心城市对外、对内联系同步增加，一方面通过进口替代激发城市化经济效应，另一方面与周边城市长期保持互助合作关系，随着中心城市制造业逐步退出，城市等级体系中的中小规模城市较好地起到了承上启下的作用，产业链条衔接紧密，城市群乃至区域经济整体保持相同速率发展。第二，差异化高速发展型。中心城市在发展过程中逐渐与周边腹地脱节，城际联系以相似等级城市间的跨区域商贸往来和信息流动为主，随着中心城市规模与邻近城市规模差异的不断扩大，这种情况会不断加重，导致区域整体发展依赖单个城市，区域内部不平衡发展问题凸显。第三，整体低速发展型。即区域内部城市之间发展水平较为相似，但中心城市在全国城市网络中级别不高、规模不大，区域内部联系较紧密但疏于向外拓展，我国部分少数民族地区属于典型的整体低速发展型。第四，差异化低速发展型。即中心城市本身相较于其他区域高等级城市发展水平相对落后，与此同时其周边区域的发展形势更加不容乐观，地缘相近的城市之间也少有合作，表现为城市等级体系与城市网络体系的双重不适用。此类情况已经较为罕见，我国的新疆、西藏地区受气候和自然环境的影响可能适用于第四种类型，其他大部分区域中的城际联系和规模分布情况都能够纳入前三种类型中。由此可见，对于既定区域而言，城市间对内的等级联系和对外的网络联系始终在同时发挥作用，其中最高等级城市与其他城市的关系至关重要，最终的城市规模分布结构取决于两种机制的权衡，当中心城市更多侧重于对外联系时，城市人口倾向于集中分布；当中心城市更倾向于对内联系时，城市人口分布趋于分散。

第二节 城际联系测度

在开放经济条件下，城市之间、区域之间甚至是更大范围内的经济体之间都存在着劳动、资本和生产要素的交换，不同经济体之间的交互作用对双方的经济发展都有着重要影响。就本书而言，既然城际联系可能通过"替代生产"等方式直接影响到城市规模扩张速度和区域范围内的城市集中情况，那么，如何客观、准确地测度联系强度就成为经验研究中的重要一环。这一部分将重点回顾使用频率较高的几种测度方法，在此基础上介绍本书所采用方法的优势，以及运用该方法得到数据结果的基本分析。

一、测度方法选择

城市间联系强度的测算一直以来都是经济地理学和区域经济学学者们非常关注的话题，由于其本身的抽象性及囿于数据获取方面的限制始终没有一个完美的测算方法，但诸多学者都在此方面进行了尝试并提出了一些模型和方法，比较典型的有引力模型及其衍生模型、城市流模型和企业网络模型等。本书综合不同方法的优缺点后，选择企业网络模型作为量化城际联系的主要方法。

21 世纪初期，以 Taylor 为首的世界网络研究学者提出城市间的关联是通过城市间的多种"流"而形成的，而城市本身不会产生关联，产生这些"流"的关键组织机构是企业（Taylor et al. ，2010；Parnreiter，2015）。换句话说，企业之间的联系创造了城市间的网络。该模型依托 APS 企业的总部和不同级别分支机构在全球城市体系中的分布情况，通过企业之间的连接关系构建全球不同城市之间的网络关系。模型包含三个层面：第一，区域尺度的系统层面，是城市网络得以形成的空间基础；第二，城市尺度的节点层面，根据 APS 企业的区位选择确定；第三，公司尺度的次节点层面，即由全球范围内提供金融、商务、咨询等服务的 APS 企业组成（见图 7 - 2）。

Taylor 等以此为基础构建了全球 316 个城市中的 100 个高级生产服务业企业数据库，首次利用高级生产服务业中的跨国企业总部与分支机构的分布作为依据，定量测度得到了世界城市之间的联系强度及其相应的链锁网络。具体做法是：通过对企业办事处在城市间的分布情况及其重要程度进行编码，分值在 0 ~ 5，

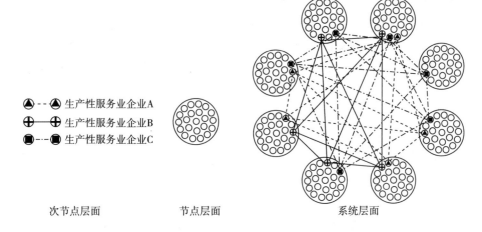

▲- - ▲生产性服务业企业A
⊕—⊕生产性服务业企业B
◼---◼生产性服务业企业C

次节点层面   节点层面   系统层面

图7-2 链锁型城市网络的三个层次

资料来源：王聪等（2013）。

如某企业的总部设在某城市，则赋予该城市5分，如果该城市设有该公司的区域性分公司，则赋值4分，以此类推，没有分支机构的城市则给0分。最终以不同城市间企业的关联度为基础来计算城市网络联结度（network connection），如果某个企业的不同分部在两个城市间的活动值越大，代表这两个城市间关联越强烈（Taylor et al.，2008）。具体计算方法如下：

假设 n 个城市中有 m 个跨地区生产服务企业，城市 a 的活动值被定义为在该城市的公司办公点在其办公网络中的重要程度，假设 V_{aj} 代表公司 j 在该城市的活动值，则对任意城市 a 和 b，通过公司 j 产生的基本连接关系量为：

$$r_{ab,j} = V_{aj} \times V_{bj} \qquad (7-1)$$

根据 $r_{ab,j}$ 可进一步得到城市 a 和 b 之间通过 m 个生产服务业形成的联系值：

$$r_{ab} = \sum_{j=1}^{m} r_{ab,j} \qquad (7-2)$$

每个城市与全部其他 $n-1$ 个城市的联系值之和为：

$$R_a = \sum_{i=1}^{n} r_{ai}, \text{其中} i \neq a \qquad (7-3)$$

可将其定义为该城市的连接度，反映了一个城市与网络中其他城市之间的联系紧密程度，也体现了城市作为节点的连通能力和地位。整个城市网络的连接度总和为：

$$T = \sum_{i=1}^{n} R_i \qquad (7-4)$$

企业网络模型为城市间关联强度的测算提供了一个新的思路，是一种直接表述城市间关联的测算方法，相比前两种方法，其计算结果具备更高的真实性和准确性。但是，应用企业链锁网络模型也存在一些问题，一为数据获取的困难，二为评分标准的主观性难以克服。马学广和李贵才（2012）指出，目前已有学者从基础设施、社团企业和社会文化等途径获取关系型数据来研究城市网络，但城市关系型数据的缺乏一直是该领域研究的"软肋"。王聪等（2013）也认为，现有的官方统计数据均为城市属性数据，对城市间关系的研究意义不大；此外，企业资料有涉及保密要求，因此收集起来并不容易。最后，企业总部与分支机构之间关于资金、信息、人员、物质等要素的交流在垂直方向上的联系要远远多于各级分支机构之间水平方向上的联系，以企业网络化结构代表的城市间网络更多反映的是城市间的垂直结构，这也是该方法的局限性之一。

二、数据获取方式

当前的城市间联系强度测算基本上都是基于以上三种方法，或是在此基础上进行修正或调整。本书试图选择一种研究方法，一方面能够体现中心地理论中所反映的城市等级关系，另一方面也可以准确地描绘中心流理论中涉及的跨区域等级式城市联系，综合以上两点来看，Taylor研究世界城市网络的企业链锁网络模型最为合适。如前所述，该方法主要基于高级生产服务业（APS）企业在各个城市设立的办公机构的规模和数量来考察世界城市间关联程度。其基本原理可以通过图7-3来集中体现，即劳动分工的细化带动了跨国公司在全球范围内布局生产，随之而来的是服务于跨国公司的APS企业建立分支机构，两者之间不断互动发展推进城市联系日渐密切，最终形成城市等级体系和网络关联两种并行结构。

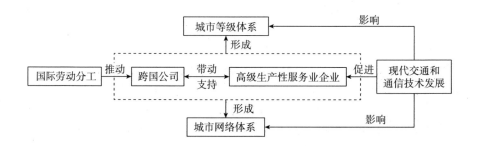

图7-3 APS企业反映城市网络体系的基本原理

资料来源：笔者基于邹小华、薛德升（2017）的研究修改绘制。

但是需要注意的是，由于本书的研究范围由国家层面缩小到了国家内部的区域层面之间，研究对象不再仅限于高级别的世界城市[1]，而是包含了不同规模等级的大中小城市，将该模型直接应用于局部区域内城市间关联的研究显然不太妥当。因此，本书在延续该方法基本思路的基础上，使用区域内服务业上市公司代替 APS 企业，从而尽可能在突破该方法局限性的同时，更多地体现出城市间的关联程度。因此，本书在收集数据过程中，不但对符合条件的上市公司总部及其分支机构、办事处所在地进行了整理，同时还增加了联营、合营企业及子公司的驻地信息，力求更准确地量化城际联系强度。

囿于统计数据的缺失，城际联系的衡量和测度需要依赖研究者手动收集信息，在企业网络模型的计算中，所需要的数据是企业总部、不同等级分支机构及合资、合营、联营等相关联机构所在的城市信息。我国现有相关研究中通常采用的是登录企业官方网站、查阅企业年度报告的方法获取（谭一洛等，2011；路旭等，2012）。结合我国实际情况可以发现，上市公司的经营地等信息可通过查询公司年报获得，而非上市公司信息基本处于保密状态，或者存在披露不完整、不合规等问题，因此本书选取上市公司作为研究目标。通过查询 2014 年《中国证券业年鉴》以及中国证券业协会官网得到，截至 2013 年底，全国范围内共有上市公司 2474 家[2]，考虑到农业、制造业和采矿业在选址过程中更倾向于接近原材料生产地分布，更容易受到资源、环境等自然条件的影响，因此按照证监会颁布的行业分类标准去除农、林、牧、渔业，采矿业，以及制造业行业的上市公司后得到 1049 家上市公司，本书中将这部分上市公司简称为"服务业上市公司"。

在研究城市的选择方面，与前两章不同，本章将主要考虑城市群城市间的网络关联程度，具体原因包括以下几点：首先，城市群的特征及其结构与本章的研究重点恰好吻合，一方面，构成城市群的城市在地理距离上往往较为邻近，并且通常表现为少数中心大城市周边围绕着诸多中小城市的形式，这一点符合中心地理论中指出的城市等级关系；另一方面，城市群的组成城市不但距离相近，而且关系相亲，具体表现为更加频繁的商贸往来和信息流动，这一点符合中心流理论中的城市网络构建基础。其次，本书考察的是中国现阶段发展较为成熟的十二个城市群[3]，而非单一城市群，研究范围基本涵盖了中东部发展较快的区域，因此

---

① 世界城市是统领全球经济运行的超大城市，是全球的金融、政治、服务等全方位中心，目前公认的有伦敦、纽约、东京等，数量极少，全球城市网络是世界城市作为节点而形成的最高级别的城市网络（关溪媛，2016）。

② 包括在上海证券交易所和深圳证券交易所上市的公司，但不包括在香港上市的公司。

③ 具体内容和组成城市见本书第一章区域范围的选择。

通过量化同一城市群内部不同规模等级城市间的关联度，以及不同城市群之间相似等级城市之间的关联度，可以分别得出"城市等级体系"和"城市网络体系"两种研究结果，这是现有研究中没有涉及的，也是本章的重要创新所在。最后，中心流理论指出其研究的核心主体是"城市"而非"城镇"。也就是说，规模过小或是尚未完全城市化的小城镇并不在其研究范围之内，就我国的情况而言，城市群的组成城市往往规模相对较大、发展更加成熟或者具备较强的成长潜力，那么相比第六章中考虑全部地级市的情况，本章选择城市群城市作为研究样本就更加符合理论要求。

以我国十二大城市群中的 188 个地级市为基础，在分别对 1049 家上市公司历年年报进行查找后发现，少数公司年报缺失，或是仅能查询到年报摘要，公司分支机构的内容查询不到，这样的公司无法进行下一步的统计，所以直接排除在外。另外，在对年报数据进行搜集统计后，需要剔除掉一些与本研究无关的公司，包括分支机构及关联企业全部位于总部所在地城市的公司、分支机构及关联企业没有分布于城市群包含城市的公司，以及尚无分支机构和关联企业的公司。对于研究年份中个别年份的企业年鉴无法查询到的企业，本书认为可以根据前后年鉴的记录加以合理补充，不影响整体分析效果，因此予以保留。最后统计得出符合本书研究要求的有效上市公司样本共 862 家。具体到研究时段内每年年底的有效上市公司样本数量分布如图 7－4 所示。

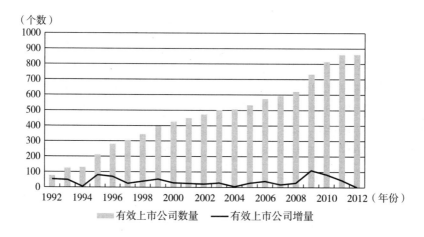

图 7－4　有效上市公司样本数量分布（1993～2013 年）

以 188 个城市中 862 家上市公司的总部与分支机构的地区分布为依据，对于不同级别的机构赋予不同的分值，分值越高代表在城市间联系中的地位越高、联系强度越大。

具体而言，将公司总部所在地赋予5分，一级分支机构或大区分公司所在地赋予4分，二级分支机构和小区分公司所在地赋予3分，三级分支机构所在地或地级市驻地赋予2分，四级以下及营业部、网点所在地赋予1分。除此之外，本书还统计了与上市公司有合资、合营、联营以及全资、独资、部分控股等从属关系的关联企业所在地信息，考虑到其与公司总部的关联强度要疏于分支机构，故将关联企业所在地赋予1分。如果一个城市中存在多个分支机构及关联企业，则每一个分别记录相应的分数后再进行加总。两个城市间的关联强度用每个公司在两个城市中的分值相乘后进行加总。如某一年度a公司总部在上海，则对应该公司上海的分值为5，其在南京有1家一级分公司，那么南京可赋予44分，上海和南京由于a公司促成的联系强度即5×4＝20。将所有样本公司中促成上海和南京的联系度都计算出来后加总，即为当年上海和南京的最终联系强度。

采用上述方法计算可得1993～2013年全国十二大城市群188个城市两两之间的联系强度，但是由于原始数据中2013年对应服务业上市公司仅一家，怀疑该年度原始数据可能存在缺失现象，因此实际分析中仅采纳1993～2012年这20年中的城际联系量化数据进行实证分析，对应为20个188×188的对称矩阵。

三、测度结果分析

上文中已经提到过，国内现有研究大部分将城市范围限制在单一城市群内部，如成渝城市群、珠三角城市群等（谭一洺等，2011；路旭等，2012），不过，更近期的研究中也有少数学者将选取的城市范围扩大到了全国（李涛等，2017），但是上述研究存在的问题在于时间跨度方面的局限性，也就是只截取了个别代表年份的相关数据进行计算，因此数据之间缺乏连续性；此外，大多数研究都止步于城际联系的测度和量化，并没有进一步考察城际联系对于城市群经济发展或人口规模分布的影响。在这方面，本书的研究无疑在现有文献的基础上向前迈出了一大步。具体的测度结果由以下三个层面入手展开分析：

（一）全国层面

网络关联度总和指的是整个研究范围内所有城市与其他城市之间关联值的加总。总体而言，随着上市公司数量的不断增加，全国范围内不同规模城市间的联系强度也在迅速上升。根据本书的统计，1993～2013年，在上海、深圳两大证券交易所上市的公司数量由153家增长到了2474家，筛选后符合条件的上市公司数量由 76 家增长到了 862 家。1993 年，本书研究的十二大城市群中 188 个地级及以上城市之间的网络联系值总和为 82376，到 2003 年该数值上升到 809032，增长了将近 9 倍；截至 2013 年底，所有研究城市之间的关联度总和达到了 1468402，相比 1993 年增长了 16.8 倍左右，相比 2003 年将近翻了一番（见图 7-5）。虽然相比发展初期增长速度有所下降，但是城市之间由于上市公司业务往来产生的联系正在不断加强，城际关系愈加紧密。

另外需要注意的是，根据企业链锁网络模型得出的城际联系量化结果仍有缺陷，具体体现在增长过程的波动性。首先，图 7-5 中并没有涵盖 1993~1994 年的关联度总和变化率数值，是因为 1993~1994 年，我国上市公司数量大幅增加，导致根据上市公司分支机构计算得出的关联度数值差异格外明显，由 82376 增加到了 291588，增长率为 253.97%。如果将该数值放入图 7-5，其余年份的关联度增长率变化将体现得不甚明显，考虑到这种特殊情况的存在，本书没有将 1993~1994 年的关联度变化率数值反映在图 7-5 中。其次，观察可知除 1993~1994 年以外，1995~1997 年、2009~2010 年也存在城际联系陡然提高的情况，这一点与证监会提供的不同年份上市公司数量之间也存在密切的相关关系。造成上述个别年份结果显著波动的原因，一方面可能是公司上市存在"大小年"的情况。也就是说，在少数年份为促进经济增长、激发股市活力，上市过程变得相对容易实现；另一方面是上市公司并不能够全面反映城市之间的关联程度，因为同样存在不少非上市公司在全国各地的大中型城市设立分支机构的情况，目前受数据可得性限制，这方面的缺陷是难以避免的。

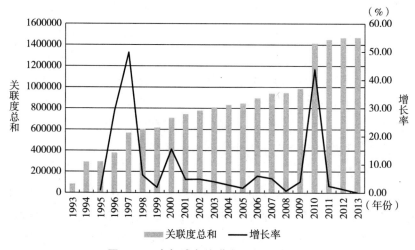

图 7-5 全部城市关联度总和及增长率

如表 7 - 2 所示，根据研究末期（2013 年）各城市与其他城市的关联度加总值，可以大致对本书研究的 188 个城市进行排序，这一排序基本可以反映现阶段我国大中城市的外向联系紧密程度①，以及不同样本在城市网络中所处的等级地位。由于页面有限，表 7 - 2 中仅列出排名前 20 位城市的外向关联度。

表 7 - 2　2013 年排名前 20 的城市外向关联度

城市	1993 年		2003 年		2013 年	
	关联度加总值	排名	关联度加总值	排名	关联度加总值	排名
北京	3566	3	30446	1	55890	1
上海	4602	1	29860	2	53062	2
深圳	3714	2	20349	3	38749	3
成都	2489	6	17615	4	34547	4
武汉	2098	8	17605	5	31333	5
广州	2555	5	16542	6	30952	6
南京	2696	4	16458	7	30518	7
杭州	1511	18	15227	8	29192	8
天津	1178	24	14931	9	28906	9
重庆	1900	12	14499	10	27065	10
西安	2082	9	14093	12	25644	11
沈阳	2147	7	12891	14	24164	12
郑州	1684	15	14096	11	23969	13
长沙	1960	10	13722	13	23700	14
合肥	1741	14	12288	15	22845	15
济南	1407	22	11983	16	21921	16
苏州	1921	11	11120	19	20516	17
福州	1054	26	11165	18	19927	18
宁波	1676	16	11439	17	19912	19
青岛	1793	13	10491	21	19413	20

可以发现，代表我国最先进生产力所在的北京、上海两地的外向网络关联值占据排名高地，2013 年得分分别为 55890 和 53062，远超排名第三的深圳市。由

---

①　此处的外向联系指的是与国内其他城市之间的联系，不包括与国外的联系。

此可见，北京和上海目前仍是我国南北两大区域的城市网络核心所在，处于全国城市网络体系的第一阶层。

除此之外，珠三角核心城市深圳、广州，以及内陆核心城市成都、武汉分列第三位、第六位和第四位、第五位，相应分值在 30000 ~ 40000 这一区间，差异不是很明显。这四个城市与南京、杭州、天津、重庆、西安、沈阳、郑州、长沙、合肥、济南、苏州共计 15 个城市群中心城市或次中心城市共同构建起我国城市网络体系的第二层级，截至 2013 年底，上述城市的外向关联度加总值基本都已经突破 20000。

此外，依据 2013 年城市网络关联度加总值划分，5000 ~ 20000 区间包括福州、宁波、青岛、南昌、厦门等共计 55 个城市，2000 ~ 5000 区间则包括龙岩、营口、孝感、咸宁、吉林等 117 个城市。不同样本城市在城市网络中所处等级与其经济收入水平、常住人口规模等似乎存在较强的相关性，关于这一点将在后续的实证分析过程中涉及。

另外，表 7 – 2 中不但列出了 2013 年前 20 位城市的网络关联度情况，同时还给出了研究期初、期中的关联度水平及其排名。对比可见，2003 ~ 2013 年尽管列表中的全部城市外向关联度都存在显著增长，但排名顺序几乎没有发生变化，只在第 10 ~ 20 名城市中顺序有轻微调整。这一发现说明，我国自进入 21 世纪以来，城市网络中的高等级城市排位都比较稳定，没有出现个别城市迅速成长或衰退的情况，只是以基本相近的速度在原有基础上不断发展壮大。

比较之下，城市外向联系排序在 1993 ~ 2003 年发生了相对剧烈的变动。首先最为明显的是原本排在第一、第二位的上海、深圳两市排名下滑，首都北京在 10 年间迎头赶上，取代上海成为我国城市网络体系的中心。除此之外，其他城市的排名也有大幅调整，其中武汉、成都两市在 1993 年的排名尚未进入前五名，相较之下广州、南京两市与其他城市联系更为紧密，可能的原因是 1978 年以来实施的对外开放政策极大地促进了沿海省份的发展，而 2000 年以来由于沿海、内陆发展出现严重不均衡的情况，国家相继提出了"西部大开发""中部崛起"等发展战略，推动了企业的投资建设不断向内陆转移。

（二）区域层面

尽管从全国整体来看，每个城市的外向关联度在研究期限内都有所增加，但是不同区域之间仍然可能存在一些差异，如中心城市与区域内部城市之间的关联度强弱、低等级城市之间的网络联系等。本书重点研究的十二个城市群基本覆盖了东北部、北部沿海、东部沿海、东南沿海、中原地区、西南地区、长江中游地区等多个区域，通过区分城市群的内外部联系来探讨区域间城市发展方式和规模分布的异同是这一部分的重点内容。

　　本书将单个城市的外向联系区别为城市群内部联系和城市群外部联系两种，根据城市群的定义可知，城市群内部城市之间往往地缘相近、等级分明，因此城市群内部联系通常服从于中心地理论中构建的城市等级体系；相反，如果某个城市更多地与本身所处城市群以外的其他城市产生较多往来，那么可以假定这种跨区域间的联系属于中心流理论中重点关注的网络联系。通过区别城市群内部和外部联系，可以对城市群内部城市的发展方式有一个粗略的了解。表7-3汇总了十二大城市群代表年份中的城市群关联度总量、内部关联度以及内部关联度占比。

　　由表7-3可见，不同城市群之间不但在关联度总和方面落差较大①，而且在内部联系紧密程度方面存在显著差异，并且表现出不同的发展趋势。篇幅所限，表中只给出了1998～2013年的四个代表年份对应的城市群关联度情况，但是已经可以看出长三角城市群的内部联系强度远远超过全国其他主要城市群，始终保持在25%以上的占比；而其他个别城市群的内部关联度占比极低，中心城市更加侧重于跨区域的对外联系而非内部城市网络的建设，比较典型的有北部湾、关中、辽中南、哈长和成渝城市群，上述城市群的内部关联度占比在15年间始终低于10%。其余几大城市群，如珠三角、京津冀、长江中游、海西等内部关联度占比大多维持在10%～20%这一区间内。

　　此外，观察发现各城市群的网络联系发展趋势也有诸多不同，大体上可以分为两种类型：向外拓展型和相对稳定型。其中，向外拓展型指的是城市群内部联系占比逐年递减，造成该趋势的可能原因来自两个方面：一是城市群内部城市与其他城市之间的跨区域交往增长较快；二是城市群内部城市之间的交流互动在不断减少，更有可能的情况是两种原因并存，导致城市群内部城市，尤其是中心城市与周边地区低等级城市的城际联系相对减弱，城市网络联系逐渐代替了城市等级体系在发挥主要作用。内部联系存在显著下降趋势的城市群有：长江中游，从16.9%降至15.0%；哈长，从7.0%降至5.6%；中原，从16.1%降至13.4%；山东半岛，从9.7%降至7.8%；关中，从4.8%降至3.1%。其余城市群均属于相对稳定型，也就是在1998～2013年城市群内部联系占比没有出现明显的趋势性变化。

---

　　① 关联度加总值的差异可能由城市群包含城市数量不同导致，因此此处不做重点分析。

表7-3 不同城市群关联度总和、内部联系及其占比

城市群	关联度	1998	2003	2008	2013
长江中游	A	74489	99919	114304	180676
	I（%）	12572（16.9%）	16540（16.6%）	18178（15.9%）	27174（15.0%）
哈长	A	25737	35243	39934	65027
	I（%）	1798（7.0%）	2270（6.4%）	2454（6.1%）	3644（5.6%）
成渝	A	42709	57765	67308	107579
	I（%）	3592（8.4%）	5290（9.2%）	5718（8.5%）	9072（8.4%）
长三角	A	126402	176968	210036	317491
	I（%）	32512（25.7%）	46098（26.0%）	55222（26.3%）	80450（25.3%）
中原	A	55371	70190	75672	126696
	I（%）	8930（16.1%）	10554（15.0%）	10864（14.4%）	16952（13.4%）
北部湾	A	22297	31097	36298	61215
	I（%）	1104（5.0%）	1526（4.9%）	1650（4.5%）	2946（4.8%）
珠三角	A	58514	75747	93088	139169
	I（%）	7032（12.0%）	8592（11.3%）	11024（11.8%）	15582（11.1%）
京津冀	A	62933	84989	103130	149596
	I（%）	6922（11.0%）	9964（11.7%）	12566（12.2%）	17074（11.4%）
辽中南	A	25756	35938	43687	70529
	I（%）	1552（6.0%）	1978（5.5%）	2272（5.2%）	3606（5.1%）
山东半岛	A	35661	46534	54423	80835
	I（%）	3448（9.7%）	4286（9.2%）	4680（8.6%）	6322（7.8%）
海西	A	52774	68358	78929	124943
	I（%）	5592（10.6%）	6958（10.2%）	8528（10.8%）	13198（10.6%）
关中	A	20333	26284	29857	44646
	I（%）	968（4.8%）	1056（4.0%）	1126（3.8%）	1402（3.1%）

注：表中 A 指城市群包含城市的外向关联度加总值；I 指城市群内部城市之间产生的网络关联度总和，括号中为城市群内部联系占全部关联度的比值。

值得注意的是，在本书选择的研究时段内，没有城市群的内部关联度占比呈现上升趋势，除京津冀城市群在 1998～2008 年这一阶段出现小幅提高，由 11.0% 增至 12.2%，但是到 2013 年，该比重重新回落到 11.4%。由此可见，现阶段我国大中城市整体展现出积极的外向合作姿态，跨区域网络联系日渐密切，但是相较之下城市群内部不同等级城市间的往来交流偏少，可能对区域内部的城

市人口分布格局造成影响。

本节最后给出一个典型案例，图7-6绘制的是西安和苏州两市在1993年的城市群内部网络关联度地图①。该年度两市总的城市网络关联度加总值十分相似，分别为2082和1921，苏州市略低于西安市；但是苏州市与长三角内部城市构建的联系占比达到了31.91%，西安市与关中城市群的内向联系占比则仅为1.63%，两大城市群内部组织结构和联系强度的区别显而易见。

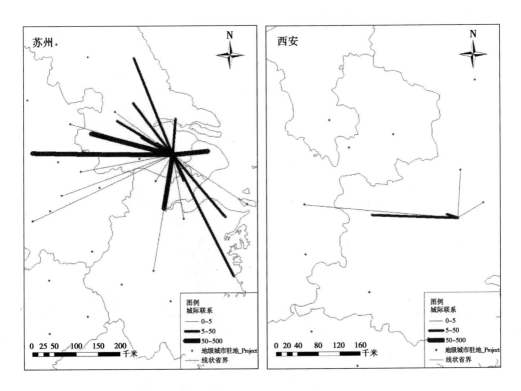

图7-6　不同城市与城市群内部城市关联度（1993年）

注：地级市政府驻地之间的连接线宽度表示城市间网络关联度。

（三）城市层面

根据以上分析，我国城市网络联系整体呈逐渐增强趋势，但是各大城市群内外联系存在明显差异且发展趋势不同，本节将进一步就城市群内部不同级别城市

---

①　选择1993年是因为这一时期大部分城市的网络关联度较低，反映在图中能够更好地表现城市群之间的差异所在。

之间的联系强度和变动情况进行分析。图7-7至图7-9分别体现了京津冀、珠三角和成渝城市群1993年和2013年的城市内部关联度。以上三个城市群包含的城市数量基本相当，但分别位于我国华北地区、南部沿海地区和西南内陆地区，因此具备一定的代表性。

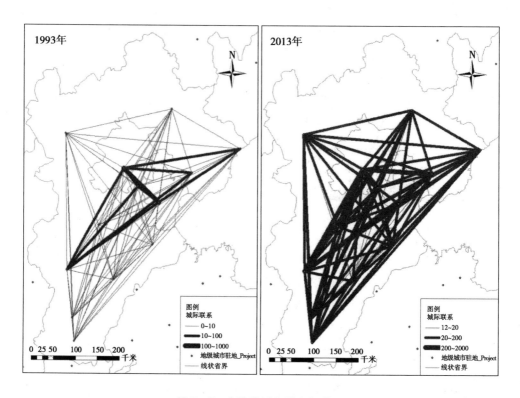

图7-7 京津冀城市群内部联系

一方面，中心城市与低等级城市之间关联强度普遍提高。1993年，京津冀地区中只有北京、天津两市关联度为116，两大中心城市与石家庄、唐山、秦皇岛之间的城市网络关联度相对较高，但也只在10~20，其余城市与中心城市的关系不甚紧密；但是到2013年，京津冀城市群内部联系网已经十分密集，北京—天津关联度达到2026，衡水与京津两市间关联度相对较弱，分别为55和25。珠三角的情况也十分相似，1993年主要的城际联系出现在广州与深圳两大区域中心之间，关联度得分为225，广州、深圳与佛山、东莞、惠州、珠海、韶关等城市之间联系相对较为紧密，但是其余成员城市，如肇庆、云浮、河源与中心地之间基于上市公司构建的关系很少；到2013年，深圳与东莞之间的城际联系强度达到 549，甚至超过了广州—深圳。

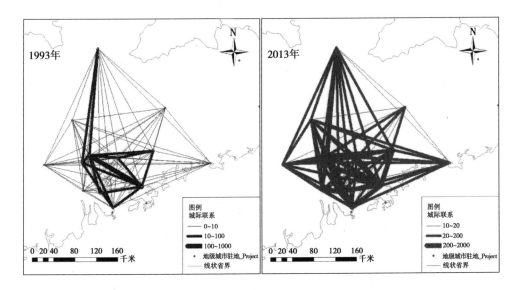

图 7-8　珠三角城市群内部联系

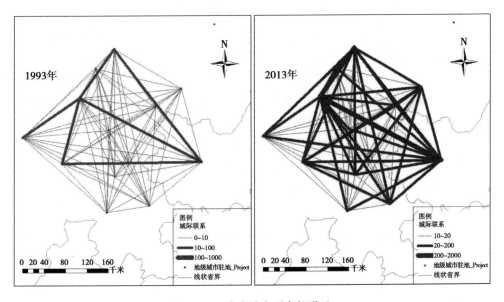

图 7-9　成渝城市群内部联系

另一方面，低等级城际联系基本遵循距离衰减规律。这一特点在成渝城市群中体现得最为明显，研究初期，除成都、重庆两市外其余城市之间几乎没有建立在企业组织基础之上的相关关系；到 2013 年，尽管成渝两市与周边城市之间的城际联系强度已经全部达到 20 以上，但距离较远的低等级城市之间仍未能构建有效的城市网络联系，如自贡与达州、广安与宜宾等。另外，观察图 7-8 也可以发现，2013 年，珠三角城市群中广州—深圳关联度超过 300 的情况下，河源与汕尾、韶关、清远、肇庆等市的关联强度却几乎不超过 20，可能的原因即河源市地处内陆，与其他城市相距较远，因此在城市等级体系中的地位相对较低。

第三节　实证研究结果

根据本章理论部分的分析，城市群中的城市同时受到区域内部城际等级关系和跨区域城市网络联系的制约，整体呈现的规模分布结构与上述两种力量的相对强弱有关。同时，根据企业联系构建的链锁网络模型结果，我国不同城市群之间的关联度加总值和内、外关联度占比都存在较大差异。在这种情况下，选择最为基本的 OLS 全局回归方法显然是不合适的，本书在参考已有文献的基础上（张雅杰等，2015），倾向于通过应用地理加权回归（Geographically Weighted Regression，GWR）考察城际关系对城市集中的影响。另外，GWR 的缺陷在于只能对横截面数据进行估计，容易遗漏时间因素的影响，因此需要辅以面板回归方法佐证研究结果的准确性。考虑到本书选择了 12 个城市群作为样本，但是时间跨度达到 20 年左右，因此选择长面板估计方法更为合适。以下内容分为两个部分：一是对研究方法的原理和适用范围的介绍，以及构建回归模型的基本思路和变量的选择依据；二是实证研究的结果和在此基础上得出的推论。

一、研究方法的选择

通常在检验变量间相关关系时采用的是全局回归方法（Global Regression），但是这种模式的问题在于假定了变量关系之间的同质性，从而掩盖了变量间关系可能存在的局部特征，因而得到的结果在一定程度上只是"平均值"。正如上文分析到的，不同城市群与其他城市产生联系的方式和规模都存在显著差异，考虑到可能存在的"空间不稳定性"（Spatial Nonstationarity），也就是由于地理位置的变化引起的变量间关系或结构变化，选择局部回归分析中的一种——GWR 模型更为恰当。

（一）地理加权回归

在总结了前人关于局部回归和变参研究的基础上，美国科学院院士、英国圣安德鲁斯大学教授 Stewart Fotheringham 于 1996 年正式提出了 GWR 模型，其后 Fotheringham 教授及其研究团队还进行了诸多改进和完善（Fotheringham et al.，1996，1999，2002）。GWR 实质上就是一种局部加权最小二乘法，其中的权重为研究区域单元所在的地理空间位置到其他单元的地理空间位置之间的距离函数（张雅杰等，2015）。GWR 的基本表达式是对普通线性回归模型的拓展，将数据的地理位置嵌入回归参数之中，即：

$$y_i = \beta_0(u_i, v_i) + \sum_{k=1}^{p} \beta_k(u_i, v_i) x_{ik} + \varepsilon_i ，其中 i = 1, 2, \cdots, n \qquad (7-5)$$

式中，(u_i, v_i) 为第 i 个采样点的坐标（通常为经纬度），$\beta_k(u_i, v_i)$ 是第 i 个采样点上的第 k 个回归参数，$\varepsilon_i \sim N(0, \sigma^2)$，$Cov(\varepsilon_i, \varepsilon_j) = 0 \ (i \neq j)$。式（7-5）可进一步简化为：

$$y_i = \beta_{i0} + \sum_{k=1}^{p} \beta_{ik} x_{ik} + \varepsilon_i ，其中，i = 1, 2, \cdots, n \qquad (7-6)$$

若 $\beta_{1k} = \beta_{2k} = \cdots = \beta_{nk}$，则 GWR 模型退变为普通的线性回归模型。

地理加权回归模型的核心是空间权重矩阵（Brunsdon et al.，1999），它是通过选取不同的空间权函数来表达对数据间空间关系的不同认识。空间权函数的正确选取对地理加权回归模型参数的正确估计非常重要，常用的几种空间权函数包括距离阈值法（移动窗口法）、距离反比法、Gauss 函数法和截尾型 bi-square 函数法。其中，距离阈值法和距离反比法存在函数不连续的缺点，实际应用中随着回归点的改变，参数估计可能发生突变，因此较少使用在 GWR 估计中。

实证研究中普遍选择的就是 Gauss 函数和截尾型 bi-square 函数作为空间权函数，不过需要注意的是，采用上述两种函数得到的 GWR 估计结果差异并不明显，相比之下 GWR 对于权函数的带宽更为敏感。带宽过大则回归参数估计的偏差过大，带宽过小又会导致回归参数估计的方差过大，选择合适带宽也有两种常用方法——交叉验证法和 Akaike 信息量准则（Akaike Information Criterion，AIC）。其中，AIC 准则的应用比较广泛，既可以用来作回归方程自变量的选择，也可以用于时间序列分析中自回归系数模型的定阶（覃文忠，2007）。

（二）长面板的估计策略

上文已经提到，本章以城市群作为研究样本，样本容量大大缩小，因此需要采用不同于短面板的长面板估计方法。由于时间维度相对较长、信息较多，因此长面板中包含的每个个体的信息也比较全面，所以可以放松短面板中扰动项独立同分布的假定，讨论扰动项中可能存在的异方差和自相关问题（陈强，2014）。假设一般模型为：

$$y_{it} = x'_{it}\beta + \varepsilon_{it} \tag{7-7}$$

其中，x_{it}包括常数项、时间趋势项、个体虚拟变量以及不随时间变化的解释变量z_i。对于长面板回归，扰动项可能存在异方差或自相关的几种情形包括：①假设个体i的扰动项方差为$\sigma_i^2 \equiv Var(\varepsilon_{it})$，如果存在$\sigma_i^2 \neq \sigma_j^2$，$(i \neq j)$，那么扰动项存在"组间异方差"；②如果存在$Cov(\varepsilon_{it}, \varepsilon_{is}) \neq 0$，$(t \neq s)$，则称扰动项存在"组内自相关"；③如果存在$Cov(\varepsilon_{it}, \varepsilon_{js}) \neq 0$，$(i \neq j)$，则称扰动项存在"组间同期相关"或"截面相关"。针对不同的检验结果，选择采用的估计策略也应当有所区别。

（三）变量选择与模型构建

本章试图探讨的主要问题是城际关系是否影响城市集中，如果是，城际关系又如何影响城市集中，这种影响是否存在一定的规律或呈现出变化规律。事实上城市集中可以简化为城市规模的变化率问题，正如我们在第六章的实证分析中所指出的，当某个区域中的部分城市快速扩张，其余城市规模保持稳定甚至收缩时，那么该区域的城市集中度相应提高。也就是说，不同等级城市的规模扩张速度决定了城市规模分布结构的变化趋势。以此为基础，本节选择城市规模变化率作为被解释变量、城际联系作为核心解释变量，同时增加多个可能对城市扩张速度造成影响的控制变量构建 GWR 模型。其中，城际联系变量包括总关联度和城市群内部关联度两个变量，控制变量的设置参考张雅杰等（2015）的研究，具体可见表 7-4。

表 7-4　GWR 模型研究变量与对应指标

变量类型	变量名称	符号	计算方法
被解释变量	城市规模变化	expand	基于灯光数据计算得出
核心变量	城际联系总和	connect	单个城市的城际联系加总值/当年全国城际联系总和
	内向城际联系	inner	单个城市与所在城市群城市联系加总/当年该城市城际联系总和
控制变量	综合经济	cgdp	人均地方生产总值（万元）
	产业结构	struc	第三产业增加值占地区生产总值比重（%）
	对外开放	fdi	当年实际利用外资额/地区生产总值（%）
	生活质量	consum	社会消费品零售总额/地区生产总值（%）
	教育水平	edu	教育支出占地方财政一般预算内支出的比重（%）

城市规模变化率基于灯光数据计算得出，具体方法请参见本书第六章实证研究的第一部分①，城际联系根据不同年份服务业上市公司的企业网络量化得到，其余控制变量中涉及的数据来源于 EPS 统计数据库，数据范围限制在市辖区。实证结果采用的地图底图以及空间属性数据来自国家 1∶100 万基础地形图矢量化成果。

确定主要变量后，假设 188 个样本城市的规模变化率为 y_i，第 i 个城市对应的面要素矢量质心坐标为 (u_i, v_i)，本书构建以下 GWR 模型：

$$y_i = \beta_0(u_i, v_i) + \beta_1(u_i, v_i)X_{1i} + \beta_2(u_i, v_i)X_{2i} + \cdots + \beta_7(u_i, v_i)X_{7i} + \varepsilon_i$$

$$(7-8)$$

式中，$\beta_1(u_i, v_i)$ 至 $\beta_7(u_i, v_i)$ 分别对应城际联系总和、内向城际联系、综合经济、产业结构、对外开放、生活质量和教育水平对城市规模变化率的回归系数估计值；$X_{ki(k=1,2,3,4,5,6,7)}$ 为解释变量矩阵；ε_i 为残差，假设符合方差为常数的正态分布。

当然，根据城市面板数据得出的结论只能帮助我们从区域角度判断城际联系如何影响城市扩张速度，但是由于 GWR 模型内生性地设置了平滑函数，同一城市群中不同城市的增长模式差异很有可能被掩盖。此外，本书真正需要解决的问题是城际联系对城市集中的影响，尽管单个城市的变化速度直接影响区域整体的城市规模分布结构，但是基于城市层面的研究结果仍然不够直观，因此在 GWR 模型研究基础上我们最后采用全面的可行广义最小二乘法（Feasible Generalized Least Squares，FGLS）和变系数模型相结合的方式，考察不同形式的城际联系如何作用于城市群规模分布。

在 FGLS 和变系数模型估计中，我们沿用上文中的核心解释变量——城际联系总和 connect 和内向城际联系 inner，但是计算方法分别根据研究范围的扩大相应调整。需要注意的是，由于城市群并不构成真正意义上的行政区，因此其边界不容易确定，本章采用基于灯光数据计算的首位度作为城市集中度的衡量指标进入回归方程。其余控制变量的选择参考本书第五章、第六章中得到的研究成果，具体包括城市人口收入差异 gincm、对外开放程度 fdi、产业结构 struc 和是否沿海的虚拟变量 coast。其中，收入差异的计算方法对应首位度，选择首位城市与次位城市的市辖区人均 GDP 之比计算；对外开放、产业结构、是否沿海等变量为城市群层面的区域变量，基于城市群内部全部城市的对应数据计算。长面板回归涉

①　计算公式为 $rate\_size_{it} = \dfrac{size_{it} - size_{it-1}}{size_{it-1}}$，其中，$size_{it}$ 为依据灯光数据分区得到的城市规模指数。

及的变量都归纳到表 7 – 5 中，并在右上角标注 ∗ 号以区别于 GWR 模型中采用的变量。除被解释变量和核心解释变量根据本书计算得出，其余变量原始指标值均来自 EPS 全球统计数据库，数据范围限制在市辖区。

表 7 – 5　长面板回归研究变量与对应指标

变量类型	变量名称	符号	计算方法
被解释变量	城市群首位度	capa	首位城市灯光集聚区亮度加总/次位城市灯光集聚区亮度加总
核心变量	城际联系总和	connect	城市群的城际联系加总值/当年全国城际联系总和
	内向城际联系	inner	城市群内部城市之间的联系加总/当年该城市群包含城市的所有城际联系总和
控制变量	收入差异	gincm	首位城市人均 GDP/次位城市人均 GDP
	对外开放	fdi	城市群的当年实际利用外资额加总/城市群的地区生产总值加总（%）
	产业结构	struc	城市群第一产业增加值之和/城市群第二产业增加值之和（%）
	是否沿海	coast	沿海城市群取 1，非沿海城市群取 0

二、研究结果和分析

本节第一部分报告城际联系对不同区域城市规模变动率的影响，第二部分分析城际联系如何作用于城市群内部的城市规模分布结构。

（一）GWR 模型回归结果

依据式（7 – 8）的模型设定，使用 ArcGIS 软件实现 GWR 模型估计，其中选择 Gauss 函数作为空间权函数，AIC 准则确定合适带宽，得到 1993 ~ 2013 年影响全国十二大城市群中 188 个大中城市规模变化率的主要变量系数回归结果。受篇幅所限，本书仅列示 1994 年、2000 年、2006 年、2012 年四年的回归基本参数（见表 7 – 6）。

表 7 – 6　1994 ~ 2012 年 GWR 模型参数结果

模型参数	1994 年	2000 年	2006 年	2012 年
Residual Squares	2. 1008	3. 0892	5. 2129	2. 3220
Effective Number	8. 0945	8. 7291	8. 0194	8. 0193
Sigma	0. 0936	0. 1331	0. 1716	0. 1647

续表

模型参数	1994 年	2000 年	2006 年	2012 年
AICc	-151.6736	-207.7212	-116.2487	-182.0605
R^2	0.5009	0.5440	0.4098	0.4273
R^2 Adjusted	0.3966	0.4025	0.3745	0.4047

由表 7-6 可知，模型拟合程度（R^2）基本稳定在 50% 左右，考虑到可能影响城市规模扩张速度的因素较多，该拟合优度属于可接受的范围。此外，表中 AIC 绝对值始终较高，表明因变量与自变量之间存在明显的空间非平稳性，选择 GWR 模型进行估得出的结果比全局估计更为合理可取。

1. 核心变量的影响

系数估计结果的总体分布情况基本保持稳定，体现为由北至南、由东至西的递增趋势，也就是说，南部城市和内陆城市的规模扩张更加依赖城际联系的增长。上述两个特征都十分合理且具备实际意义，一方面，我国自古以来一直存在着"南富北贵"的情况。也就是说，北方人更倾向于追求权力而南方人则更会做生意，通常平均收入水平较高，这一特点同样反映在城际联系和城市规模的扩张模式上。北方城市体系中等级制度较为明确，并且这种等级关系明确反映为"控制—被控制"的单一形式，中心城市对周边地区的带动作用不明显。此外，北方城市除自身所处城市体系形成的等级联系外，与其他地区的跨区域联系相对较少，因此城际联系整体上难以促进城市规模的扩张。南方地区则恰好相反，得益于其常住人口之间的频繁商贸往来，城市之间的经济联系更为紧密，其中不但包括小城市到大城市的人口、要素输出，也包括大城市到小城市的辐射作用，以及相似等级规模城市之间构建的网络联系。因此，城际关系在南部城市的规模扩张过程中发挥了更为积极的作用。

另一方面，回归结果显示城际联系对西部内陆城市的影响更加显著。这一特征也很容易理解，改革开放以来，我国东部沿海城市的对外贸易总额不断攀升，贸易联系由国内扩展到国外，但是由于本书在量化城际联系时只考虑了我国上市公司在国内设立的分支结构，忽略了海外联系的影响，因此相对而言国内部分的城际关系对内陆城市的影响更大，对沿海城市的影响相对较小。此外，内陆城市受地理区位所限，主要的关联对象也就只能局限在国家范围之内，这种情况尤以中原、成渝城市群最为突出，因此城际联系的正向促进作用在这些区域更为明显也就顺理成章了。

具体到系数估计值方面，不同年份之间回归结果的量级存在显著变化，但是趋势上表现为逐渐递减，但是回归系数符号始终为正。也就是说，城际联系对城市规模扩张的正向作用虽然在不断缩减，但在全国范围内始终存在，推动城市之间构建贸易联系有助于城市人口数量的增加。当然，本章的研究主体为188个大中城市，其本身存在规模扩张趋势的可能性较高，也可能对正向回归结果的出现产生影响。

进一步考虑系数估计结果的绝对值，1994年成渝城市群西部地区的城市规模扩张受城际联系影响最大，回归系数达到166.28；相较之下，正向作用最不明显的是东北地区的辽中南和哈长城市群、京津冀北部地区以及山东半岛沿海地区城市，回归值约在4.67~16.89。由此可知，市场化经济推行初期，不同区位城市受城际联系的影响差异较大，上市公司的跨城市业务联系能够有效带动中西部地区城市规模的增长，但是对于东北及环渤海等地的城市发展影响并不是很强。也正是由于存在这种情况，我们采用考察局部回归结果的GWR模型才更为合理。

不过，这种全国范围内回归系数估计值差异巨大的情况到2000年已经明显改善，该年度各地系数回归值都在5.496~5.506范围波动，差值降至0.01，说明在这一阶段城际差异对城市规模的影响高度统一，使用全局回归得到的结果应该也会比较贴近真实值。2006年，城际联系的影响进一步减小，回归系数估计值降到0.536~0.787，但是可以发现，相比2000年，这一时期的系数回归结果再次出现了区际差异。同样是城市关联度占全国比重增加1%，成渝城市群西部城市的规模扩张速度能够提高0.749%以上，但对东北部城市规模增长的带动只有不到0.6%。

最后，到2012年城际联系的系数回归结果已经减至0.0138~0.0207，不同区域之间的估计值差异再度缩小。不过我们观察到，相较于全国其他地区，这一阶段珠三角地区城际联系的增强对城市规模变动的正向影响比较明显，京津冀地区、山东半岛城市对应的回归系数值相对下降，而长三角、海西等地区的回归系数值相对上升。总体来看，2006~2012年，系数估计结果的分布情况由"东西向"递增向"北南向"递增转变。

根据城际关联度总和的回归结果可以发现，北方城市、沿海城市的规模扩张较少依赖城际联系的增加，这一特点或许可以解释我国不同地区城市群中城市规模分布结构为何存在显著差异。但是基于本章的理论分析，城际联系还可以进一步划分为内部等级关系和跨区域网络联系，两种类型城际联系的配比变化是否会对城市规模的扩张速度产生不同影响呢？采用城市群内部联系变量代替城际关联度加总值之后得到的局部回归结果可以总结为以下几点：

第一，城市群内部联系的系数回归结果的分布情况发生了剧烈变化。1994年，城市群内部联系对城市规模变化率的影响与上文中的城市关联度加总值较为相似，表现为由东向西系数估计结果逐渐递增。但是到2000年，这种情况已经发生了根本性的变化，系数回归结果的递进方向由"东西向"转变为"北南向"，尤其是珠三角、海西、成渝地带城市群内部关联度的提高明显促进了城市规模的扩张。不过这种情况并没有持续很久，到2006年，城市群内部关联度的系数回归结果分布几乎与2000年完全相反，出现这种情况的原因我们暂时不得而知，需要具体到系数回归值层面去分析和研究。但可以肯定的是，2000～2006年我国不同区域中的城际联系构建方式出现了显著变化，比较可能的情况是北方城市的区域内部关联度增加，南方城市的跨区域联系增长较快，导致城市群内部联系相对减弱，最终影响了回归结果的分布。2006～2012年，回归系数的分布情况比较接近，但是在系数值上存在差异。

第二，整体系数回归值不断下降，并在2012年开始出现负值。尽管系数分布情况在研究时段内出现了剧烈波动，但是回归系数值还是保持着稳定的下降趋势，并且在最近期的结果中出现了负值。也就是说，城市群内部关联度占比对于城市规模扩张的推动作用在不断下降，这一点与城市关联度加总值的情况相似。但是需要注意的是，即便到2012年，城市关联度总和的提高仍然是有助于吸引人口流入的，由此可以推知在研究末期城市外向联系的增长发挥的推动作用更大，局限于区域内的城市等级关系甚至会阻碍城市规模的扩张。

第三，与回归值结果的变化趋势相反，不同区域间的系数差异经历了不断扩张的过程。具体到系数的绝对值方面，1994年，城市内部关联度占比对城市规模变化率的影响系数回归结果在0.432～0.434，不同区域的差异非常小。也就是说，1994年各地区城市与周边城市的内部联系密切程度较为相似，对城市规模增长的影响也比较接近，但是不同城市的跨区域网络联系差异很大，导致城市关联度加总值作为自变量时得到的回归结果显著不同。2000年，系数估计结果差异略有扩大，最小值为0.229，最大值为0.248。可以发现，1994～2000年，全国层面城市群内部关联度的作用都十分相似，没有拉开明显差距，实则是计量软件的自动分区方式导致了不同区域之间似乎存在显著区别。明确了这一点之后再回看第一条结论，就会发现系数估计结果的分布情况变动并没有十分剧烈，而是存在一个循序渐进的转换过程。2006年的系数回归值在0.0936～0.0943，尽管量级上有所下降，但相对差异还是比较大，这一时期，城市群内部联系对城市规模变化的影响已经很小了，尤其是在东南沿海地区。到2012年，除东北地区、京津冀部分地区外，其余城市的城市群内部联系都已经转而变为阻碍城市扩张的绊脚石，城市向外谋求跨区域的网络联系成为促进城市规模增长的主要来源。这一阶段的全国差异已经拉开，不同区域内城市构建联系的主要方式发生变化，在包括京津冀城市群在内的北方大部分地区，城市等级关系仍占据主要地位，而在包括珠三角、长三角、海西城市群在内的长江流域以南，城市网络联系已经开始发挥主导作用。

2. 控制变量的影响

除了本书关心的主要变量城际关联度和城市群内部关联度外，GWR模型中同样给出了其余几个核心变量对城市规模变化率的影响。因为在第六章中已经基于面板数据的空间计量模型讨论过影响城市规模增长的因素，因此在这一部分我们重点探讨局部区域的回归结果差异。

1994～2012年不同影响因素的作用方式发生了很大的变化，除人均GDP的回归结果分布似乎相对稳定外，其余控制变量的回归系数在不同区域的分布情况差异很大。而且即便是人均GDP的估计系数分布情况也存在绝对值由东向西增长和由北至南增长两种类型，说明我国不同区域之间的城市规模增长方式可能存在较大差异，并且随时间变化这种差异的变化趋势不尽相同。

但是，2012年每个控制变量对应的回归系数结果波动范围都非常小，人均GDP的回归系数为 $-0.01478 \sim -0.01476$，FDI占比的回归系数为 $-0.1315 \sim -0.1314$。也就是说，到2012年，推动全国城市人口规模扩张的主要因素已经趋于统一，而不像1994年不同区域之间存在较大差异。在这种情况下，近期的实证检验采用全局回归的方式其实就是比较准确的。该结果另一方面也说明了，在20世纪90年代我国不同区域的城市增长过程存在明显的结构化差异，但是这种情况在经过20余年的发展之后已经显著改善。

分别考虑不同变量的回归系数结果：第一，综合经济水平与城市规模增长率存在负相关关系，说明总体而言人均收入水平较高的城市扩张速度较慢；考虑到城市规模与人均收入通常存在正相关关系，这一结果说明我国的城市规模分布结构总体而言是趋向于分散化发展的。1994年，不同区域的系数估计值分布差异较大，其中，珠三角中西部地区的收入水平负向作用最为明显，回归值为 $-0.778 \sim -0.605$，东北部城市和上海、杭州等个别城市扩张速度受既有发展水平的负面影响较小，回归值在 $-0.125 \sim -0.061$。不过，经济因素的影响到2012年已经下降到 -0.0148 左右。

第二，与综合经济水平不同的是，1994年第三产业占比对城市规模变化的影响有正有负，根据系数估计值的分布，成渝地区、珠三角区域、中原城市群和京津冀地区中，第三产业占比较高的城市规模增长速度会有所放缓，但对于长三角地区、海西经济区、长江中游城市来说，第三产业比重每增加1%，城市规模的扩张速度相应提升0.45%~2.59%，说明在深化改革时期，产业结构升级吸引了大量人口由内陆地区涌向东南沿海，显著促进了长三角区域的城市规模扩张。到2012年，全国范围内的系数回归结果统一为负，绝对值在0.218左右，意味着产业结构的影响仍然较为明显，但是三产占比较高的城市人口增长率已经相对较低。

第三，对外开放变量的影响似乎与预期不符，近年来体现为负相关。1994年，包括海西经济区、长三角和长江中游大部分城市的FDI占比越高，城市规模增长速度越慢，系数回归值约在-0.372~-0.075。唯一可能的解释是在这一阶段，上海、杭州等城市由于本身规模体量较大，对外贸易的进一步增长带来的规模变动率可能较小；而周边城市由于本身地理位置较好，城市规模增长空间较大，但原本积累的对外联系不多，那么以相对较低的FDI占比对应城市规模的快速扩张，得出的结论即对外开放与城市规模增长之间存在负相关关系。相较之下，这一时期内陆和北部城市群的回归结果均为正，也就是说，城市对外贸易的增长有助于吸引人口流入。

第四，根据研究结果的系数分布，城市社会消费品零售总额占生产总值比重的提高同样不利于城市规模的增长，1994年系数回归值在-0.440~-0.039波动，到2012年该结果稳定在-0.168左右。本书为了简化回归起见，选择了单一指标作为城市生活质量的代理变量，但是根据第六章的分析可知，体现城市生活质量的因素很多，消费需求只是其中之一，因此该结果可能由于受到指标片面性的影响而并不稳健。另外，城市消费总额占比也可能存在与FDI占比类似的情况，即北京、上海等消费体量处于顶层水平的城市，规模扩张速率并不高，反而是一些中小型城市，虽然消费水平不高，但是城市人口增长很快，导致回归系数估计结果出现负值。

第五，教育水平的回归结果在20年间经历了不小的变化。在研究初期，中西部城市的教育支出占比与城市规模扩张速度是成反比的，系数估计值在-2.930~-0.331，造成这种情况的原因不是说教育投资真的阻碍了人口流入，而是因为教育投资转化为城市规模增长的动力存在一个时间差，导致当年的教育投入与城市规模扩张步伐不一致。另外还有两种潜在的可能，一种是"孔雀东南飞"的可能，即中东部地区花费大量投入培养的人才最终选择东南沿海城市定居；另一种可能是原本教育水平相对落后的区域会增加教育投入的占比，导致教育支出比重与城市的科教实力恰好相反。以上三种情况都可能是导致诸如成渝、中原城市群系数估计值为负的原因。但是到 2012 年教育投入对城市规模增长的带动作用已经十分明显，回归结果保持在 0.173 左右，全国总体系数估计值趋于一致。

（二）长面板估计结果

综合不同变量指标的数据可得性后，我们选择 1995～2013 年十二个城市群的相关数据作为回归基础。另外，为尽可能避免数据量纲不同造成的回归系数估计值量级差异较大，在回归前对所有变量取对数处理。面板回归模型的估计结果大致分为三个部分，首先给出对于扰动项可能存在的组间异方差、组内自相关或组间同期自相关的检验结果，紧接着汇报根据检验结果选择的回归方法估计结果，其一为全面 FGLS 的估计结果，其二为变系数模型的估计结果。

1. 检验结果

表 7-7 中分别给出的是两种实证模型设定下得到的检验结果，回归（1）中自变量只包含核心变量 connect 和 inner，回归（2）中则包含了所有控制变量，并且增加个体虚拟变量和时间虚拟变量以控制两种效应。由表 7-7 可知，在两种模型设定下，检验结果 p 值全部低于 0.001，强烈拒绝"组间同方差""不存在一阶组内自相关"和"无同期相关"的假设，因此我们接下来的回归方法选择需要考虑同时存在组间异方差、同期相关和组内自相关的情形。

表 7-7　长面板回归检验结果

参数	组间异方差检验		组内自相关检验		组间同期相关检验	
	chi2（12）	p 值	F 值	p 值	chi2（66）	p 值
（1）	2855.77	0.0000	54.43	0.0000	382.47	0.0000
（2）	829.32	0.0000	23.08	0.0005	177.49	0.0000

2. 全面 FGLS 估计结果

根据陈强（2014）的研究，当存在组间异方差、同期相关和组内自相关时，使用全面 FGLS 进行长面板回归分析比 OLS 或 LSDV 法更有效率。表 7-8 中汇报了使用全面 FGLS 得到的估计结果，其中列（1）对应回归中仅包含核心解释变量，列（2）至列（5）对应回归中包含全部解释变量；列（1）、列（2）中没有控制个体效应，列（1）至列（3）中没有控制时间效应，列（5）为同时控制个体效应和时间效应后得到的回归结果。

观察对比表7-8中不同回归方程得出的系数回归结果可知，不控制个体效应时，城际联系总和与城市集中度存在显著的正向相关关系，但是在控制个体效应后变得不再显著，而且系数估计值明显缩小，说明城际联系对城市集中的作用存在较大的个体差异。

表7-8　全面 FGLS 估计结果

变量	(1)	(2)	(3)	(4)	(5)
lnconnect	0.212 **	0.593 ***	0.023	0.024	0.023
	(2.47)	(10.71)	(0.27)	(0.27)	(0.29)
lninner	-0.265 ***	-0.420 ***	-0.253 ***	-0.255 ***	-0.251 ***
	(-3.63)	(-7.29)	(-7.31)	(-6.97)	(-6.12)
lngincome		0.252 ***	0.282 ***	0.282 ***	0.312 ***
		(12.29)	(11.95)	(11.86)	(15.14)
lnfdi		0.004	0.011 ***	0.011 ***	0.029 ***
		(0.95)	(3.25)	(3.26)	(7.30)
lnstruc		-0.063 ***	-0.076 ***	-0.076 ***	-0.095 ***
		(-12.32)	(-19.34)	(-19.33)	(-20.13)
coast		-0.195 ***	-0.464 ***	-0.465 ***	-0.494 ***
		(-7.20)	(-4.09)	(-4.09)	(-4.30)
t				-0.000	0.002 ***
				(-0.13)	(2.73)
_cons	0.553 ***	1.140 ***	-0.023	-0.022	-0.172
	(3.38)	(13.49)	(-0.11)	(-0.11)	(-0.81)
N	228	228	228	228	228
个体效应	否	否	是	是	是
时间效应	否	否	否	是	是
Wald Chi2 (2)	13.34	671.36	8453.78	8455.04	3949.11
p 值	0.0013	0.0000	0.0000	0.0000	'0.0000

注：*、**、***分别代表在10%、5%、1%的显著性水平下显著。

相反，城市群内部联系强度的系数回归结果始终显著为负，在列（5）同时控制个体效应和时间效应的情况下这种显著程度也没有下降，并且系数回归值较为稳定，基本保持在 −0.253 左右，意味着城市群内部联系强度的增加有助于城市人口的分散分布，内部联系每提高 1%，城市群的人口集中程度将下降 0.253%。这一结论对于类似京津冀这样内部城市规模落差较大的城市群而言具有重要意义，通过增强城市群内部联系能够显著改善城市体系的规模分布结构。

除核心解释变量之外，其余四个控制变量的显著性水平也比较高。其中，收入差异、产业结构与对外开放的作用方向与本书第五章、第六章的研究结果一致，即城市之间收入落差越大，城市集中度越高；第一产业与第二产业之比越高，城市集中度越低；城市群对外开放程度越高，城市人口越倾向于集中分布。不过在这部分的研究结果中，是否沿海这一虚拟变量的回归结果显著为负，这一点与第五章中的结果略有不同。第五章中该虚拟变量的大部分回归系数值并不显著，只有在少数模型设定下存在正向效应，那么这部分之所以得出显著负值的原因可能是样本选取标准的变化导致的。选择城市群作为研究样本时，其组成城市规模相对较大，一些小城镇并没有纳入考察，因此计算得到的城市集中度相对更低，结合我国目前沿海城市群内部联系密切、人口分散程度较高，沿海区位促进人口分散的结论事实上也是成立的。

3. 可变系数模型回归结果

根据全面 FGLS 的研究结果，城际联系总和对城市集中的作用方式存在显著个体差异，因此我们在前述研究的基础上进一步选择变系数模型，允许核心解释变量系数依个体而变，回归结果总结在表 7 – 9 和表 7 – 10 中。

列（1）和列（2）中设定城际联系为可变系数，列（3）和列（4）中设定城市群内部联系为可变系数，列（1）、列（3）不控制时间效应，列（2）、列（4）控制时间效应。受页面限制，回归结果分列于表 7 – 9 和表 7 – 10，表 7 – 9 给出的是固定系数回归结果，表 7 – 10 中汇报的是依个体变化的系数回归值。

第一，整体而言回归结果的拟合程度很高，R^2 值在 0.92 以上，说明本书包含的几个主要解释变量能够较好地归纳影响城市集中的原因。非核心变量中收入差异的影响始终在 1% 的显著性水平下显著，对外开放与产业结构的回归结果显著性有所下降，分别满足 10% 和 5% 的显著性水平，但是主要变量的符号都与全面 FGLS 得到的结果相一致。

第二，根据表 7 – 10 列（1）、列（2）的结果，考虑城际关系的个体效应时，发现部分城市群在控制时间效应后显著性有所下降，说明在研究期限内相关变量可能出现了结构性变动，具体包括成渝、辽中南、中原和珠三角城市群。此外，不少城市群的个体回归结果显示城际联系对城市集中的作用不明显，包括关中、哈长、京津冀和山东半岛城市群。其余系数估计值显著的城市群中，回归结果在符号、绝对值等方面也存在较大差异，如长三角和海西城市群的城市联系增长使内部人口趋向于分散分布，而北部湾区城际联系强度的提高却导致了城市群内部人口分布更加集中。之所以出现这种系数估计结果的差异，最可能的原因就是不同城市群对外联系的方式有所区别，以下根据表7－10列（3）、列（4）的回归结果检验这种假设是否成立。

表7－9　变系数模型基本回归结果

变量	（1）	（2）	（3）	（4）
lnconnect			0.336	0.373
			(0.63)	(0.74)
lninner	－0.144	－0.148		
	（－0.51）	（－0.53）		
lngincome	0.475***	0.475***	0.451***	0.453***
	(3.59)	(3.55)	(3.75)	(3.51)
lnfdi	0.036*	0.037*	0.030	0.026
	(1.87)	(1.94)	(1.36)	(1.32)
lnstru	－0.126**	－0.126**	－0.124**	－0.125**
	（－2.97）	（－2.99）	（－2.88）	（－2.78）
t		－0.001		0.003
		（－0.09）		(0.41)
_cons	4.871***	4.953***	－6.204*	－6.545
	(4.05)	(3.34)	（－1.83）	（－1.79）
No	228	228	228	228
R^2	0.9205	0.9205	0.9217	0.9223

注：*、**、***分别代表在10%、5%、1%的显著性水平下显著。

第三，表7－10中列（3）、列（4）给出的结果显示，在控制时间效应的情况下，大部分城市群的内部联系与城市集中之间也不存在显著的相关关系。但是北部湾、长江中游、海西和珠三角四个城市群中，内部联系的提高显著带动了城市人口的分散，这一结果能够佐证我们在上文中提出的主要假设：城市内部关联度的提高与城市跨区域联系的增加对于城市体系中人口集中度的影响是存在差异的，这种影响甚至是完全相反的。

对比表 7 - 10 中列（1）至列（4）的结果可以发现，北部湾、长江中游两大城市群中城际联系总和的提高导致城市集中现象更为严重，但内部联系占比的增强能够缓解这种情况；海西城市群的情况则有所不同，城市内、外部联系的提高都与城市集中度之间呈现负向相关关系，说明福建省及其周边区域的城市人口扩散的很快；最后，根据之前的研究也可以发现，长三角内部城市规模分布相对分散，不同城市之间的发展落差不会很大，尤其是近年来中小城市数量和规模都迅速扩张，城市内外部关联程度很强，因此，城际关联度总和的系数回归值显著为负而城市内部联系的影响并不明显。

表 7 - 10　变系数模型分个体回归结果

城市群交互项	（1）	（2）	（3）	（4）
	lnconnect	lnconnect	lninner	lninner
北部湾	1.599 ***	1.626 ***	- 1.726 **	- 1.789 **
	(5.79)	(4.38)	(- 2.66)	(- 2.45)
长江中游	3.001 ***	3.050 **	- 0.952 ***	- 0.950 ***
	(3.36)	(3.11)	(- 4.15)	(- 3.84)
长三角	- 3.072 ***	- 3.033 ***	0.163	0.428
	(- 5.46)	(- 4.43)	(0.28)	(0.43)
成渝	- 1.194 *	- 1.118	0.502 ***	0.410
	(- 1.87)	(- 0.96)	(3.29)	(1.45)
关中	- 0.784	- 0.822	- 0.268	- 0.181
	(- 0.94)	(- 0.81)	(- 1.01)	(- 0.52)
哈长	0.473	0.521	- 0.638 ***	- 0.465
	(1.54)	(0.90)	(- 4.10)	(- 1.17)
海西	- 2.466 ***	- 2.472 ***	- 1.684 ***	- 1.799 ***
	(- 6.61)	(- 6.73)	(- 3.80)	(- 3.26)
京津冀	- 0.819	- 0.781	- 0.425	- 0.539
	(- 0.82)	(- 0.75)	(- 1.21)	(- 1.55)
辽中南	- 1.210 ***	- 1.151	0.453	0.628
	(- 3.65)	(- 1.48)	(1.74)	(1.52)
山东半岛	1.169	1.114	0.301	0.426
	(1.52)	(1.12)	(1.44)	(1.30)

续表

城市群交互项	（1）	（2）	（3）	（4）
	ln*connect*	ln*connect*	ln*inner*	ln*inner*
中原	−1.010***	−1.049*	−0.331***	−0.322
	（−8.80）	（−2.00）	（−5.63）	（−4.40）
珠三角	−0.759*	−0.782	0.86	−1.166**
	（−2.00）	（−1.47）	（1.51）	（−2.54）

注：*、**、***分别代表在10%、5%、1%的显著性水平下显著。

第四节　本章小结

就本章而言，研究目的在于考察城际联系对区域内城市人口集中程度的影响，具体内容分为三个部分：作用机制分析、城际联系测度和实证研究结果。首先，本章在理论机制分析的部分着重介绍了中心流理论，并对该理论与中心地理论的关键不同做出剖析，在此基础上提出城市之间建立联系的两种方式——等级式和波浪式，与之对应的是城际关系的两种类型——地理上邻近的城市等级关系和跨区域的城市网络联系。进一步分析指出，城际联系通过"进口替代"的方式促进城市规模扩张，同时帮助中心城市由地方化增长转向城市化增长模式，因此城际联系方式的不同可能是导致城市体系规模分布结构差异的原因之一。根据中心城市构建对内、对外联系的方式不同，可以将城市体系分为整体高速发展型、差异化高速发展型、整体低速发展型和差异化低速发展型四种类型。

本章基于服务业上市公司数据，选择企业网络模型，以城市群作为主要研究样本测度城际联系。测度结果显示，随着上市公司数量的不断增加，全国范围内不同规模城市间的联系强度也在迅速上升。但是，不同城市群的发展特征有所区别，不但在关联度总和方面落差较大，而且在内部联系紧密程度方面存在显著差异，并且表现出不同的发展趋势，大体上可以划分为向外拓展型和相对稳定型两种。就城市群内部不同级别城市之间的联系强度和变动情况而言，一方面，中心城市与低等级城市之间关联强度普遍提高；另一方面，低等级城际联系基本遵循距离衰减规律。

基于以上分析，本章第三部分选择地理加权回归和长面板回归两种估计方法，分别对影响单个城市规模扩张速度和区域整体城市集中度的主要因素进行实证检验。其中，GWR 模型回归结果显示，城际联系总和的系数估计结果总体分布情况较为稳定，体现为由北至南、由东至西的递增趋势。也就是说，南部城市和内陆城市的规模扩张更加依赖城际联系的增长。城际联系总和的系数符号始终为正，但是绝对值趋于下降，说明推动城市之间构建贸易联系有助于城市规模扩张。采用城市群内部联系变量代替城际关联度加总值之后得到的局部回归结果表明：第一，城市群内部联系的系数回归结果的分布情况发生了剧烈变化。第二，整体系数回归值不断下降，并在 2012 年开始出现负值。也就是说，城市群内部关联度占比对于城市规模扩张的推动作用在不断下降。第三，与回归值结果的变化趋势相反，不同区域间的系数差异经历了不断扩张的过程。

最后，根据全面 FGLS 的估计结果可知，城际联系总和与城市集中度存在显著的正向相关关系，但是在控制个体效应后变得不再显著，说明城际联系对城市集中的作用存在较大的个体差异。相反地，城市群内部联系强度的增加有助于城市人口的分散分布，内部联系每提高 1%，城市群的人口集中程度将下降0.253%。变系数模型通过分别估计不同个体的核心解释变量系数，得到了更高的拟合程度，研究结果显示不同城市群的回归结果之间存在较大差异，如长三角和海西城市群的城市联系增长使内部人口趋向于分散分布，而北部湾区城际联系强度的提高却导致了城市群内部人口分布更加集中。通过考察城市群内部联系的影响可以发现：内部联系的提高显著带动了城市人口的分散，该结果与假设一致。

第八章 主要结论与政策含义

本书的研究重点围绕城市集中这一现象展开，首先基于灯光数据构建了衡量城市集中的全新指标，通过检验发现灯光能够较好地反映城市人口的分布情况。随后回归了我国的城市发展战略演变过程，以及现行的城市规模限制措施，指出不同区域之间存在的城市集中度差异，并对与城市集中密切相关的两个演化规律进行检验。实证结果表明，城市人口的集中程度显著影响城市化效益。在此基础上，我们根据区际差异、城市差距和城际联系三个维度提出可能影响城市集中的因素，进而为政策选择提供参考。

第一节 主要结论

事实上，本书的主要结论在每一章对应的小结中已经有一个较为完整的阐述，因此在这一部分中只列出经过提炼后的核心结论，以及值得探讨和深入挖掘的矛盾点所在。

（1）灯光数据能够较好地反映城市人口分布情况。本书第三章详细对比了现有的不同口径城市人口规模指标，研究发现城市户籍非农人口、城市市辖区年末总人口（户籍）、城市非农就业人员数三种数据等常用的城市人口规模衡量方法不论是在绝对量还是增长趋势方面都与实际情况存在较大出入。相较之下，灯光数据具备较强的稳定性和连贯性，经过本书检验，校准后的灯光灰度值与城市人口总量、建成区面积等变量的相关性检验系数值都能达到 0.895 以上，且满足 1% 的显著性水平，说明灯光数据不失为研究城市规模及人口分布的最佳替代变量。

（2）我国不同区域之间存在显著的城市集中度差异。灯光分布的核密度图显示，近年来我国地区间城市规模分布情况存在显著差异，仅依靠全国城镇体系规模分布情况难以准确辨识不同地区的实际发展。具体来说，东部地区城市集中度在经历一波高涨之后近年来回落明显；中部地区则表现为剧烈波动的状态，说明中部地区中各省份，甚至是更小的区域范围间都存在差异；西部地区城市集中度增势迅猛，正处在城际规模差距不断拉大的过程中。

（3）典型城市群内部的聚类模式有所不同。对比京津冀、长三角、珠三角三大城市群可以发现，京津冀内部城市规模落差较大，北京、天津与周边地区相关关系为低—高聚类。相反地，长三角东部业已形成相对成熟的连绵城市区，城市人口规模分布较为均匀，并且呈现出平行发展趋势；但长三角东西部地区之间尚未形成稳定的空间联系，西部安徽境内城市间形成低—低聚类。珠三角城市群中核心城市与周边地区联系紧密，灯光总量整体较高，城市体系规模扩张速度稳健，发展趋势向好。

（4）我国城市规模整体分布基本符合"齐普夫法则"。我们采用灯光总量计算城市规模分布的帕累托系数，选择全国330多个地级及以上城市和前150位的大中城市样本进行检验。结果显示，采用全样本检验得出的拟合结果较好，帕累托系数绝对值范围在0.736~1.149波动。此外，我国超大城市和小城镇规模都偏小，中等规模城市体量略大，但是这种偏离正在不断缩小。

（5）城市集中与城市化效益之间存在显著的"倒U形"相关关系。对比城市集中的最优解可知，1997年以后我国城市规模分布已经进入合理范围，但与最优集中度水平仍存在较大差距，大城市尚具备较强的人口吸纳能力和增长空间。结合不同省份城市集中度，可以将我国26个省区划分为相对稳定型、集中趋向型和分散趋向型三种不同类型。

（6）区域的对外开放程度、交通成本、经济发展和产业结构显著影响城市集中。具体来说，对外贸易的增长显著加剧了城市人口的集中分布，而且对外开放的作用受交通成本影响：当交通设施完善程度很低时，区域出口贸易的增加并不会引起城市人口的集中；但是当公路密度增加到一定程度后，对外开放与城市集中度的正向关系变得十分显著。此外，交通基础设施本身与城市集中也存在非线性相关关系，初期交通设施的进步将促进人口集中于大城市，但是在交通成本下降到某一门槛值时，城市人口开始向外分散。

经济发展的作用同样体现为二次型，经济增长首先会拉动城市人口的集中，在达到一定发展阶段后开始呈现抑制集聚、促进分散的反向效果。此外，经济增长既能够直接作用于城市集中程度，又与人口密度之间存在一定的互动关系。

产业结构与城市集中之间存在显著的相关关系，农业占比更高时，城市集中度指数较低，城市人口分布更加分散；制造业相对突出时，城市人口分布更加集中。规模经济作用下城市人口更容易集聚于少数城市，但是这种正向效应在达到一定门槛值后开始减弱，并逐渐发展为负向作用，但是需要注意的是，规模经济的影响显著性较低，研究相关政策时可以不予考虑。

（7）区域内部城市之间的名义收入差距和生活质量差异是造成城市集中度不同的主要原因之一。基于地级市面板数据的回归结果显示，城市名义工资、基础设施条件和福利待遇等因素能够显著影响城市规模的扩张速度，进而作用于区域范围内的城市规模分布。此外，城市规模的扩张速度实质上更多地取决于周边城市的相关属性：城市自身规模较大时，发展速度相对较慢，而城市周边地区规模较大时，反而能够刺激该城市的扩张。也就是说，我国城市系统中存在着规模竞争的情况。

基于省级面板数据的检验发现，城市人口的集中分布程度与区域内部城市之间的名义收入差距和城市生活质量差距存在显著的正向关系，并且这种作用是双向的，城市集中度的提高会导致城市间收入水平和生活质量差距的进一步拉大。在控制变量方面，城镇化率、区域工业化水平、城镇固定资产投资和森林覆盖率等变量都显著影响城市集中水平，侧面反映了城市规模分布是经济、社会、自然、地理等诸多因素共同作用的结果。

（8）城际联系与城市集中密切相关，尤其是区域中心城市的对内、对外联系作用于城市规模分布的方式有所不同。根据企业网络模型得出的城际联系强度量化结果显示，全国范围内不同规模城市间的联系强度在迅速上升。但是，不同城市群的发展特征有所区别，不但在关联度总和方面落差较大，而且在内部联系紧密程度方面存在显著差异，并且表现出不同的发展趋势。

在此基础上考察城际联系对城市集中的影响发现，推动城市之间构建贸易联系有助于城市规模扩张，但是，城市群内部联系对于城市规模扩张的推动作用在不断下降，甚至在近期开始出现负值。基于城市群的长面板研究结果显示，城际联系对城市集中的作用存在较大的个体差异，但是城市群内部联系强度的增加有助于城市人口的分散分布，内部联系每提高1%，城市群的人口集中程度将下降0.253%。

第二节　政策启示

根据本书得出的所有结论，政策制定者可以考虑通过以下几个方面调节城市规模分布格局，推进城市化建设，提高区域与城市经济发展水平：

一、权衡本地人口结构，制定区域发展目标

首先，根据本书的研究结论，城市集中与城市化效益之间存在着较为典型的"倒 U 形"关系。也就是说，城市人口的适度集中有助于提高城市化效益，但是在超过一定门槛后，城市人口的进一步集中分布可能会对经济发展造成不利影响。

本书将我国的 26 个城区按照城市集中度划分为三种类型：相对稳定型、集中趋向型和分散趋向型。不同区域应该根据自身所处的发展阶段确定协调城市人口规模分布的具体目标，如成渝区、贵州、陕西、云南、广西、青藏区等中西部地区正处于工业化的高速增长阶段，需要通过集聚人口、要素、技术于少数城市以从最大程度上激发规模经济，因此现阶段可以制定相对较高的城市集中度目标；相反，对于广东、沪苏、浙江、京津冀、福建、山东等发展较为成熟的沿海地区，需要考虑通过政策作用实现中心城市向外辐射，进而带动周边城市共同发展的效果，因此可以制定相对较低的城市集中度目标。

从现有研究结果来看，我国不同区域的城市规模分布发展趋势与其发展阶段还是基本吻合的，没有出现过分脱节的情况，因此我国城市体系整体分布符合"齐普夫法则"，处于较为合理的状态，只需针对不同区域的具体情况适度调整即可。

二、结合区域特征优势，协调城市规模分布

本书研究结果显示，不同区域所处地理位置（是否沿海）、总体收入水平、产业发展结构、交通基础设施完善程度等都会对城市人口的规模分布造成影响。因此，盲目追求个别城市的增长，或是要求不同等级规模城市实现均衡增长，都是过于单一、片面的区域发展策略。本书建议，协调城市规模分布时需结合区域特点，有针对性地调节城市人口集中度。

此外，在考虑协调发展时，应当避免忽略不同因素之间的非线性相关关系和互动作用。例如，对外贸易的增长通常能够促进城市人口的集中，但是这种效应一方面是非线性的，也就是说，在贸易值占比达到一定程度后，集聚效应可能转向扩散；另一方面，对外开放作用于城市集中的方式还会受到交通成本因素的影响，当城际交通基础设施不够便利时，港口城市外贸额的增加带来的城市人口迁入也比较有限，而当交通成本下降到一定程度后，劳动力开始加速流入少数大城市，这种情况随着交通成本的进一步降低又会呈现出新的变化。因此，政策制定者应当首先考虑区域发展目标，是要促进集中还是加速分散；其次根据本区域的特点——区位特征、增长优势、产业结构和基础设施等，制定发展战略并实施规划。

三、考察城际差异所在，确保区域高效运转

20世纪60年代以来，我国沿海与内陆地区间的经济发展差距开始不断扩大，改革开放更加剧了这种扩张趋势。近年来，区际发展差距已经进一步深入城市层面，即便是地理区位上相邻的城市，发展水平也是千差万别，"环京津贫困带"的出现就是最典型的案例。这种城际差距不但表现在名义收入水平方面，还更多地体现在科技、文化、教育、娱乐、医疗保健等与城市居民生活息息相关的基础设施建设方面。

面对这种突出的城际差距，区域层面的政策制定者需要考虑的重点就是明确吸引劳动力迁移的最主要因素究竟是名义收入、实际收入还是生活质量。就收入水平而言，尽管大城市能够提供较高的名义收入，但是在经过房价平减后的实际收入水平并不高，因而我国即便放开大城市的户籍限制，也不一定会引起劳动力的大量流入，因为高工资对应的是高生活成本。协调实际收入水平使之在不同城市之间实现相对均衡应当是引导城市人口向外分散的有效手段。

除此之外，"隐性"的生活质量差距实际上是大城市吸引人口流入的更主要因素，由于生活质量的评价标准因人而异，本书只将最基本的科教文卫因素纳入指标体系进行实证分析，发现回归结果显著性已经很高，如果再进一步考虑到大城市提供了更广泛的就业和晋升机会、更丰富的商品与服务选择，城市人口倾向于集中在大城市可以说是自然而然的事了。因此，对于存在城市人口过度集中现象的区域而言，推进落实基本公共服务均等化，提高中小城市、小城镇的基础设施服务水平是缓解不同等级城市规模差距的不二选择。

四、鼓励加强城际交流，平衡中心外围关系

城际联系对于城市人口规模分布的影响往往较少受到重视，然而根据实证研究结果可知，城市之间基于企业分支机构建立起的贸易往来在城市体系的规模增长过程中发挥着重要作用。本书通过引入中心流理论，进一步将城际联系的构建方式划分为两种类型。结果显示，中心城市对内联系占比的增加有助于城市人口的分散。也就是说，当中心城市更多地侧重于发展跨区域的网络联系时，城市体系整体集中程度较高；当中心城市倾向于开展对内联系时，城市体系中不同等级城市之间的规模差距将相应缩小。这一结论无疑契合了我国诸多城市群的发展困境，如京津冀地区中首都与周边城市的规模落差，同时证明了高—低等级城市构建商贸往来的积极作用，为制定城市间合作机制提供了理论与实证支持。

参考文献

［1］Acemoglu D, Johnson S, Robinson J A. Institutions as a fundamental cause of long – run growth ［A］//Philippe Aghion & Steven Durlauf. Handbook of Economic Growth（Vol. 1A）［M］. Amsterdam：North Holland, 2005.

［2］Ades A F, Glaeser E L. Trade and circuses：explaining urban giants ［J］. The Quarterly Journal of Economics, 1995, 110（1）：195 – 227.

［3］Ahlfeldt G M, Redding S J, Sturm D M, et al. The economics of density：Evidence from the Berlin Wall ［J］. Econometrica, 2015, 83（6）：2127 – 2189.

［4］Albouy D. Are big cities bad places to live? Estimating quality of life across metropolitan areas ［R］. National Bureau of Economic Research, 2008.

［5］Almazan A, De Motta A, Titman S. Firm location and the creation and utilization of human capital ［C］. Econometric Society 2004 North American Winter Meetings. Econometric Society, 2007.

［6］Alonso W. Location and land use：Toward a general theory of land rent ［M］. Cambridge, MA：Harvard University Press, 1964.

［7］Anas A. Vanishing cities：what does the new economic geography imply about the efficiency of urbanization? ［J］. Journal of Economic Geography, 2003, 4（2）：181 – 199.

［8］Anderson G, Ge Y. The size distribution of Chinese cities ［J］. Regional Science and Urban Economics, 2005, 35（6）：756 – 776.

［9］Arriaga E E. A new approach to the measurements of urbanization ［J］. Economic Development and Cultural Change, 1970, 18（2）：206 – 218.

［10］Au C C, Henderson J V. Are Chinese cities too small? ［J］. The Review of Economic Studies, 2006, 73（3）：549 – 576.

中国城市集中：空间分异特征与影响因素研究

[11] Au C C, Henderson J V. How migration restrictions limit agglomeration and productivity in China [J]. Journal of Development Economics, 2006, 80 (2): 350 - 388.

[12] Auerbach F. Das gesetz der bevölkerungskonzentration [J]. Petermanns Geographische Mitteilungen, 1913, 59: 74 - 76.

[13] Baldwin R E, Martin P. Agglomeration and regional growth [J]. Handbook of Regional & Urban Economics, 2003, 4 (4): 2671 - 2711.

[14] Bashur R L, Shanon G W, Flory S E. Community interaction and racial integration in the detroit area: An ecological analysis [R]. Report for Project, 1967 (2557).

[15] Baumsnow N, Pavan R. Understanding the city size wage gap [J]. Review of Economic Studies, 2012, 79 (1): 88 - 127.

[16] Beckmann M J, McPherson J C. City size distribution in a central place hierarchy: An alternative approach [J]. Journal of Regional Science, 1970, 10 (1): 25 - 33.

[17] Bertinelli L, Strobl E. Urbanisation, urban concentration and economic development [J]. Urban Studies, 2007, 44 (13): 2499 - 2510.

[18] Black D, Henderson V. A theory of urban growth [J]. Journal of Political Economy, 1999, 107 (2): 252 - 284.

[19] Black D, Henderson V. Urban evolution in the USA [J]. Journal of Economic Geography, 2003, 3 (4): 343 - 372.

[20] Bosker M, Brakman S, Garretsen H, et al. Relaxing hukou: Increased labor mobility and China's economic geography [J]. Journal of Urban Economics, 2012, 72 (2 - 3): 252 - 266.

[21] Boustan L P. Local public goods and the demand for high - income municipalities [J]. Journal of Urban Economics, 2013, 76 (2): 71 - 82.

[22] Brülhart M, Sbergami F. Agglomeration and growth: Cross - country evidence [J]. Journal of Urban Economics, 2009, 65 (1): 48 - 63.

[23] Brülhart M. The spatial effects of trade openness: A survey [J]. Review of World Economics, 2011, 147 (1): 59 - 83.

[24] Brunsdon C, Fotheringham A S, Charlton M. Geographically weighted regression summary statistics—A framework for localised exploratory data analysis [J].

Computer, Environment and Urban Systems, 2002, 26: 501 – 524.

[25] Brunsdon C, Fotheringham A S, Charlton M. Geographically weighted regression: A method for exploring spatial nonstationarity [J]. Geographical Analysis, 1996, 28: 281 – 298.

[26] Brunsdon C, Fotheringham A S, Charlton M. Some notes on parametric significance tests for geographically weighted regression [J]. Journal of Regional Science, 1999, 39 (3): 497 – 524.

[27] Cao X, Wang J, Chen J, et al. Spatialization of electricity consumption of China using saturation – corrected DMSP – OLS data [J]. International Journal of Applied Earth Observation and Geoinformation, 2014, 28: 193 – 200.

[28] Capello R, Camagni R. Beyond optimal city size: An evaluation of alternative urban growth patterns [J]. Urban Studies, 2000, 37 (9): 1479 – 1496.

[29] Chan K W, Hu Y. Urbanization in China in the 1990s: New definition, different series, and revised trends [J]. China Review, 2003: 49 – 71.

[30] Chen X, Nordhaus W D. Using luminosity data as a proxy for economic statistics [J]. Proceedings of the National Academy of Sciences, 2011, 108 (21): 8589 – 8594.

[31] Cherchye L, Moesen W, Rogge N, et al. An introduction to 'benefit of the doubt' composite indicators [J]. Social Indicators Research, 2007, 82 (1): 111 – 145.

[32] Cheshire P C., Magrini S. Population growth in European cities: Weather matters – but only nationally [J]. Regional Studies, 2006, 40 (1): 23 – 37.

[33] Christaller W. Die zentralen Orte in Süddeutschland: eine ökonomisch – geographische Untersuchung über die Gesetzmässigkeit der Verbreitung und Entwicklung der Siedlungen mit städtischen Funktionen [M]. University Microfilms, 1933.

[34] Christensen P, Mccord G C. Geographic determinants of China's urbanization [J]. Regional Science and Urban Economics, 2016, 59: 90 – 102.

[35] Clark C. The conditions of economic progress [Z]. The Conditions of Economic Progress, 1967.

[36] Cliff A D, Ord J K. Spatial processes: Models & applications [M]. Taylor & Francis, 1981.

[37] Cowell G R. An introduction to urban historical geography [M]. London:

Edward Arnold, 1995.

[38] Derudder B, Taylor P J. Central flow theory: Comparative connectivities in the world – city network [J]. Regional Studies, 2017: 1 – 14.

[39] Diamond R. The determinants and welfare implications of US workers' diverging location choices by skill: 1980 – 2000 [J]. The American Economic Review, 2016, 106 (3): 479 – 524.

[40] Dobkins L H, Ioannides Y M. Dynamic evolution of the US city size distribution [J]. The Economics of Cities, 2000: 217 – 260.

[41] Dobkins L H, Ioannides Y M. Spatial interactions among U. S. cities: 1900 – 1990 [J]. Regional Science and Urban Economics, 2004, 31 (6): 701 – 731.

[42] Du G. Using GIS for analysis of urban systems [J]. GeoJournal, 2000, 52 (3): 213 – 221.

[43] Duranton G, Puga D. Micro – foundations of urban agglomeration economies [J]. Handbook of Regional and Urban Economics, 2004, 4: 2063 – 2117.

[44] Duranton G, Puga D. The growth of cities [A] //Philippe Aghion & Steven Durlauf. Handbook of Economic Growth (Vol. 2A) [M]. Amsterdam: North Holland, 2014.

[45] Duranton G. Some foundations for Zipf's law: Product proliferation and local spillovers [J]. Regional Science and Urban Economics, 2006, 36 (4): 542 – 563.

[46] Duranton G. Urban evolutions: The fast, the slow, and the still [J]. The American Economic Review, 2007, 97 (1): 197 – 221.

[47] Eaton J, Eckstein Z. Cities and growth: Theory and evidence from France and Japan [J]. Regional Science and Urban Economics, 1997, 27 (4): 443 – 474.

[48] Edward L. Glaeser, Joshua D. Gottlieb. Urban resurgence and the consumer city [J]. Harvard Institute of Economic Research Working Papers, 2006, 43 (2109): 1275 – 1299.

[49] Eeckhout J. Gibrat's law for (all) cities [J]. The American Economic Review, 2004, 94 (5): 1429 – 1451.

[50] Elizondo R L, Krugman P. Trade policy and the third world metropolis [R]. National Bureau of Economic Research, 1992.

[51] Elvidge C D, Baugh K E, Dietz J B, et al. Radiance calibration of DMSP – OLS low – light imaging data of human settlements [J]. Remote Sensing of Environment,

1999, 68 (1): 77 - 88.

[52] Elvidge C D, Imhoff M L, Baugh K E, et al. Night - time lights of the world: 1994 - 1995 [J]. ISPRS Journal of Photogrammetry and Remote Sensing, 2001, 56 (2): 81 - 99.

[53] Elvidge C D, Ziskin D, Baugh K E, et al. A fifteen year record of global natural gas flaring derived from satellite data [J]. Energies, 2009, 2 (3): 595 - 622.

[54] Fang L, Li P, Song S. China's development policies and city size distribution: An analysis based on Zipf's law [J]. Urban Studies, 2016: 00420980166 53334.

[55] Friedmann J, Wolff G. World city formation: an agenda for research and action [J]. International Journal of Urban & Regional Research, 2010, 6 (3): 309 - 344.

[56] Friedmann J. The world city hypothesis [J]. Development & Change, 1986, 17 (1): 69 - 83.

[57] Fu Y, Gabriel S A. Labor migration, human capital agglomeration and regional development in China [J]. Regional Science and Urban Economics, 2012, 42 (3): 473 - 484.

[58] Fujita M, Krugman P R, Venables A J, et al. The spatial economy: cities, regions and international trade [M]. Cambridge, MA: MIT Press, 1999.

[59] Fujita M, Krugman P, Mori T. On the evolution of hierarchical urban systems [J]. European Economic Review, 1999, 43 (2): 209 - 251.

[60] Fujita M, Krugman P. The new economic geography: Past, present and the future [J]. Papers in Regional Science, 2004, 83 (1): 139 - 164.

[61] Fujita M, Krugman P. When is the economy monocentric? Von Thünen and Chamberlin unified [J]. Regional Science and Urban Economics, 1995, 25 (4): 505 - 528.

[62] Fujita M, Mori T. Structural stability and evolution of urban systems [J]. Regional Science and Urban Economics, 1997, 27 (4): 399 - 442.

[63] Fujita M, Mori T. The role of ports in the making of major cities: Self - agglomeration and hub - effect [J]. Journal of Development Economics, 1996, 49 (1): 93 - 120.

[64] Fujita M, Thisse J F. Economics of agglomeration [M]. Cambridge: Cambridge University Press, 2002.

[65] Futagami K, Ohkusa Y. The quality ladder and product variety: Larger econo-mies may not grow faster [J]. Japanese Economic Review, 2003, 54 (3): 336 –351.

[66] Gabaix X, Ioannides Y M. The evolution of city size distributions [J]. Handbook of Regional and Urban Economics, 2004, 4: 2341 –2378.

[67] Gabaix X. Zipf's law for cities: an explanation [J]. Quarterly Journal of Economics, 1999: 739 –767.

[68] Gangopadhyay K, Basu B. City size distributions for India and China [J]. Physica A: Statistical Mechanics and Its Applications, 2009, 388 (13): 2682 –2688.

[69] Gaviria A, Stein E. The evolution of urban concentration around the world: A panel approach [M]. Social Science Electronic Publishing, 2000.

[70] Giesen K, Südekum J. The size distribution across all "cities": A unifying approach [J]. Serc Discussion Papers, 2012 (2).

[71] Giesen K, Südekum J. Zipf's law for cities in the regions and the country [J]. Journal of Economic Geography, 2010, 11 (4): 667 –686.

[72] Giesen K, Zimmermann A, Suedekum J. The size distribution across all cities – double Pareto lognormal strikes [J]. Journal of Urban Economics, 2010, 68 (2): 129 –137.

[73] Glaeser E L, Kahn M E, Rappaport J. Why do the poor live in cities? The role of public transportation [J]. Yale Economic Review, 2009, 63 (1): 1 –24.

[74] Glaeser E. Triumph of the city: How urban spaces make us human [M]. Pan Macmillan, 2011.

[75] González E, Cárcaba A, Ventura J. Weight constrained DEA measurement of the Quality of Life in Spanish municipalities in 2011 [J]. Social Indicators Re-search, 2016: 1 –26.

[76] Gu C, Kesteloot C, Cook I G. Theorising Chinese urbanisation: A multi –layered perspective [J]. Urban Studies, 2015, 52 (14): 2564 –2580.

[77] Guglielmo Barone, Francesco David, Guido de Blasio. Boulevard of broken dreams: The end of EU funding (1997: Abruzzi, Italy) [J]. Regional Science and Urban Economics, 2016, 60: 31 –38.

[78] Hans Thor Andersen, Lasse Møller – Jensen, Sten Engelstoft. The End of urbanization? Towards a new urban concept or rethinking urbanization [J]. Urban In-sight, 2012, 19 (4): 595 –611.

[79] Hansen N. Impacts of small – and intermediate – sized cities on population distribution: issues and responses [J]. Regional Development Dialogue, 1990, 11 (1): 60.

[80] Harris J R, Todaro M P. Migration, unemployment and development: A two – sector analysis [J]. The American Economic Review, 1970: 126 – 142.

[81] Hashimoto A, Ishikawa H. Using DEA to evaluate the state of society as measured by multiple social indicators [J]. Socio – Economic Planning Sciences, 1993, 27 (4): 257 –268.

[82] Henderson J V, Storeygard A, Weil D N. Measuring economic growth from outer space [J]. The American Economic Review, 2012, 102 (2): 994 – 1028.

[83] Henderson J V, Wang H G. Urbanization and city growth: The role of institutions [J]. Regional Science and Urban Economics, 2007, 37 (3): 283 –313.

[84] Henderson J V. Economic theory and the cities [M]. Academic Press, 2014.

[85] Henderson J V. How urban concentration affects economic growth [J]. Social Science Electronic Publishing, 2010: 1 –42.

[86] Henderson J V. The effects of urban concentration on economic growth [R]. National Bureau of Economic Research, 2000.

[87] Henderson J V. The sizes and types of cities [J]. The American Economic Review, 1974: 640 –656.

[88] Henderson J V. Urbanization and growth [A] //Philippe Aghion & Steven Durlauf. Handbook of Economic Growth (Vol. 1B) [M]. Amsterdam: North Holland, 2005.

[89] Henderson V, Becker R. Political economy of city sizes and formation [J]. Journal of Urban Economics, 2000, 48 (3): 453 –484.

[90] Henderson V. The urbanization process and economic growth: The so – what question [J]. Journal of Economic Growth, 2003, 8 (1): 47 –71.

[91] Hirschman A O. On measures of dispersion for a finite distribution [J]. Journal of the American Statistical Association, 1943, 38 (223): 346 –352.

[92] Hirschman A O. The paternity of an index [J]. The American Economic Review, 1964, 54 (5): 761 –762.

[93] Hsieh C T, Moretti E. Why do cities matter? Local growth and aggregate

growth [R]. National Bureau of Economic Research, 2015.

[94] Hsu W T, Holmes T J, Morgan F. Optimal city hierarchy: A dynamic programming approach to central place theory [J]. Journal of Economic Theory, 2014, 154: 245 – 273.

[95] Hsu W T. Central place theory and city size distribution [J]. The Economic Journal, 2012, 122 (563): 903 – 932.

[96] Huang Q, Yang X, Gao B, et al. Application of DMSP/OLS nighttime light images: A meta – analysis and a systematic literature review [J]. Remote Sensing, 2014, 6 (8): 6844 – 6866.

[97] Jacobs J. The economy of cities [M]. Random House, 1970.

[98] Junius K. Primacy and economic development: Bell shaped or parallel growth of cities? [J]. Journal of Economic Development, 1999, 24 (1): 2 – 22.

[99] Junius K. The economic geography of production, trade, and development [M]. Tubingen: Mohr Siebeck, 1999.

[100] Kandogan Y. The effect of foreign trade and investment liberalization on spatial concentration of economic activity [J]. International Business Review, 2014, 23 (3): 648 – 659.

[101] Kingsley Z G. Human behavior and the principle of least effort: an introduction to human ecology [M]. Addison – Wesley Press, 1949.

[102] Klaus D, Henderson J V. The geography of development within countries [J]. Handbook of Regional and Urban Economics, 2015, 5.

[103] Krugman P. Increasing returns and economic geography [J]. Journal of Political Economy, 1991, 99 (3): 483 – 499.

[104] Krugman P. Innovation and agglomeration: Two parables suggested by city – size distributions [J]. Japan and the World Economy, 1995, 7 (4): 371 – 390.

[105] Krugman P. Urban concentration: the role of increasing returns and transport costs [J]. International Regional Science Review, 1996, 19 (1 – 2): 5 – 30.

[106] Lefever D W. Measuring geographic concentration by means of the standard deviational ellipse [J]. American Journal of Sociology, 1926, 32 (1): 88 – 94.

[107] LeSage J P, Pace R K. Spatial econometric models [J]. Handbook of Applied Spatial Analysis, 2010: 355 – 376.

[108] Liu T Y, Su C W, Jiang X Z. Is economic growth improving urbanisati-

on? A cross – regional study of China [J]. Urban Studies, 2015, 52 (10): 1883 – 1898.

[109] Liu Z, He C, Zhang Q, et al. Extracting the dynamics of urban expansion in China using DMSP – OLS nighttime light data from 1992 to 2008 [J]. Landscape and Urban Planning, 2012, 106 (1): 62 – 72.

[110] Lo C P. Urban indicators of China from radiance – Calibrated digital DMSP – OLS nighttime images [J]. Annals of the Association of American Geographers, 2002, 92 (2): 225 – 240.

[111] Lorenz M O. Methods of measuring the concentration of wealth [J]. Publications of the American Statistical Association, 1905, 9 (70): 209 – 219.

[112] Lösch A. Die räumliche ordnung der wirtschaft: Eine untersuchung über Standort, wirtschaftsgebiete und internationalen Handel [M]. G. Fischer, 1940.

[113] Ma X, Timberlake M. World city typologies and national city system deterritorialisation: USA, China and Japan [J]. Urban Studies, 2013, 50 (2): 255 – 275.

[114] Marshall J U. City size, economic diversity, and functional type: the Canadian case [J]. Economic Geography, 1975, 51 (1): 37 – 49.

[115] Marshall J U. The structure of urban systems [M]. University of Toronto Press, 1989.

[116] Martin P, Ottaviano I. P. G. Growing locations: Industry location in a model of endogenous growth [J]. European Economic Review, 1999, 43 (2): 281 – 302.

[117] Matos R, Baeninger R. Migration and urbanization in Brazil: Processes of spatial concentration and deconcentration and the recent debate [C]. XXIV General Population Conference, 2001.

[118] Mellander C, Lobo J, Stolarick K, et al. Night – time light data: A good proxy measure for economic activity? [J]. PloS One, 2015, 10 (10): e0139779.

[119] Michaels G, Rauch F, Redding S J. Urbanization and structural transformation [J]. The Quarterly Journal of Economics, 2012, 127 (2): 535 – 586.

[120] Mills E S. An aggregative model of resource allocation in a metropolitan area [J]. The American Economic Review, 1967, 57 (2): 197 – 210.

[121] Mills E S. Studies in the Structure of the Urban Economy [J]. Economic Journal, 1972, 6 (2): 151.

[122] Moomaw R L, Shatter A M. Urbanization and economic development: A bi-

as toward large cities? [J] . Journal of Urban Economics, 1996, 40 (1): 13 –37.

[123] Moomaw R L. Productivity and city size: A critique of the evidence [J] . The Quarterly Journal of Economics, 1981, 96 (4): 675 –688.

[124] Moran P A. Notes on continuous stochastic phenomena [J] . Biometrika, 1950, 37 (1/2): 17 –23.

[125] Moretti E. Workers' education, spillovers, and productivity: Evidence from plant – level production functions [J] . The American Economic Review, 2004, 94 (3): 656 –690.

[126] Mtjiyawa AG, Kremer A, Whitmore L. Does Mena's governance lead to spatial agglomeration? [J] . Middle East Development Journal, 2012, 4(2): 1250010.

[127] Mulligan G F, Partridge M D, Carruthers J I. Central place theory and its reemergence in regional science [J] . The Annals of Regional Science, 2012, 48 (2): 405 –431.

[128] Muth R. Cities and housing: The spatial patterns of urban residential land use [M] . Chicago: University of Chicago Press, 1969.

[129] Nakamura R. Agglomeration economies in urban manufacturing industries: A case of Japanese cities [J] . Journal of Urban Economics, 1985, 17 (1): 108 – 124.

[130] Nitsch V. Trade openness and urban concentration: New evidence [J] . Journal of Economic Integration, 2006, 21 (2): 340 –362.

[131] Ortega F, Peri G. The effect of trade and migration on income [Z] . Working Papers, 2012 (2): 71 –79.

[132] Overman H G, Puga D. Labour pooling as a source of agglomeration: An empirical investigation [J] . Serc Discussion Papers, 2010: 133 –150.

[133] Overman H G, Venables A J. Cities in the developing world [J] . General Information, 2005, 1 (6): 477 –501.

[134] Parnreiter C. Network or hierarchical relations? A plea for redirecting attention to the control functions of global cities [J] . Tijdschrift Voor Economische En Sociale Geografie, 2015, 105 (4): 398 –411.

[135] Parr J. The location of economic activity: Central place theory and the wider urban system [J] . International Endodontic Journal, 2002, 48 (10): 913 – 915.

[136] Poyhonen P. A Tentative model for the volume of trade between countries [J]. Welltwirtschaftliches Archive, 1963, 90: 93 – 100.

[137] Puga D, Venables A J. The spread of industry: Spatial agglomeration in economic development [J]. Journal of the Japanese & International Economies, 1996, 10 (4): 440 – 464.

[138] Ramos A, Sanzgracia F. US city size distribution revisited: Theory and empirical evidence [J]. Mpra Paper, 2015.

[139] Ranis G, Fei J C H. A theory of economic development [J]. The American Economic Review, 1961: 533 – 565.

[140] Rhoades S A. The herfindahl – hirschman index [J]. Federal Reserve Bulletin, 1993: 188 – 189.

[141] Richardson H W. The economics of urban size [M]. Saxon House, D. C. Heath Ltd, 1973.

[142] Rosen K T, Resnick M. The size distribution of cities: An examination of the Pareto law and primacy [J]. Journal of Urban Economics, 1980, 8 (2): 165 – 186.

[143] Rosenthal S S, Strange W C. Evidence on the nature and sources of agglomeration economies [J]. Handbook of Regional and Urban Economics, 2004, 4: 2119 – 2171.

[144] Rosenthal S S, Strange W C. The attenuation of human capital spillovers [J]. Journal of Urban Economics, 2008, 64 (2): 373 – 389.

[145] Rozenfeld H D, Rybski D, Gabaix X, et al. The area and population of cities: New insights from a different perspective on cities [J]. The American Economic Review, 2011, 101 (5): 2205 – 2225.

[146] Samuelson P A. Spatial price equilibrium and linear programming [J]. The American Economic Review, 1952, 42 (3): 283 – 303.

[147] Sassen S. The global city: New York, London, Tokyo [M]. Princeton University Press, 2013.

[148] Sato Y, Yamamoto K. Population concentration, urbanization, and demographic transition [J]. Journal of Urban Economics, 2005, 58 (1): 45 – 61.

[149] Satterthwaite D. The transition to a predominantly urban world and its underpinnings [M]. Iied, 2007.

[150] Silverman B W. Density estimation for statistics and data analysis [M]. CRC Press, 1986.

[151] Singer H W. The "Courbe des populations." A parallel to pareto's law [J]. Economic Journal, 1936, 46 (182): 254 – 263.

[152] Song S, Zhang K H. Urbanization and city – size distribution in China [M]. The Great Urbanization of China, 2011.

[153] Soo K T. Zipf's Law for cities: A cross – country investigation [J]. Regional Science and Urban Economics, 2005, 35 (3): 239 – 263.

[154] Strange W, Hejazi W, Tang J. The uncertain city: Competitive instability, skills, innovation and the strategy of agglomeration [J]. Journal of Urban Economics, 2006, 59 (3): 331 – 351.

[155] Taaffe E J. The urban hierarchy: An air passenger definition [J]. Economic Geography, 1962, 38 (1): 1 – 14.

[156] Tabuchi T, Thisse J F. A new economic geography model of central places [J]. Journal of Urban Economics, 2011, 69 (2): 240 – 252.

[157] Taylor P J, Hoyler M, Verbruggen R. External urban relational process: introducing central flow theory to complement central place theory [J]. Urban Studies, 2010, 47 (13): 2803 – 2818.

[158] Taylor P. J, Evans D. M, Pain K. Application of the interlocking network model to mega – city – regions: Measuring polycentricity within and beyond city – regions [J]. Regional Studies, 2008, 42 (8): 1079 – 1093.

[159] Terra S. Zipf's law for cities: On a new testing procedure [Z]. CERDI – CNRS, http: //publi. cerdi. org/ed/2009/2009. 20. pdf, 2009.

[160] Tinbergen J. Shaping the world economy: An analysis of world trade flows [M]. New York: Twentieth Century Fund, 1962.

[161] Vendryes T. Migration constraints and development: Hukou and capital accumulation in China [J]. China Economic Review, 2011, 22 (4): 669 – 692.

[162] Vernon Henderson, Todd Lee, Yung Joon Lee. Scale externalities in Korea [J]. Journal of Urban Economics, 2001, 49 (3): 479 – 504.

[163] Wan G, Yang D, Zhang Y. Why Asia and China have lower urban concentration and urban primacy [J]. Journal of the Asia Pacific Economy, 2017, 22 (1): 90 – 105.

［164］Wheaton W C, Shishido H. Urban concentration, agglomeration econo-mies, and the level of economic development ［J］. Economic Development and Cul-tural Change, 1981, 30 (1): 17 – 30.

［165］Williamson J G. Regional inequality and the process of national develop-ment: a description of the patterns ［J］. Economic Development and Cultural Change, 1965, 13 (4, Part 2): 1 – 84.

［166］World Bank. Entering the 21st century: World development report 1999/2000 ［M］. Oxford University Press, 2000.

［167］Yeh A G O, Yang F F, Wang J. Economic transition and urban transfor-mation of China: The interplay of the state and the market ［J］. Urban Studies, 2015, 52 (15): 2822 – 2848.

［168］Yi K, Tani H, Li Q, et al. Mapping and evaluating the urbanization process in northeast China using DMSP/OLS nighttime light data ［J］. Sensors, 2014, 14 (2): 3207 – 3226.

［169］Yuill R S. The standard deviational ellipse; an updated tool for spatial de-scription ［J］. Geografiska Annaler. Series B, Human Geography, 1971, 53 (1): 28 – 39.

［170］安虎森. 新经济地理学原理 ［M］. 北京: 经济科学出版社, 2009.

［171］安康, 韩兆洲, 舒晓惠. 中国省域经济协调发展动态分布分析——基于核密度函数的分解 ［J］. 经济问题探索, 2012 (1): 20 – 25.

［172］蔡昉, 都阳. 转型中的中国城市发展——城市级层结构、融资能力与迁移政策 ［J］. 经济研究, 2003 (6): 64 – 71.

［173］蔡继明, 周炳林. 小城镇还是大都市: 中国城市化道路的选择［J］. 上海经济研究, 2002 (10): 22 – 29.

［174］蔡寅寅, 孙斌栋. 城市人口空间分散与经济增长——基于特大城市的实证分析 ［J］. 城市观察, 2013, 27 (5): 94 – 101.

［175］蔡之兵, 张可云. 大城市还是小城镇? ——我国城镇化战略实施路径研究 ［J］. 天府新论, 2015 (2): 89 – 96.

［176］蔡之兵. 雄安新区的战略意图、历史意义与成败关键 ［J］. 中国发展观察, 2017 (8).

［177］曹丽琴, 李平湘, 张良培, 等. 基于DMSP/OLS夜间灯光数据的城市人口估算——以湖北省各县市为例 ［J］. 遥感信息, 2009, 2009 (1): 83 – 87.

[178] 曾文，张小林，向梨丽，等. 江苏省县域城市生活质量的空间格局及其经济学解析 [J]. 经济地理，2014，34（7）：28-35.

[179] 陈斐，杜道生. 空间统计分析与 GIS 在区域经济分析中的应用 [J]. 武汉大学学报（信息科学版），2002，27（4）：391-396.

[180] 陈晋，卓莉，史培军，等. 基于 DMSP/OLS 数据的中国城市化过程研究——反映区域城市化水平的灯光指数的构建 [J]. 遥感学报，2003，7（3）：168-175.

[181] 陈强. 高级计量经济学及 Stata 应用（第2版）[M]. 北京：高等教育出版社，2014.

[182] 陈睿. 都市圈空间结构的经济绩效研究 [D]. 北京：北京大学，2007.

[183] 陈秀山，张可云. 区域经济理论 [M]. 北京：商务印书馆，2003.

[184] 陈彦光. 基于 Moran 统计量的空间自相关理论发展和方法改进 [J]. 地理研究，2009，28（6）：1449-1463.

[185] 陈钊，陆铭，许政. 中国城市化和区域发展的未来之路：城乡融合、空间集聚与区域协调 [J]. 江海学刊，2009（2）：75-80.

[186] 程开明. 聚集抑或扩散——城市规模影响城乡收入差距的理论机制及实证分析 [J]. 经济理论与经济管理，2011，V（8）：14-23.

[187] 程砾瑜. 基于 DMSP/OLS 夜间灯光数据的中国人口分布时空变化研究 [D]. 北京：中国科学院遥感应用研究所，2008.

[188] 代合治. 中国城市规模分布类型及其形成机制研究 [J]. 人文地理，2001，16（5）：40-43.

[189] 戴庆锋. 城市病防控：我国中小城市城镇化无法回避的议题 [J]. 中国名城，2013（11）：19-24.

[190] 邓智团，樊豪斌. 中国城市人口规模分布规律研究 [J]. 中国人口科学，2016（4）：48-60.

[191] 董光器. 六十年和二十年——对北京城市现代化发展历程的回顾与展望（下）[J]. 北京规划建设，2010（5）：168-171.

[192] 董维，蔡之兵. 城镇化类型与城市发展战略——来自城市蔓延指数的证据 [J]. 东北大学学报（社会科学版），2016，18（2）：137-142.

[193] 范剑勇. 产业集聚与地区间劳动生产率差异 [J]. 经济研究，2006（11）：72-81.

［194］方创琳．城市群空间范围识别标准的研究进展与基本判断［J］．城市规划学刊，2009，4（1）．

［195］房维中，王忍之，桂世镛，柳随年．中华人民共和国经济大事记：1949－1980 年［M］．北京：中国社会科学出版社，1984.

［196］费孝通．工农相辅发展小城镇［J］．江淮论坛，1984（3）：1－4.

［197］费孝通．小城镇大问题［J］．江海学刊，1984（1）：6－26.

［198］费孝通．中国小城镇的发展［J］．经济研究参考，1996（z6）：22－22.

［199］高鸿鹰，武康平．我国城市规模分布 Pareto 指数测算及影响因素分析［J］．数量经济技术经济研究，2007（4）：43－52.

［200］辜胜阻，李永周．我国农村城镇化的战略方向［J］．中国农村经济，2000（6）：14－18.

［201］顾朝林，庞海峰．基于重力模型的中国城市体系空间联系与层域划分［J］．地理研究，2008，27（1）：1－12.

［202］顾朝林．经济全球化与中国城市发展［M］．北京：商务印书馆，1999.

［203］顾朝林．新时期中国城市化与城市发展政策的思考［J］．城市发展研究，1999（5）：6－13.

［204］顾朝林．中国城市地理［M］．北京：商务印书馆，1999.

［205］顾朝林．中国城镇体系：历史·现状·展望［M］．北京：商务印书馆，1992.

［206］胡同恭．我国小城市发展的几个问题［J］．经济学动态，2000（2）：6－9.

［207］胡小武．中国小城市的死与生：一种城市问题的视角［J］．河北学刊，2016（1）：159－163.

［208］黄俊华，刘家兴，曾宇怀．GIS 支持下的 TIN 表面模型体积的计算［J］．现代农业装备，2010（4）：47－51.

［209］江曼琦，王振坡，王丽艳．中国城市规模分布演进的实证研究及对城市发展方针的反思［J］．上海经济研究，2006（6）：29－35.

［210］库姆斯等．经济地理学：区域和国家一体化［M］．安虎森译．北京：中国人民大学出版社，2011.

［211］劳昕，沈体雁，孔赟珑．中国城市规模分布实证研究——基于微观空

间数据和城市聚类算法的探索 [J]．浙江大学学报（人文社会科学版），2015（2）：120 – 132.

[212] 李佳洺，张文忠，孙铁山，等．中国城市群集聚特征与经济绩效 [J]．地理学报，2014，69（4）：474 – 484.

[213] 李金滟，宋德勇．新经济地理视角中的城市集聚理论述评 [J]．经济学动态，2008（11）：89 – 94.

[214] 李鹏，洪浩霖．基于 DMSP – OLS 灯光数据的广东省城市人口估算 [J]．华南师范大学学报（自然科学版），2015，47（2）：102 – 107.

[215] 李森圣，张宗益．城市规模对城乡收入差距的影响——基于地级市面板数据的分析 [J]．城市问题，2015（6）：14 – 20.

[216] 李少星．改革开放以来中国城市等级体系演变的基本特征 [J]．地理与地理信息科学，2009，25（3）：54 – 57.

[217] 李实，罗楚亮．中国收入差距究竟有多大？——对修正样本结构偏差的尝试 [J]．经济研究，2011（4）：68 – 79.

[218] 李顺毅．城市体系规模结构与城乡收入差距——基于中国省际面板数据的实证分析 [J]．财贸研究，2015（1）：9 – 17.

[219] 李涛，张伊娜，ZHANGYi'na．企业关联网络视角下中国城市群的多中心网络比较研究 [J]．城市发展研究，2017（3）：116 – 124.

[220] 梁涵，姜玲，杨开忠．城市等级体系演化理论评述和展望 [J]．技术经济与管理研究，2012（10）：78 – 81.

[221] 梁琦，陈强远，王如玉．户籍改革，劳动力流动与城市层级体系优化 [J]．中国社会科学，2013，（12）：36 – 59.

[222] 林理升，王晔倩．运输成本、劳动力流动与制造业区域分布 [J]．经济研究，2006（3）：115 – 125.

[223] 刘妙龙，陈雨，陈鹏，等．基于等级钟理论的中国城市规模等级体系演化特征 [J]．地理学报，2008，63（12）：1235 – 1245.

[224] 刘修岩，刘茜．对外贸易开放是否影响了区域的城市集中——来自中国省级层面数据的证据 [J]．财贸研究，2015（3）：69 – 78.

[225] 刘艳，马劲松．核密度估计法在西藏人口空间分布研究中的应用 [J]．西藏科技，2007（4）：6 – 7.

[226] 陆铭，向宽虎，陈钊．中国的城市化和城市体系调整：基于文献的评论 [J]．世界经济，2011（6）：3 – 25.

[227] 路江涌，陶志刚．中国制造业区域聚集及国际比较［J］．经济研究，2006（3）：103－114.

[228] 路旭，马学广，李贵才．基于国际高级生产者服务业布局的珠三角城市网络空间格局研究［J］．经济地理，2012，32（4）：50－54.

[229] 吕健．中国城市化水平的空间效应与地区收敛分析：1978～2009年［J］．经济管理，2011（9）：32－44.

[230] 吕薇，刁承泰．基于建成区面积的中国城市规模分布类型研究［J］．西南大学学报（自然科学版），2013，35（9）.

[231] 吕薇，刁承泰．中国城市规模分布演变特征研究［J］．西南大学学报（自然科学版），2013，35（6）：136－141.

[232] 吕作奎，王铮．中国城市规模分布及原因分析［J］．现代城市研究，2008，23（6）：81－87.

[233] 马树才，宋丽敏．我国城市规模发展水平分析与比较研究［J］．统计研究，2003，20（7）：30－34.

[234] 马卫，白永平，张雍华，等．2002—2011年中国新型城市化空间格局与收敛性分析［J］．经济地理，2015，35（2）：62－70.

[235] 马学广，李贵才．世界城市网络研究方法论［J］．地理科学进展，2012，31（2）：255－263.

[236] 迈克尔·斯彭斯，等．城镇化与增长［M］．陈新译．北京：中国人民大学出版社，2016.

[237] 苗洪亮．中国地级市城市规模分布演进特征分析［J］．经济问题探索，2014（11）：113－121.

[238] 庞海峰，樊烨，丁睿．中国城市人口增长过程及差异研究［J］．地理与地理信息科学，2006，22（2）：69－72.

[239] 浦湛．基于一种新城市规模划分的我国城市均衡发展分析［J］．经济研究参考，2014（63）：39－42.

[240] 沈体雁，劳昕．国外城市规模分布研究进展及理论前瞻——基于齐普夫定律的分析［J］．世界经济文汇，2012（5）：95－111.

[241] 孙浦阳，武力超，张伯伟．空间集聚是否总能促进经济增长：不同假定条件下的思考［J］．世界经济，2011（10）：3－20.

[242] 谈明洪，吕昌河．以建成区面积表征的中国城市规模分布［J］．地理学报，2003，58（2）：285－293.

[243] 覃文忠．地理加权回归基本理论与应用研究［D］．上海：同济大学，2007．

[244] 谭一洺，杨永春，冷炳荣，等．基于高级生产者服务业视角的成渝地区城市网络体系［J］．地理科学进展，2011，30（6）：724 - 732．

[245] 唐为．中国城市规模分布体系过于扁平化吗？［J］．世界经济文汇，2016（1）：36 - 51．

[246] 童玉芬，马艳林．城市人口空间分布格局影响因素研究——以北京为例［J］．北京社会科学，2016（1）：89 - 97．

[247] 万广华．城镇化与不均等：分析方法和中国案例［J］．经济研究，2013（5）：73 - 86．

[248] 王春杨，吴国誉，张超．基于 DMSP/OLS 夜间灯光数据的成渝城市群空间结构研究［J］．城市发展研究，2015，22（11）．

[249] 王聪，曹有挥，宋伟轩，等．生产性服务业视角下的城市网络构建研究进展［J］．地理科学进展，2013，32（7）：1051 - 1059．

[250] 王放．中国城市化与可持续发展［M］．北京：科学出版社，2000．

[251] 王慧娟，兰宗敏，金浩，等．基于夜间灯光数据的长江中游城市群城镇体系空间演化研究［J］．经济问题探索，2017（3）：107 - 114．

[252] 王佳，陈浩．交通设施、人口集聚密度对城市生产率的影响——基于中国地级市面板数据的分析［J］．城市问题，2016（11）：53 - 60．

[253] 王丽，邓羽，牛文元．城市群的界定与识别研究［J］．地理学报，2013，68（8）：1059 - 1070．

[254] 王小鲁，夏小林．优化城市规模　推动经济增长［J］．经济研究，1999（9）：22 - 29．

[255] 王小鲁．中国城市化路径与城市规模的经济学分析［J］．经济研究，2010（10）：20 - 32．

[256] 王垚，年猛．政府"偏爱"与城市发展：文献综述及其引申［J］．改革，2014（8）：141 - 147．

[257] 王垚，王春华，洪俊杰，等．自然条件、行政等级与中国城市发展［J］．管理世界，2015（1）：41 - 50．

[258] 王钊，杨山，刘帅宾．基于 DMSP/OLS 数据的江苏省城镇人口空间分异研究［J］．长江流域资源与环境，2015，24（12）：2021 - 2029．

[259] 王周伟，崔百胜，张元庆．空间计量经济学：现代模型与方法［M］．

北京：北京大学出版社，2017.

[260] 魏守华，周山人，千慧雄. 中国城市规模偏差研究 [J]. 中国工业经济，2015 (4)：5 – 17.

[261] 吴健生，刘浩，彭建，等. 中国城市体系等级结构及其空间格局——基于 DMSP/OLS 夜间灯光数据的实证 [J]. 地理学报，2014, 69 (6)：759 – 770.

[262] 肖金成. 中国特色城镇化道路与农民工问题 [J]. 发展研究，2009 (5)：32 – 34.

[263] 肖文，王平. 外部规模经济、拥挤效应与城市发展：一个新经济地理学城市模型 [J]. 浙江大学学报 (人文社会科学版)，2011, 41 (2)：94 – 105.

[264] 谢小平，王贤彬. 城市规模分布演进与经济增长 [J]. 南方经济，2012 (6)：58 – 73.

[265] 邢占军. 幸福指数的指标体系构建与追踪研究 [J]. 数据，2006 (8)：10 – 12.

[266] 徐伟平，夏思维. 我国城镇化水平收敛性——理论假说与实证研究 [J]. 人口与经济，2016 (1)：1 – 9.

[267] 闫永涛，冯长春. 中国城市规模分布实证研究 [J]. 城市问题，2009 (5)：14 – 18.

[268] 杨卡. 中国超大城市人口集聚态势及其机制研究——以北京、上海为例 [J]. 现代经济探讨，2014 (3)：74 – 78.

[269] 杨眉，王世新，周艺，等. DMSP/OLS 夜间灯光数据应用研究综述 [J]. 遥感技术与应用，2011, 26 (1)：45 – 51.

[270] 杨孟禹，张可云. 中国城市扩张的空间竞争实证分析 [J]. 经济理论与经济管理，2016 (9)：100 – 112.

[271] 杨妮，吴良林，邓树林，等. 基于 DMSP/OLS 夜间灯光数据的省域 GDP 统计数据空间化方法——以广西壮族自治区为例 [J]. 地理与地理信息科学，2014, 30 (4)：108 – 111.

[272] 杨洋，李雅静，何春阳，等. 环渤海地区三大城市群城市规模分布动态比较——基于 1992 ~ 2012 年夜间灯光数据的分析和透视 [J]. 经济地理，2016, 36 (4)：59 – 69.

[273] 姚东. 中国区域城镇化发展差异的解释——基于空间面板数据与夏普里值分解方法 [J]. 中南财经政法大学学报，2013, No. 197 (2)：40 – 47.

[274] 姚士谋，陈振光，朱英明. 中国城市群 [M]. 合肥：中国科学技术

大学出版社，2006.

　　[275] 姚永玲. 北京郊区化进程中的"超非均衡"空间结构 [J]. 经济地理，2011，31（9）：1458 – 1462.

　　[276] 叶玉瑶，张虹鸥. 城市规模分布模型的应用——以珠江三角洲城市群为例 [J]. 人文地理，2008（3）：40 – 44.

　　[277] 尹文耀. 论城市人口规模适度分布与最佳分布 [J]. 中国人口科学，1988（4）：32 – 37.

　　[278] 于群，张智文. 控制大城市发展规模的质疑 [J]. 学术交流，1991（1）：50 – 51.

　　[279] 余吉祥，周光霞，段玉彬. 中国城市规模分布的演进趋势研究——基于全国人口普查数据 [J]. 人口与经济，2013（2）：44 – 52.

　　[280] 余静文，王春超. 城市圈驱动区域经济增长的内在机制分析——以京津冀、长三角和珠三角城市圈为例 [J]. 经济评论，2011（1）：69 – 78.

　　[281] 余宇莹，余宇新. 中国地级城市规模分布与集聚效应实证研究 [J]. 城市问题，2012（7）：24 – 29.

　　[282] 禹文豪，艾廷华，杨敏，等. 利用核密度与空间自相关进行城市设施兴趣点分布热点探测 [J]. 武汉大学学报（信息科学版），2016，41（2）：221 – 227.

　　[283] 张浩然，衣保中. 产业结构调整的就业效应：来自中国城市面板数据的证据 [J]. 产业经济研究，2011（3）：50 – 55.

　　[284] 张京祥. 体制转型与中国城市空间重构 [M]. 南京：东南大学出版社，2007.

　　[285] 张可云，王裕瑾，王婧. 空间权重矩阵的设定方法研究 [J]. 区域经济评论，2017（1）：19 – 25.

　　[286] 张力. 中国控制城乡人口迁移的体制根源 [J]. 城市规划，2006（s1）：46 – 50.

　　[287] 张连城，赵家章，张自然. 高生活成本拖累城市生活质量满意度提高——中国 35 个城市生活质量调查报告（2012）[J]. 经济学动态，2012（7）：25 – 34.

　　[288] 张亮，赵雪雁，张胜武，等. 安徽城市居民生活质量评价及其空间格局分析 [J]. 经济地理，2014，34（4）.

　　[289] 张天华，董志强，付才辉. 大城市劳动者工资为何更高？——基于不

同规模城市劳动者收入分布差异的分析 [J]. 南开经济研究, 2017 (1): 90 - 110.

[290] 张雅杰, 金海, 谷兴, 等. 基于 ESDA - GWR 多变量影响的经济空间格局演化——以长江中游城市群为例 [J]. 经济地理, 2015, 35 (3): 28 - 35.

[291] 张应武. 基于经济增长视角的中国最优城市规模实证研究 [J]. 上海经济研究, 2009 (5): 31 - 38.

[292] 赵聚军. 中国行政区划改革研究: 政府发展模式转型与研究范式转换 [M]. 天津: 天津人民出版社, 2012.

[293] 赵伟, 李芬. 异质性劳动力流动与区域收入差距: 新经济地理学模型的扩展分析 [J]. 中国人口科学, 2007 (1): 27 - 35.

[294] 赵颖. 中小城市规模分布如何影响劳动者工资收入? [J]. 数量经济技术经济研究, 2013 (11).

[295] 周国富, 黄敏毓. 关于我国城镇最佳规模的实证检验 [J]. 城市问题, 2007 (6): 9 - 13.

[296] 周文. 城市集中度对经济发展的影响研究 [M]. 北京: 中国人民大学出版社, 2016.

[297] 周文. 我国城市规模分布的规律与特点——基于各省区城市规模分布帕累托系数的分析 [J]. 西部论坛, 2011, 21 (3): 1 - 5.

[298] 周文. 我国现阶段的城市数量与城市规模——与美国比较 [J]. 经济体制改革, 2017 (1): 174 - 178.

[299] 周一星, 于海波. 中国城市人口规模结构的重构 (二) [J]. 城市规划, 2004, 28 (6): 33 - 42.

[300] 周一星, 张莉, 武悦. 城市中心性与我国城市中心性的等级体系 [J]. 地域研究与开发, 2001, 20 (4): 1 - 5.

[301] 朱昊, 赖小琼. 集聚视角下的中国城市化与区域经济增长 [J]. 经济学动态, 2013 (12): 49 - 58.

[302] 朱顺娟, 郑伯红. 从基尼系数看中国城市规模分布的区域差异 [J]. 统计与决策, 2014 (6): 127 - 129.

[303] 踪家峰, 李宁. 为什么奔向北上广?——城市宜居性、住房价格与工资水平的视角分析 [J]. 吉林大学社会科学学报, 2015 (5): 12 - 23.

[304] 踪家峰, 周亮. 大城市支付了更高的工资吗? [J]. 经济学 (季刊), 2015 (4): 1467 - 1496.

后 记

　　书稿成型已有一段时间，我却迟迟难以提笔写下这最后一段。一路走来，得到的帮助太多，想要细细梳理却时常觉得找不到头绪。如今，生活似已安稳，我也得空能够认真回顾博士毕业前书写此书过程中的所思、所想，并借此机会表达我的一点小感慨。

　　很庆幸自己选择了北京，选择了人大，选择了区域所。当初做出这个决定大概也只花了5秒钟吧，现在看来却实实在在地影响了我的整个人生轨迹。直到博士时期，我才真正体会到自主学习的快乐，也逐渐找到了感兴趣的领域和想要深入探究的话题。读博三年最令我受益匪浅的，是让学习不再是机械化地重复而变成了为我所用的工具，是让压力不再来自外界而是来源于内心源源不断的求知欲，是让曾经模棱两可的未来逐渐变得清晰明朗又富有意义。

　　能够收获这些成长，离不开一路走来身边师长、朋友、家人的帮助和扶持。我很幸运地在三年内辗转过两所高校，遇到两位令我打心底里钦佩、崇敬的老师：我的人大导师张可云老师和澳国立导师陈春来老师。借用本科同窗周玉龙的话说，"张老师是区域经济学领域的大牛"，但是张老师的"牛气"却又不仅限于他的专业水准：写论文时的严谨和细致、生活中的天真和直爽、面对恶行时的愤愤不平，都让我看到了一位学者出世的态度与骨气。与张老师有所不同的，陈老师作为一个有些年纪的长者，更多地教会了我耐心、细心和决心。一篇论文雏形交给陈老师，可能会经历无数次的讨论、修改、补充、删减，才能最终呈现出他满意的样子。但也正是在这一过程中，我对问题的理解不断深入，对方法的掌握不断纯熟，对文字的驾驭能力不断提高。借此机会，由衷地感谢两位老师！

　　如果将师长比作指引我前行的那一点星光，那么陪伴在我身边的小伙伴们便是闪烁的路灯，让我求学路上从未感到孤独。无比开心能与师门的兄弟姐妹们相识、相知：蔡之兵师兄于我而言是灯塔一般的存在，是半个老师，也是我想要成

・266・

为的人，三年前得知蔡师兄帮忙修改的那篇论文被录用的夜晚，至今仍在我不长不短的生命之河中熠熠生辉；杨孟禹师兄就显得更接地气了一些，但也因为如此，性格相投的我们短时间内就建立起了牢不可破的革命友谊；优秀的同期邓仲良，虽然我很努力地试着不要被你甩开太远，但你的进步实属惊人，未来有机会还是要多多向你请教了；还有可爱的师弟师妹们，小满、文景、绍石、戴美、相烨、孙鹏……此刻，点滴回忆涌上心头，无数美好闪过眼前，师门情谊大过天，我们共同铭记！

当然，难以忘怀的还有我们 2015 级区城班的同学们、澳洲的小伙伴们，以及同住一个屋檐下的室友们。翔宇、泽地、石林、朝阳、娜娜、范范、小康老师，能和你们坐过同一间教室，上过同一门课程，已是幸运之至；徐老师、李旭、杨华、董雨、李承以及你们的家属，没有你们的嬉笑打闹，我在澳洲这个寂静之地可能真的会撑不下去，那时不想承认我年纪最大，现在却很想再听你们叫一声"学姐"；小胡、克垚、鸿旭、花姐、超哥，感谢你们在生活起居上的照顾和担待；坤儿姐、宁宁，很多艰辛的时刻我们都是互相鼓励着度过的，也有很多轻松的时刻我们反倒是以不停地吐槽为乐，也许女孩子总是这么矛盾吧；还有访学和开会时期遇到的、找工作时给予我帮助的，甚至是旅途中结交的大家，我的学生时代最终章里有你们，真好！

我还想要感谢我最重要的家人——我的爸爸妈妈，无论我做什么样的决定他们都始终支持我，甚至在自己身体条件不佳的情况下都义无反顾地为我分忧解难。今生能够有你们，作为女儿我很知足，我知道自己还有很多缺点，但希望我的努力没有辜负你们的期待。还有我的爱人，汪先生，一起走过七年之痒，你早已是我最坚强的后盾和最温暖的港湾，但与此同时，你又从不曾阻止我去探索未知，去经历风雨。谢谢你的爱，也谢谢你的信任。不知不觉写了这么多，却差点忘了给自己道一声"谢谢"。感谢自己的勇气，感谢自己的乐观，感谢自己的努力，感谢自己的坚持。请保持这份初心，以梦为马，再出发！

书稿能够最终面世，离不开在我迈入职场后我的领导、前辈羌建新老师给予的诸多指导和鼓励，离不开经济管理出版社胡茜女士的鼎力相助，以及其他编辑老师的精心修改，感谢你们宝贵的付出！

人生昧履，砥砺而行，世多崎路，与君共勉！

沈 洁

2021 年 3 月于坡上村 12 号